普通高等教育农业农村部"十三五"规划教材
全国高等农林院校"十三五"规划教材

生物化学与分子生物学实验原理与技术

田 云 王 征 主编

中国农业出版社

北 京

图书在版编目（CIP）数据

生物化学与分子生物学实验原理与技术／田云，王征主编．—北京：中国农业出版社，2022.7（2024.7 重印）

普通高等教育农业农村部"十三五"规划教材　全国高等农林院校"十三五"规划教材

ISBN 978-7-109-29509-4

Ⅰ.①生… Ⅱ.①田…②王… Ⅲ.①生物化学－实验－高等学校－教材②分子生物学－实验－高等学校－教材 Ⅳ.①Q5-33②Q7-33

中国版本图书馆 CIP 数据核字（2022）第 094869 号

中国农业出版社出版

地址：北京市朝阳区麦子店街 18 号楼

邮编：100125

责任编辑：宋美仙　郑璐颖　　文字编辑：徐志平

责任校对：刘丽香

印刷：中农印务有限公司

版次：2022 年 7 月第 1 版

印次：2024 年 7 月北京第 2 次印刷

发行：新华书店北京发行所

开本：787mm×1092mm　1/16

印张：14.75

字数：360 千字

定价：36.00 元

编审人员名单

主　编　田　云（湖南农业大学）

　　　　　王　征（湖南农业大学）

副主编　刘虎虎（湖南农业大学）

　　　　　周海燕（湖南农业大学）

　　　　　李　楠（广西大学）

　　　　　周　波（中南林业科技大学）

　　　　　逢洪波（沈阳师范大学）

　　　　　周毅峰（湖北民族大学）

　　　　　周晓明（湖南农业大学）

参　编　王　翀（湖南农业大学）

　　　　　杨　辉（湖南农业大学）

　　　　　张翠翠（广西大学）

　　　　　彭　丹（中南林业科技大学）

　　　　　董丙君（沈阳师范大学）

　　　　　唐巧玉（湖北民族大学）

　　　　　周大寨（湖北民族大学）

　　　　　袁志辉（湖南科技学院）

审　稿　卢向阳（湖南农业大学）

前 言

生物化学是指用化学的原理和方法，研究生命现象的学科，又称生命的化学；通过研究生物体的化学组成、代谢、营养、酶功能、遗传信息传递、生物膜、细胞结构及分子病等阐明生命现象。分子生物学是从分子水平研究生物大分子的结构与功能，从而阐明生命现象本质的科学。进入 21 世纪以来，生物化学与分子生物学已经成为自然科学领域中发展最迅速且最具活力的基础学科之一，不仅是生物学学科的基础，也是农学、林学和医药学等学科的重要研究工具。生物化学与分子生物学已经成为高等院校生物学类、农学类、林学类和医学类等相关专业教学的核心课程。

生物化学与分子生物学实验原理与技术对推动科学技术现代化，培养具有创新意识的优秀人才，解决我国关键核心技术"卡脖子问题"，有着不可替代的作用。生物化学与分子生物学实验课程是学生从课堂理论学习向科学实践操作转化的一个重要学习环节，学生通过该实验课程的学习，不仅能够进一步理解和巩固生物化学与分子生物学基础理论，还能培养学生在生物化学与分子生物学方面的实际操作能力，为后续的课程学习奠定坚实基础。

作为《生物化学》（田云、王征主编，中国农业出版社，2020）和《分子生物学》（第二版）（卢向阳主编，中国农业出版社，2011）的配套实验教材，本书将现代生物化学与分子生物学前沿研究技术与经典的实验方法有机结合，介绍了现代生物化学与分子生物学具有代表性的研究技术和实验方法，实验涵盖主要生化指标的定性分析和定量测定、生物大分子的分离纯化与性质分析、基因克隆与表达以及基因检测等方面，内容主要包括生物化学与分子生物学实验基础知识、生物化学与分子生物学实验常用技术与原理、生物化学与分子生物学基础性实验、生物化学与分子生物学综合性实验共四篇十三章内容。

本教材融合了湖南农业大学、广西大学、中南林业科技大学、沈阳师范大学、湖北民族大学以及湖南科技学院等高等院校长期进行的各种成熟的实验教学内容，具有很好的可操作性和广泛的适用性。本教材适合高等院校生物学、农学

— 1 —

和林学类相关专业的学生使用，也可供从事生物、农学、林学、医学、药学的科技工作者以及对上述专业感兴趣的读者参考。

　　本教材在编写过程中得到了各编写单位和中国农业出版社的大力支持、充分理解与无私帮助，在此致以衷心的感谢！由于大家的共同努力，本教材的编写工作得以顺利完成。在编写过程中，我们始终贯彻科学、实用、新颖、系统以及准确的原则，但限于编者水平，不足之处在所难免，敬请广大读者批评指正，以便本教材再版时进一步修正，使之进一步完善。

田　云

2022 年 6 月

目　录

— 1 —

生物化学与分子生物学实验基础知识

第一章　生物化学与分子生物学实验基础知识

第一节　实验室基础知识

实验，是科学研究的基本方法之一，根据科学研究目的，尽可能排除外界影响，突出主要因素并利用一些专门的仪器设备，人为地变革、控制或模拟研究对象，使某些事物（或过程）发生或再现，从而去认识自然现象、自然性质、自然规律。实验室即进行实验的场所，是科技的产出地。进入实验室，是教师职业发展、学生知识探索的开始。在进入实验室之前，了解关于实验室的基础知识，有利于增强师生的安全意识和责任感。良好的实验习惯能够更好地保证实验安全、稳定地进行。

一、实验室守则

实验室是进行教学和科研的重要场所，为了保证实验能正常有序地进行，培养学生严谨、细致的科学作风，学生必须严格遵守实验室的相关守则。

（1）切实做好实验前的准备工作。上实验课前必须充分预习，明确实验目的和要求，了解实验基本原理、实验方法和操作步骤，准备好实验所需的器材。

（2）进入实验室时，应熟悉灭火器材、急救药箱等的放置位置和使用方法。进入实验室应穿实验服，同时注意局部防护，必要时佩戴安全防护眼镜、防护手套、防护面罩、防毒面具、呼吸器等个人防护用具。严格遵守实验室的安全守则和每个具体实验操作中的安全事项。若发生意外事故应及时处理并报请老师进一步处理。

（3）讲文明、讲卫生，不得穿背心、拖鞋进入实验室。实验室内不能吐痰，不能乱丢废纸等杂物，不准高声喧哗，严禁吃喝和抽烟，不能迟到、早退、旷课，实验过程中不能擅自离开。

（4）服从指导老师和实验技术人员的指导，按实验教材规定的步骤、仪器及试剂的规格和用量进行实验，认真观察和分析实验现象，如实记录实验数据，不得抄袭他人实验结果。

（5）爱护公物。凡属违章操作损坏仪器设备的，要按规定赔偿损失。未经许可，不得将实验仪器设备、实验材料等带出实验室。要节约水、电和药品等。

（6）保持实验室的整洁。暂时不用的器材，不要放在操作台面。污水、污物、残渣、废纸盒、玻璃碎片等应按要求放在指定地点，不得乱丢乱放，更不得丢入水槽，废酸、废碱、废液应分别倒入指定容器进行处理。

（7）实验结束后，按要求整理好仪器设备、实验工具和实验材料等，要认真做好实验室卫生。经指导老师或实验室工作人员检查同意后，才可以离开实验室。

（8）离开实验室前，必须关好门窗、水阀、天然气阀，切断电源，以确保安全。

二、实验室安全知识

1. 实验室安全 在生物相关的实验室中，操作者会经常与具有腐蚀性、毒性、易燃、易爆炸的化学药品接触，常使用易碎的玻璃器皿及多种电器设备。实验过程中的不当操作，很容易发生中毒、外伤、火灾、触电等危险事故。因此，保证实验室安全是维持正常实验的首要条件。提高安全防范意识，掌握必要的用水、防火、防爆、防毒、防触电等知识是对实验者的最基本要求。同时，在检验工作中，实验者应逐步培养遇到危险事故的处置能力。在实验过程中，如不慎发生受伤事故，应立即采取适当的急救措施。

实验室的安全守则如下：

（1）进入实验室之前，必须认真学习分析规程和有关的安全技术规程，了解设备性能及操作中可能发生事故的原因，掌握预防和处理事故的方法。

（2）进入实验室开始工作前，应了解气体总阀门、水阀门及电闸所在处。离开实验室时，一定要将室内检查一遍，关闭水、气阀门，切断电源，关好门窗。

（3）严禁在实验室内饮食、吸烟或把食具带进实验室。实验完毕，必须洗净双手后才能离开实验室。

（4）进实验室后，在老师讲解有关操作要求前，不得随意搬弄器材。学生必须在老师的指导或提示下，按正确的操作步骤和安全须知进行规定的有关实验，不得随意更改实验内容。严禁单凭兴趣任意乱做实验，以防止发生事故。

（5）实验中，必须严格按照老师的要求、步骤操作。对独立构思和试验性的实验，应事先征得老师同意后方可进行。当进行有可能发生危险的实验时，要根据实验情况采取必要的预防措施，如戴面罩或橡胶手套等，但不能戴隐形眼镜。实验进行中，操作者不得擅自离开。

（6）使用电器设备（如烘箱、恒温水浴锅、离心机、电炉等）时，严防触电，决不可用湿手或在眼睛旁视时开关电闸和电器。凡是漏电的仪器，一律不能使用。

（7）实验操作时，要注意安全，防止化学药品损伤自己或他人的眼睛、皮肤和衣物。各小组应独立操作，不得相互戏耍，尤其要防止尖刺状物体靠近脸部（头部）。

（8）熟悉安全用具（如灭火器）、急救箱的放置地点和使用方法。安全用具和急救箱不得移作他用。

2. 实验室常见安全标识 实验室常见安全标识如图 1-1 所示。

当心紫外线辐射　　当心电离辐射　　当心有毒气体　　生物安全　　当心低温

当心触电

当心烫伤

注意高温

必须佩戴防护眼镜

必须佩戴防尘口罩

腐蚀品

易燃气体

必须戴防护帽

小心剧毒

保护环境卫生

不燃气体

必须戴防护口罩

必须戴防毒面具

必须佩戴防护手套

佩戴护面罩

禁止触摸

禁止入内

禁止饮食

禁止堆放

非请勿进

禁止烟火

应急电话
TEL：*******

急救点

放射性物品

医疗废品

注意通风

有毒气体

易燃液体

易燃固体

有毒品

必须穿防护靴

必须穿防护服

自燃物品

遇湿易燃物品

致癌物质

图 1-1 实验室常见安全标识

三、实验室事故的预防

1. 实验室用水安全

（1）学生进入实验室时，应了解实验楼自来水各级阀门的部位。水龙头或水管漏水、下水道堵塞时，应及时联系相关部门修理、疏通。

（2）实验室的水槽和排水管道必须保持畅通，防止发生溢水事故。实验室杜绝出现水龙头打开而无人照管的情况。

（3）定期检查冷却水装置的连接胶管和老化情况，及时更换，以防漏水。

2. 实验室火灾事故的预防 通常，火灾种类可分为 A、B、C、D、E 5 类。灭火方法主要包括冷却灭火法、窒息灭火法、隔离灭火法与化学抑制灭火法。针对实验室火灾预防，应注意以下几个方面：

（1）在使用易燃试剂时要特别注意：远离火源；勿将易燃液体放在敞口容器（如烧杯）中直接加热；加热必须在水浴中进行，切勿使容器密闭。

（2）在进行易燃物质的相关实验时，应先将乙醇等易燃物搬开。

（3）当使用大量的易燃液体时，应在通风橱中或在指定的地点进行操作，室内应无火源。

（4）不得将燃烧着的物品或带有火星的物品乱扔。

3. 实验室中毒事故的预防 一旦实验室化学品存储过程中出现存储不规范，分类不清，存储设备不完善、不专业，缺乏警示标识，管理制度执行不到位，缺乏专业处理方案等问题时，容易引起实验室中毒事故。为此，应在实验室中注意以下几个方面：

（1）有毒、剧毒药品应妥善保管，不许乱放，实验后的有毒残渣必须做妥善而有效的处理，不准乱丢。

（2）接触有毒、剧毒药品时必须戴好手套，如果药品具有挥发性，还需要在通风橱中或通风良好的环境中操作，并做好防护措施，如戴口罩等。在使用通风橱时，头部不要伸入橱内。

4. 实验室触电事故的预防 实验室触电事故的种类主要包括电击与电伤。电击是由于电流通过人体时造成的内部器官在生理上的反应和病变。电流的大小不同，人体的反应也不同，如有击痛感、呼吸困难等；电伤是电流通过人体时所造成的外伤，主要表现为电灼伤、皮肤金属化和其他伤害。触电事故方式包括直接接触触电、间接接触触电和跨步电压触电。常见的直接接触触电方式有单相触电和两相触电。

因此，使用电器时，应防止人体与电器导电部分直接接触，绝不可用湿手或在眼睛旁视

— 4 —

时开关电闸和电器。实验结束后应切断电源。

四、实验事故的处理方法

1. 火灾的处理 起火后，要立即一面灭火，一面防止火势蔓延（如采取切断电源、移走易燃药品等措施）。要针对起因选用合适的灭火方法。一般的小火可用湿布、石棉布或沙子覆盖燃烧物，即可灭火，火势大时可用泡沫灭火器。但电器设备所引起的火灾，只能用二氧化碳或四氯化碳灭火器灭火，不能使用泡沫灭火器，以免触电。实验人员衣服着火时，切勿惊慌乱跑，需立即脱下衣服或用石棉布覆盖着火处。

2. 外伤的处理 在实验室发生的外伤，主要是由玻璃仪器等的破碎引发的。伤处不能用手抚摸，也不能用水洗涤。作为紧急处理，首先应止血。若是玻璃创伤，应先把碎玻璃从伤处挑出，防止压迫止血时，将碎玻璃压深。轻伤可涂些甲紫（或红汞、碘酒），必要时撒些消炎粉或涂抹消炎膏，用绷带包扎。伤口严重者，止血后要立即送医院治疗。

3. 烫伤的处理 发生烫伤不要用冷水洗涤伤处。伤处皮肤未破时，可涂擦饱和碳酸氢钠溶液，也可将碳酸氢钠粉调成糊状敷于伤处，还可涂抹獾油或烫伤膏；如果伤处皮肤已破，可涂些甲紫或1‰高锰酸钾溶液。重伤者涂抹烫伤膏后立即送医院治疗。

4. 酸碱腐蚀致伤的处理 受酸腐蚀时，先用大量水冲洗，然后用饱和碳酸氢钠溶液（或稀氨水、肥皂水）冲洗，最后再用水冲洗。如果酸液溅入眼内，用大量水冲洗后，立即送医院就诊。受碱腐蚀时，先用大量水冲洗，然后用2%乙酸溶液或硼酸溶液洗，最后再用水冲洗。如果碱液溅入眼内，用硼酸溶液洗，伤势较重者，在急救之后，应立即送医院诊治。

5. 中毒的处理 危险化学品分类存放。如果有毒试剂溅入口内并未吞下时，应立即吐出，并用大量的清水冲洗口腔；毒物吞入体内时，应根据毒物的性质服用解毒剂（如酸或碱中毒，可服用牛奶），然后立即送医院；吸入刺激性或有毒性气体时，应将中毒者移至室外，使其呼吸新鲜空气（应注意氯气、溴中毒不可进行人工呼吸）。

6. 触电的处理 触电时可按下述方法进行处理：①切断电源；②用干木棍使导线与被害者分开；③使被害者与土地分离。急救时急救者必须做好防止触电的安全措施，手或脚必须绝缘。

第二节 实验方案设计基础知识

一、实验设计的意义

实验设计是进行科学研究的重要组成部分。实验设计是以概率论和数理统计为基础的理论，经济、科学地安排实验的一项技术。在生物类的科研工作中，无论是实验室研究还是现场调查，在制订研究计划时，都应根据实验的目的和条例，结合统计学的要求，针对实验的全过程，认真考虑实验设计问题。实验设计是实验过程的依据，是实验数据处理的前提，也是提高科研成果质量的一个重要保证。

二、实验设计的要素

一般来说，实验设计主要包括3个要素：实验对象、实验因素与实验效应。在实验中，这3个要素缺一不可，在实验设计时必须予以认真考虑。

1. 实验对象 实验所用的材料即为实验对象。不同性质的实验研究需要选取不同种类的实验对象。实验对象选择是否合适直接关系到实验实施的难度，以及别人对实验新颖性和创新性的评价。一个完整的实验设计中所需实验材料的总数称为样本含量。最好根据特定的设计类型估计出较合适的样本含量。样本过大或过小都有弊端，最好根据特定的设计类型估计出较合适的样本含量。

2. 实验因素 所有影响实验结果的条件都称为影响因素，实验研究的目的不同，对实验的要求也不同。影响因素有客观因素与主观因素、主要因素与次要因素之分。研究者希望通过研究设计进行有计划的安排，从而能科学地考察其作用大小的影响因素称为实验因素（如试剂的种类、浓度等）；对评价实验因素作用的大小有一定干扰性且研究者并不想考察的因素称为区组因素或非实验因素（如动物的体重等）；其他未加控制的许多因素的综合作用统称为实验误差。最好通过一些预实验，初步筛选实验因素并确定哪些水平较合适，以免实验设计过于复杂，实验难以完成。

3. 实验效应 实验因素取不同水平时在实验对象上所产生的反应称为实验效应。实验效应是反映实验因素作用强弱的标志，它一般通过某些观测指标数值的大小来体现。因此，在实验设计过程中要结合专业知识，尽可能多地选择客观性强的指标，在仪器和试剂允许的条件下，应尽可能选用具有特异性强、灵敏度高、准确可靠等特点的客观指标。

三、实验设计的原则

从统计方面的要求考虑，实验设计的原则主要包括对照原则、重复原则、随机原则以及均衡原则。此外，实验设计还要考虑弹性原则与最经济原则。从生物学相关专业方面说，实验设计的原则主要包括对照原则、随机原则、重复原则与经济原则。

1. 对照原则 对照原则是设计和开展实验的准则之一。通常，一个实验应包括对照组和实验组。通过对照组的设立才能清楚地看出实验因素在其中所起的作用。对照组的设计可根据实验目的与内容进行选择。一般情况下，对照实验包括空白对照、自身对照、组间对照与标准对照。

2. 随机原则 随机原则是指实验材料的分配和各个实验进行的次序，都是随机确定的。通常情况下，随机原则包括随机抽样、随机分组、随机实验顺序。随机的方法很多，应尽量参考统计学方法来设计实验，减少外在因素和人为因素的干扰。

3. 重复原则 重复原则是在相同实验条件下做多次独立重复实验，观察对实验结果影响的程度。一般认为重复 3 次以上的实验才具有较高的可信度。

4. 经济原则 不论什么实验，必要时可以预测一下实验的产出和投入。尽量选择以最小的投入得到最大的效益。

四、实验设计的常用方法

实验设计应用的范围非常广，不仅应用在生物学领域，也应用于医学、工农业生产、微生物等领域。经常使用的实验设计方法有完全随机设计、随机区组设计、交叉设计、配对设计、析因设计、拉丁方设计、正交设计、嵌套设计、重复测量设计、裂区设计以及均匀设计等。不同的实验设计方法适用于不同的情况。根据不同的研究目的应采用不同的设计方法设计实验。常用的实验设计方法有以下几种。

1. 完全随机设计 完全随机设计也称为单因素设计，只涉及一个处理因素，两个或多个水平，其实质是将供试对象随机分组。它是将样本中全部受试对象随机分配到同一个处理因素的不同水平中（处理组中），分别接受不同的处理，然后进行对比观察。各个处理组样本含量可以相等，也可以不等，但是相等时分析效率较高。这种设计应用了重复原则和随机原则，因此能使实验结果受非处理因素的影响基本一致，真实反映实验的处理效应。完全随机设计是最简单的实验设计方法。

2. 随机区组设计 随机区组设计主要用于实验分析对象之间存在明显差异的情况，它通常将受试对象按性质差异分成 n 个区组，再将每个区组的受试对象分别随机分配到处理因素的不同水平组（处理组）中。它的优点是根据"局部控制"的原则，将实验对象按同一条件划分为相当于重复次数的区组，一区组安排一重复，排除了非实验因素对分析结果的影响，提高了分析效率。缺点是要求区组内的受试对象数目与处理组数目相等，实验结果中若有数据缺失，统计分析较麻烦。

3. 交叉设计 交叉设计是一种特殊的自身对照的实验设计方法。按事先设计好的实验次序，在各个时期对受试对象先后实施各种处理，以比较处理组间的差异。通过"交叉"的方式将时间因素的影响分解出来，避免了时间因素对研究结果的干扰。因此该设计的最大优点是可控制时间因素及个体差异对处理方式的影响，故减少样本用量，效率较高。

4. 配对设计 配对设计是将受试对象按配对条件配成对子，每对中的个体接受不同的处理。配对设计一般以主要的非实验因素作为配比条件，而不以实验因素作为配比条件。动物实验中，常将同性别、同窝别、体重相近的两个动物配成一对；人群实验中，常将性别相同和年龄、生活条件、工作条件相同或相近的两个人配成一对，再按随机化原则把每对中的受试对象分别分配到实验组和对照组或不同处理组。

5. 析因设计 析因设计是将两个或两个以上因素及其各种水平进行排列组合、交叉分组的实验设计。它不仅可检验每个因素各水平间的差异，而且可检验各因素间的交互作用。两个或多个因素如果存在交互作用，表示各因素不是各自独立的，而是一个因素的水平改变时，另一个或几个因素的效应也相应有所改变。反之，如不存在交互作用，表示各因素具有独立性，一个因素的水平有所改变时不影响其他因素的效应。析因设计的原理就是对每个因素的每个水平都进行实验，这样能够照顾到所有的因素和水平。

6. 重复测量设计 重复测量设计是指将一组或多组实验对象先后重复地施加不同的实验处理，或在不同条件下测量至少两次的情况。重复测量设计广泛应用于各种科学研究中，它的显著特点就是在不同的实验条件下，从同一个受试对象身上采集到多个数据，也就是同一个受试者在不同实验条件下进行数次实验，以获得更多信息。这里的数次实验需要考虑的就是"时间因素"。最常见的重复测量设计是在药物的临床试验中，例如比较两种不同药物的疗效，将病人随机分成两组，分别给予不同的药物，然后在不同时间做病人的动态观察。

7. 拉丁方设计 拉丁方设计用于研究 3 个因素，各因素间无交互作用且每个因素的水平数相同的情况。其中有一个最重要的因素被称为处理因素，另外两个因素是需要加以控制的因素，分别用行和列表示。拉丁方设计使研究人员得以在统计上控制两个不互相作用的外部变量并且操纵自变量。具体地说，拉丁方设计是一种为减少实验顺序对实验的影响而采取的一种平衡实验顺序的技术，它可以从较少的实验数据中获得较多的信息，比随机区组设计更具有优势。拉丁方设计要求每个因素的水平数必须相等，在数据采集时不能出现缺失值，否则将无法按原计划进行数据分析。

五、实验设计的程序

由于实验设计牵涉多方面内容，设计过程必须遵循一定的程序。一般来说，实验设计的程序如下：

1. 提出实验目的 实验目的是实验的出发点和归宿，因此在实验设计前，必须明确实验目的。

2. 根据实验目的，确定实验的原理与方法 只有明确实验原理和方法，才能对实验设计做出合理的规划。

3. 理清设计思路 实验设计的基本思路：目的→假设→方法→步骤→器材，即根据实验目的提出假设，围绕假设采取相应的方法和手段安排实验步骤，并选择合适的器材和反应条件等。

4. 实施、对比、控制 在实验实施过程中要特别重视对比和控制，对照不当，实验将失去意义；没有控制，多种因素会影响实验结果。

5. 结果处理 对实验现象、结果、数据进行加工整理，准确表述实验结论。

6. 评价与修正 回顾实验设计，反思实验过程，修正检验假设，对结果进行讨论与分析。

六、实验设计的注意事项

1. 指标的选择 指标可分为主观指标与客观指标、计数指标与计量指标等。实验设计中选取的指标，应符合依据性、可行性、客观性、特异性、灵敏性和重现性等基本条件。

2. 统计处理 实验结果的数据需要进行统计分析，才能判断实验结果差异的显著性。

3. 量效关系 实验设计时需要考虑量效关系。量效关系可以是线性的，也可以是非线性的。这些关系都可以提供一些有意义的线索。

第三节 实验样品处理基础知识

一、基本策略

（一）实验材料的选择与要求

实验样品是以糖类、脂质、蛋白质、核酸、酶等作为主要研究对象，对于激素、维生素、生物碱等各种生物物质在这里不做阐述。对于糖类、脂质、蛋白质、核酸、酶等生物物质成分均可以动物、植物和微生物作为提取和制备的原料。因此，实验中所用的具体材料的选择，一般要注意以下几个方面：①要选择有效成分含量高的材料；②材料来源丰富易得；③材料要新鲜；④所提取分离的目的物易与非目的物分离。有时，前述条件不一定同时具备，例如实验材料含量丰富但来源困难；实验材料含量、来源都比较理想，但分离手续烦琐；含量略低的原料有时易得到纯品。

1. 动物材料 用动物作为原料来提取所需物质，因同一种物质在不同的生物体中或同一生物体的不同组织中含量差异很大，纯化的难易程度可能也不同，甚至生长发育时期的不同，取材也不同。例如很多酶的含量在动物中的胰、肝、脾中虽然都比较高，但是消化酶类却在小肠中含量高。生物体内各种酶都有一定的半衰期，特别是那些参与调节的酶类更明显，因此还有一个取材时机问题。有些材料与发育阶段有关，如胸腺只有幼体才有，成年就退化了，因而做胸腺素类实验时应从动物幼体中取材。

2. 植物材料 用植物作为原料来提取所需物质时，植物材料采收要具有代表性，必须运用科学的方法收取材料，从大田或试验田以及实验器皿中收取的植物材料为原始样品，再按原始样品种类（如植物的根、茎、叶、花、果实、种子等）分别选出平均样品，然后根据目的要求和样品种类特征，采用适当的方法从中选出供提取的原料。此外，还要注意植物的季节性和生长环境对有效成分含量的影响，特别是对药用植物的要求更高。

3. 微生物材料 用微生物作为原料来提取所需物质时，对微生物有以下要求：①需经过毒理学实验证明，不是致病菌，不产生毒素；②不易突变和退化，不易感染噬菌体；③所需物质产量高；④能利用廉价原料作为基料，易于培养；⑤在对数生长期，酶、蛋白质和核酸含量都较高；⑥利用微生物作为原料，要注意目的物是胞外分泌物还是胞内物质，以便根据其性质确定后续实验步骤的进程。

（二）材料的预处理

实验材料的选择主要依据实验目的而定。材料选定后，通常要进行预处理，有的材料收集到一定的数量才能提取。在自然的条件下，材料或多或少会受到污染。因此，在进行样品预处理前，首先要在保证所取样品有均匀性和代表性的前提下，选取所需的材料、选择预处理方法，进行后续操作过程。

1. 动物材料的预处理 对于动物组织，必须选择有效成分含量丰富的脏器、组织为原料，然后进行搅碎、匀浆、脱脂并去掉皮、筋等处理。冷冻处理法可以抑制酶和微生物的作用，降低生物化学反应速度。此外，由于某些动物组织一旦离开了生物体，组织自身会分泌一些破坏性的酶，使脱离了肌体的组织中生物大分子迅速降解，所以对于易分解大分子，所选新鲜材料必须立即处理或者放入液氮中超低温冷冻保存备用。有的动物材料也可以采用有机溶剂脱水法处理，使水分含量降至10%以下，延长保存时间。但要注意使用有机溶剂时，不能破坏材料的有效成分，常用的有机溶剂有丙酮和乙醇等。

2. 植物样品的预处理

（1）种子样品的预处理。一般种子样品应首先去除杂质，然后进行研磨、粉碎，通过80~100目筛，混合均匀后保存，贴上标签，注明采样地点、特性、日期和采样人等。若长期保存还要进行蜡封，并在容器中放入一点樟脑或对二氯甲苯，防止虫、霉的破坏。

（2）根、茎、叶、果实样品的预处理。采用的新鲜样品，要经过净化、杀青、烘干（或风干）等一系列预处理才能存放。

① 净化。新鲜样品从产地采回时，常常带有泥土等杂质，应用柔软湿布擦洗干净，不要用水冲洗，但是对于大批量的提取样品，需用水冲洗干净。

② 杀青。为了保持样品的化学成分不发生转变或损耗，需将样品在105 ℃的烘箱中杀青15~20 min，中止样品中酶的活动。

③ 烘干。样品杀青后，立即降低烘箱温度，维持在70~80 ℃直至样品被烘干为止，含水量<10%。一般样品所需烘干时间为8~12 h，烘干时温度不能过高，否则会把样品烤焦；也可进行自然风干。干燥样品的根、茎、叶、果实均需要粉碎、过筛。

3. 微生物样品的预处理　随着科学技术的发展，自然界存在的大多数有机物都可以通过微生物分解或合成，尤其是蛋白质、酶、核酸等物质均可以通过微生物发酵获得。因为微生物具有种类多、繁殖快、容易培养、代谢功能强等特点，所以从微生物发酵液中提取目的物，要进行发酵液的预处理，以改变发酵液的物理性质，提高悬浮液中固形物的分离效率；尽可能使产物转入处理后的某一相中（多数是液相）。清除发酵液中部分的杂质，以利于后续步骤操作。

（1）发酵液中目的物的相对纯化。发酵液中的杂质多，其中有些杂质不仅影响提取物的质量和效率，而且对后续提取和精制有很大的影响。因此，在对发酵液处理时，应尽量除去这些杂质。

① 无机离子的去除。发酵液中的无机离子主要有 Ca^{2+}、Mg^{2+} 和 Fe^{2+} 等。通常用草酸除去 Ca^{2+}。

由于草酸镁的溶解度较大，因此工业生产上不能用草酸除去 Mg^{2+}，而加入三聚磷酸钠与 Mg^{2+} 形成可溶性络合物（$MgNa_3P_3O_{10}$），这样可消除对离子交换的影响。另外，用磷酸盐处理，也能大大降低 Mg^{2+} 的浓度。除去 Fe^{2+}，可加入黄血盐 $[K_4Fe(CN)_6]$，使它与 Fe^{2+} 形成普鲁士蓝沉淀物而除去。

② 杂蛋白质的去除。

A. 沉淀法。蛋白质是两性电解质，它的稳定性与所带的电荷有关。大多数蛋白质的等电点都在酸性范围内（pH 4.0～5.5），但是仅靠调节 pH 还不能使大部分蛋白质沉淀，必须与其他方法共用。一般蛋白质在酸性溶液中，能与一些阴离子型沉淀剂（如三氯乙酸盐、钨酸盐、水杨酸盐、苦味酸盐等）形成沉淀。在碱性溶液中能与一些阳离子（如银离子、铜离子、锌离子、铁离子等）形成沉淀。

B. 变性法。变性蛋白质的溶解度较小，容易形成沉淀而被除去。常用的变性方法是加热。蛋白质一般在 70～80 ℃发生不可逆变性，有的甚至在 50 ℃就会变性。此外，使蛋白质变性的其他方法还有大幅度调节 pH，加乙醇、丙酮等有机溶剂或表面活性剂等。

C. 凝聚和絮凝法。采用凝聚和絮凝技术不仅能有效改变细胞、细胞碎片和蛋白质等胶体粒子的分散状态，使其凝结成较大的颗粒，提高过滤效率，而且还能有效地除去蛋白质和固体杂质，提高滤液质量。

D. 吸附法。利用某些吸附剂对蛋白质的吸附作用，可以除去杂蛋白质。例如在枯草芽孢杆菌发酵液中，常常加入氯化钙和磷酸氢二钠，二者本身生成庞大的凝胶，把蛋白质、菌体和其他不溶性离子吸附并包裹在其中而沉淀出来。

③ 色素及其他物质的去除。发酵液中的色素可能是由微生物生长代谢分泌的，也可能是培养基带来的，色素化学性质的多样性增加了脱色的难度。工业上用脱色剂活性炭，不仅价廉，而且效果好。应注意的是不同的制作方法所获得的活性炭，其吸附能力有差异。除活性炭外，常用的吸附剂有离子交换树脂、离子交换纤维素，例如 DEAE -纤维素不仅可从酶液中吸附色素，而且还可以同时除去非活性蛋白质。一些离子交换树脂只吸附色素而基本上不吸附酶，如采用特制的低交联度的大孔性树脂脱色，效果更好。

（2）发酵液的固液分离。微生物发酵液中除了酶和其他代谢产物外，还存在大量的菌体和培养基残渣，这些物质若不经过进一步固液分离，将其应用于食品工业，就会影响食品风味，甚至危害人体健康。

固液分离的常用方法是离心分离和过滤，对微生物发酵液的固液分离，国内外所采用的设备是转鼓式真空吸滤机、离心沉降分离机和板框压滤机。

① 影响发酵液过滤的因素。

A. 菌种。菌种对过滤速度的影响很大。一般真菌的菌丝比较大，其发酵液不需要进行特殊处理即可很容易过滤。细菌体积细小，发酵液如不用絮凝剂等方法处理，往往很难用常规过滤设备进行过滤操作。

B. 培养基组成。培养基的组成也影响过滤速度，例如用豆饼粉、花生饼粉作氮源，淀粉作碳源都会增加过滤难度。延长发酵时间虽然能使发酵单位有所提高，但是发酵时间的延长会使发酵液中色素和胶状杂质增多，使过滤困难，最终导致产品质量下降。

② 提高过滤性能的方法。在生产中常常会遇到难以过滤的发酵液，因此需要通过改善过滤性能来提高过滤速度。在处理中常采用絮凝和凝聚的方法，使发酵液中的固体粒子增大，沉降速度提高，以利于过滤。此外，还可以采用稀释、加热等方法降低发酵液的黏度，或加入助滤剂以改善发酵液的过滤性能。

采用加水稀释的方法虽然能降低发酵液的黏度，但是会增加发酵液的体积，使后续过程的处理增多。使用加热法时必须严格控制加热温度和时间。

助滤剂是一种不可压缩的多孔微粒，它能使滤饼疏松，从而增加滤速。因为悬浮液中大量的细微胶体粒子能被吸附到助滤剂的表面上，改变滤饼结构，使滤饼的可压缩性下降，过滤阻力降低。常用的助滤剂有硅藻土、纤维素、石棉粉、珍珠岩、淀粉等，其中最常用的是硅藻土。

有时加入某些不影响目的酶的反应剂，也可以消除发酵液中的某些杂质对滤液的影响，以提高过滤速度。

当发酵液中有不溶性多糖时，会使发酵液黏度增加，最好用酶将其转化为可溶性糖，以提高过滤速度。

二、生物样品预处理的常用方法

组织细胞破碎的常用方法包括机械破碎法、物理破碎法、化学破碎法和酶学破碎法等。在破碎前，材料一般需要进行预处理，如动物材料要除去与实验无关甚至有妨碍的结缔组织、脂肪组织和血污等。不同实验规模、不同的实验材料和实验要求，使用的组织细胞破碎方法和条件也不同。

（一）机械破碎法

通过机械运动所产生的剪切力作用，使组织细胞破碎的方法，称为机械破碎法。机械破碎法处理量大，组织细胞破碎速度较快。常用的器械有组织捣碎机、匀浆机、研钵、压榨机等。

1. 组织捣碎机破碎法　此法利用组织捣碎机的高速旋转叶片所产生的剪切力将组织细胞破碎，一般用于动物内脏组织、植物肉质种子、柔嫩的叶芽等比较脆嫩的组织细胞破碎。捣碎机转速可高达 10 000 r/min。

2. 研磨破碎法　此法利用研钵、球磨机、珠磨机等研磨器械剪切力将组织细胞破碎。使用此法时常常将细胞悬浮液与玻璃珠或石英砂一起研磨。研钵多用于处理细菌或其他坚硬的植物材料，研磨时常加入少量石英砂或其他研磨剂，以提高研磨效率。在工业规模的细胞破碎中，可采用高速球磨机。

3. 匀浆破碎法　此法利用匀浆机所产生的剪切力将组织细胞破碎。匀浆机一般由硬质磨砂玻璃制成，也可用硬质塑料或不锈钢等制成。匀浆机的研磨球和玻璃管之间保持在不到 1 mm 距离，匀浆机的细胞破碎程度比组织捣碎机高，而其剪切力对生物大分子的破坏力较弱。

（二）物理破碎法

通过温度、压力、超声波等各种物理因素的作用，使组织细胞破碎的方法，称为物理破碎法。物理破碎法多用于微生物细胞的破碎。常用的物理破碎法介绍如下。

1. 温度差破碎法　利用温度的骤然变化使细胞因热胀冷缩的作用而破碎的方法称为温度差破碎法。该法可用于处理细菌及病毒材料。

2. 反复冻融法　反复冻融法也是一种常用的物理破碎组织细胞的方法。生物组织经冷冻后，一方面细胞膜的疏水键破裂，增加细胞的亲水性；另一方面细胞也结成冰晶，细胞内外溶液浓度发生变化，引起细胞突然膨胀而破裂。

3. 干燥法　可采用多种方法使细胞干燥，如空气干燥法、真空干燥法、喷雾干燥法和冷却干燥法等。干燥法能使细胞壁膜的结合水分丧失，细胞渗透压改变。当用丙酮、丁酮或缓冲液等对干燥细胞进行处理时，细胞内物质就很容易被抽提出来。

4. 压力破碎法　通过压力的突然变化，使细胞破碎的方法称为压力破碎法。常用的压力破碎法有高压冲击破碎法、渗透压破碎法等。

① 高压冲击破碎法。在结实的容器中装入细胞和冰晶、石英砂等混合物，然后用活塞或冲击锤施以高压冲击，冲击压力可达 50～500 MPa，从而使细胞破碎。

② 渗透压破碎法。这是一种较温和的细胞破碎法。将细胞放在高渗透压的介质（如一定的甘油或蔗糖溶液）中，达到平衡后，介质被突然稀释，或转入渗透压低的缓冲液中或纯水中，由于渗透压的突然变化，水迅速进入细胞内，引起细胞溶胀而破裂。

5. 超声波破碎法　这是一种应用较多的破碎法，细胞的破碎是由于超声波空穴作用（声波振动通过液体时形成局部空穴作用），这种空穴泡由于受到超声波的迅速冲击而闭合，从而产生极为强烈的冲击波压力，由它引起的黏滞性涡旋对介质中的悬浮细胞形成剪切力，促使细胞内液体发生流动，最终破碎细胞。

6. 微波破碎法　该法是近年来建立的，是将微波和传统溶剂提取相结合而形成的一种细胞破碎提取方法。微波是波长介于 1 mm 到 1 m（频率介于 $3 \times 10^{6} \sim 3 \times 10^{9}$ Hz）的电磁波。微波在传输过程中遇到不同物料时会产生反射、穿透、吸收现象。不同物质对微波的吸收是不同的，这主要取决于物质的介质常数、介质损耗因子、比热容和形状等。

（三）化学破碎法

某些化学试剂，如有机溶剂、变性剂、表面活性剂、抗生素、金属螯合剂等，可以改变细胞壁或细胞膜的通透性（渗透性），从而使细胞内物质有选择地渗透出来，这种处理方法称为化学渗透法或化学破碎法。常用的化学试剂是有机溶剂和表面活性剂。有机溶剂可使细胞壁或膜中的类脂结构被破坏，从而改变细胞壁或细胞膜的透过性，再经提取可使膜结合的酶或胞内酶等释放出胞外。常用的有机溶剂有甲苯、丙酮、丁酮、氯仿等。

（四）酶学破碎法

通过细胞本身的酶系或外加酶抑制剂的催化作用，使细胞外层结构受到破坏而达到破碎细胞目的的方法称为酶学破碎法，又称为酶促破碎法。这是一种应用较广泛的方法，其原理是利用酶反应分解并破坏细胞壁组分的特殊化学键，从而达到破碎细胞的目的。酶学破碎法可分为外加酶法和自溶法两种。外加酶法就是根据细胞壁的结构和组成特点，选用适当的酶，使细胞壁破坏，并在低渗透压的溶液中使细胞破裂。自溶法是一种特殊的酶溶方式，所需的溶胞酶是由生物细胞自身产生的，将细胞在一定 pH 和适宜的温度条件下保温一段时间，即可通过细胞自身存在的酶系将细胞破坏，使细胞内物质释放出来。

（五）细胞破碎的确认

要知道所用的细胞破碎方法是否有效以及细胞破碎的程度如何，可通过测定破碎率的方法检验。

1. 直接测定破碎前后的细胞数　利用适当的方法，直接统计破碎前后完整的细胞的量，即可计算出破碎率。破碎前后的细胞，可利用显微镜观察或电子微粒计数器直接计数。

2. 测定电导率　这是一种利用细胞破碎前后电导率的变化来测定破碎程度的快速方法。电导率的变化是由于细胞破碎后，大量带电荷的内含物被释放到水相中，使电导率上升。电导率随着破碎率的增加而成线性增加。因为电导率的大小取决于细胞种类、处理条件、细胞浓度、温度和悬浮液中原电解质的含量等因素，所以在正式测定前预先采用其他方法制定标准曲线。

3. 测定释放蛋白质量或酶活力　细胞破碎后，通过测定破碎液中蛋白质或目的酶的释放量，可以估算破碎率。通常将破碎后的细胞悬浮液用离心法分离细胞碎片，测定上清液中的蛋白质的含量或目的酶的活力，并与 100% 破碎率所获得的标准数值比较，从而计算破碎率。

第四节　实验记录基础知识

实验记录是实验内容的主要组成部分，是实验过程中关于实验计划、步骤、结果、分析的各种文字、数据、图标、音像等原始资料。实验记录是追溯实验数据的直接证据，是进行实验归纳和总结的依据，它有助于实验者保持清醒的实验思路、抓住重要的实验现象、提高实验效率等。

一、实验记录的书写要求

1. 客观真实，及时准确　客观真实是实验记录最基本的要求，实验怎么做的就怎么书写，有意或无意造成的记录错误都会使实验记录的科学价值降低；及时在实验完成后进行记录，是保证其准确的重要前提；在实验记录过程中要使用通用的专业词汇和语言，尽可能避免使用模糊的语言。

2. 前后联系，系统完整　实验记录应完整地记录整个实验过程，包括实验选题构思、预实验、实验设计、实验过程、实验结果和分析、实验的自我评价。实验的每部分都应是前后联系的，好的实验记录如同一本精心编写的书，同时，记录的每一部分实验又存在各自需要重点解决的问题，单独阅读也是相对完整的。

3. 简明扼要，重点突出　实验记录不是记流水账，其目的在于体现完整的实验思路，表明实验为什么做、做什么、怎么做、做出了什么。实验记录中重复的部分，如操作步骤等可标注为"按××操作进行"。重点内容一定要用准确的语言描述，做到重点突出、明确。

二、实验记录的基本要求

（1）实验原始记录必须记载于正式实验记录本上，实验记录本应按页码装订；必须有连续页码编号，不得缺页或挖补。

（2）实验记录本首页一般作为目录页，可在实验开始后陆续填写，或在实验结束时统一填写。

（3）每次实验必须按年、月、日顺序在实验记录本相关页右上角或左上角记录实验日期和时间，也可记录实验条件如天气、温度、湿度等。

（4）字迹工整，采用规范的专业术语、计量单位及外文符号，英文缩写第一次出现时须注明全称及中文名称。使用蓝色或黑色钢笔、碳素笔记录，不得使用铅笔或易褪色的笔（如油笔等）记录。

（5）实验记录需要修改时，采用画线方式去掉原书写内容，但必须保证仍可辨认，然后在修改处签字，避免随意涂抹或完全涂黑。空白处可标记"废"字或打叉。

（6）实验记录中应如实记录实际所做的实验；实验结果、表格、图表和照片均应直接记录或贴在实验记录本中，成为永久记录。实验中观察到的现象、结果和数据，要及时记在记录本上。原始记录必须准确、简练、详尽、清楚。记录时，应做到如实、正确记录实验结果，不可夹杂主观因素。在实验条件下观察到的现象，也应如实记录下来。

（7）实验中使用仪器的类型、试剂的规格，以及涉及的化学反应式、分子质量、浓度等，都应记录清楚。

（8）若实验结果不佳，也须慎重整理、检讨，勿随手一丢了事。即使失败的实验，也要从中吸取经验教训，提出改进及注意要点，以便实验重新开始。

三、实验记录的基本内容

1. 实验日期、地点　实验日期的记录是为了方便以后对实验内容的查找，并对实验的具体操作有详细的记录。实验地点的记录可以提示具体实验操作的实验环境、指导教师等信息。

2. 实验名称和实验目的　实验名称以简明扼要的文字表述实验的主要内容，反映出实验活动的核心内容。实验目的应描述实验需要达到的目的。

3. 实验原理　根据实验目的和内容，采用相关的实验原理来设计实验，有利于得出科学、客观的实验结论。

4. 实验材料　实验材料是对本次实验操作中所涉及的实验对象和仪器的介绍，包括实验对象的来源、取材时间、特性、前期处理方法、保存方式等，以及试剂（包括名称、规格、浓度、配制方法、配制时间等）、仪器（包括名称和规格型号）等。

5. 操作过程　真实、准确地按照操作时间的先后顺序，详细记录整个实验过程中所出现的具体操作及相关情况，包括技术方法、设计的具体操作计量指标，如处理次数、浓度、体积、质量、温度、时间等。

6. 实验结果　实验结果的记录要准确、及时，力争客观和量化。尽可能采用计量指标、图片记录实验结果，若以上两者均不可能使用时，可以使用图示。实验记录过程中，应该在记录本上保存原始的数据和图片，包括实验过程中出现的相关情况及所观察到的详细情况和过程，并适当做好标注，以便以后查找和汇总。特殊需要的、需另外保存的结果，应在结果背面注明取得的时间和相应实验记录的页码。

7. 结果分析和讨论 实验工作中可能会得到预期的结果，也可能出现实验失败或异常的现象。因此，要通过与同学和老师讨论，查阅相关文献资料，从实验的整个过程分析实验结果出现的原因、实验失败或异常的原因，从而提出新的可能和假设，并在此基础上，对实验进行改进，以便得到更优、更具有科学依据的结果。

四、实验记录需注意的问题

（1）实验中观测的结果与数据要及时记录。不允许隔天进行记录及写在纸片上（易造成实验记录的错漏和丢失）。同时，实验记录应妥善保存。

（2）实验记录要真实、准确、完整。实验记录应按逻辑顺序书写实验设计必要的项目。实验记录要注意简明扼要，突出重点。即使是错误或异常的实验结果，也必须保留，不可对原始实验数据与图片进行修改。

（3）实验中使用的仪器型号、试剂的规格等应记录清楚。及时按实验记录的相关要求整理好记录，是实验记录的客观性和准确性的保证。

第五节 实验数据基础知识

一、实验数据的获取

实验数据是实验结果的一种重要体现，是表达实验结果的重要方式之一，因此，实验者要将实验所得数据正确地记录下来，加以整理、归纳、处理，并正确表达实验结果所获得的规律。对于实验数据的获取应遵循以下几个要求：①获取实验数据时应服从实验目的；②获取实验数据时要考虑便于测量和计算；③获取实验数据时要尽量减小实验误差。

二、实验数据的处理与分析

在实验过程中，由于实际情况比较复杂，加上观测人员在观测过程中难免产生误差等，所得实验的原始数据如果没有经过适当的处理，常包含大量的干扰因素，不能如实地反映实际情况。因此，为了从所得实验数据中取得更多有用的信息，更有效地发挥实验资料的效能，得到比较准确的科学结论，就必须对这些原始实验数据用数学的工具进行一系列的实验数据处理和分析。

（一）实验数据的处理

实验数据的处理是实验工作的重要内容之一。对实验结果进行适当的整理分析，可以准确地提供更有效的科学结论。在生化实验中，实验数据的处理主要包括数据的记录、整理、分析和制图表等。数据处理的方法一般采用列表法和作图法。

1. 列表法 列表法是用合适的表格将实验所得的数据（包括原始数据和运算数值）记录出来，并表示出它们之间的关系。通常，每一个表格包括标题、结构、表头、次表头、数值型数据、统计值、文本等要素。因此，采用数据列表时，要求表格简单明了，分类清楚；表中数据的名称与单位应写明；表格中的数据采用有效数字，必要时算出误差值。

2. 作图法 在坐标纸上描绘所测物理量的一系列数据间关系的图线就是作图法。该方法简便，易于直观地显示出所研究变量的变化规律，并显示出对应的函数关系，是寻求经验公式最常用的方法之一，还便于数据的分析比较。根据不同的实验目的，可以采用不同的图形。常见的图形种类包括条形图、线图、饼图与散点图。

（二）实验数据的分析

1. 误差分析 由于实验方法和设备的不完善、周围环境的复杂因素，以及人为因素的影响，实验观测值和真实值之间存在一定的差异。根据误差产生的原因，一般将其分为系统误差、偶然误差和过失误差。

（1）系统误差。系统误差又称可测误差，指由测定过程中某些经常性、固定性的原因所造成的比较恒定的误差。系统误差主要包括方法误差、仪器误差、试剂误差与操作误差。系统误差的特点是具有固定的方向和大小，并可重复出现，其主要影响结果的准确度，对精密度影响不大。通常，可通过设置空白实验、回收率测定以及校正仪器等方式来减少系统误差。

（2）偶然误差。偶然误差指分析过程中由某些随机的偶然原因造成的误差，如环境的温度和湿度、仪器性能的微小变化等，故又称不可测误差。其特点是具有对称性、抵偿性和有限性。这类误差不仅影响分析结果的准确度，而且影响分析结果的精密度。为了减少偶然误差，一般采取的措施有平均取样、多次测定等方式。

（3）过失误差。操作者由于粗心、不遵守操作规程所造成的误差属于过失误差，该误差所造成的结果应舍弃。

2. 数据处理软件 目前，常用的数据处理软件包括 Microsoft Office 中的 Excel、SPSS 与 Origin 等。

Excel 具有统计函数和图表功能，能自动完成数据的分析和图表的处理，可以方便、快捷地获取实验结果，提高实验效率和分析的准确性。

SPSS（statistical package for the social science）是最早采用图形菜单驱动界面的统计软件，适用于自然科学、社会科学各领域，是世界公认的标准统计分析软件。它的特点是操作简单、易学易会，具有与多种软件的数据转换接口，且其输出结果可以直接拷贝到 Word、PPT 中。

Origin 是公认的简单易学、操作灵活、功能强大的软件，既可以满足一般用户的制图需要，也可以满足高级用户数据分析、函数拟合的需要，是公认的快速、灵活、易学的工程制图软件。

生物化学与分子生物学综合性实验的研究思路与方法

第二篇

生物化学与分子生物学实验常用技术与原理

第二章　沉淀技术

沉淀法是最古老的分离和纯化生化物质的方法，目前仍广泛应用在工业上和实验室中，特别是生物产品（如蛋白质）下游加工过程的单元操作，它能够起到浓缩和分离的作用。

沉淀分离技术（precipitation separation technology）是通过改变某些条件或添加某种物质，使某种溶质在溶液中的溶解度降低，从而离开溶液生成不溶性颗粒，沉淀析出的技术过程。

沉淀分离法的主要目的：通过沉淀达到浓缩的目的；可有选择性地沉淀杂质或有选择性地沉淀所需成分，初步纯化；将已纯化的产品由液态变成固态，加以保存或进一步处理。

生化成分制备过程中常用的沉淀技术主要包括盐析沉淀法、有机溶剂沉淀法、等电点（pI）沉淀法以及其他沉淀法等。

第一节　盐析沉淀法

盐析（salting - out）是增加中性盐浓度使蛋白质、气体、未带电分子溶解度降低的现象。盐析是蛋白质分离纯化中经常使用的方法，最常见的中性盐有硫酸铵、硫酸钠和氯化钠等。早在 1859 年，中性盐盐析法就被用于从血液中分离蛋白质，随后此法又在尿蛋白、血浆蛋白等的分离和分级中使用，得到了比较满意的结果。

一、盐析沉淀法的原理

盐析沉淀法的原理主要是高浓度的中性盐破坏了蛋白质在水中稳定存在的水化膜和电荷两个因素，从而使蛋白质发生沉淀（图 2-1）。

破坏水化膜：在高浓度的中性盐溶液中，蛋白质和盐离子对溶液中水分子都有吸引力，与水产生化合现象，但它们之间有竞争作用。当大量中性盐加入时，盐解离产生的离子争夺了溶液中大部分自由水，使水活度降低，并破坏蛋白质的水化膜，引起蛋白质溶解度降低，故可从溶液中沉淀出来。

中和电荷：由于中性盐是强电解质，解离作用强，盐的解离可抑制弱电解质蛋白质的解离，使蛋白质带电荷减少，更容易聚集析出。

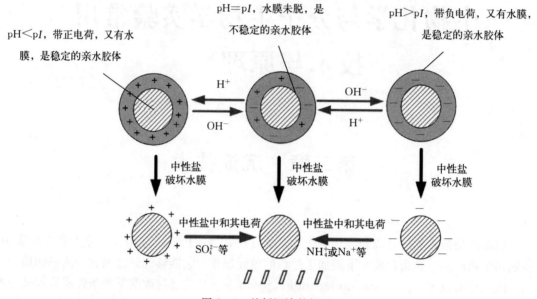

图 2-1 盐析沉淀的机理

当中性盐加入蛋白质分散体系时可能出现以下两种情况：

盐溶现象（salting-in）——低盐浓度下，增加蛋白质分子间静电斥力，蛋白质溶解度增大。

盐析现象（salting-out）——高盐浓度下，中和电荷、破坏水化膜，蛋白质溶解度随之下降。

常用 Cohn 经验方程来表示蛋白质的溶解度和盐浓度（离子强度）之间的关系：

$$\lg S = \beta - K_s I$$

式中，S 为蛋白质在离子强度为 I 时的溶解度（g/L）；β 为常数，与盐的种类无关，但与温度、pH 和蛋白质种类有关；K_s 为盐析常数，与温度和 pH 无关，但与蛋白质和盐的种类有关；I 为离子强度，指溶液中离子强弱的程度，与离子浓度和离子价数有关。

$$I = \frac{1}{2} \sum c_i Z_i^2$$

式中，c_i 为离子 i 的物质的量浓度（mol/L）；Z_i 为离子 i 的化合价。

对于含有多种蛋白质的混合液，可以采用分段盐析的方法进行分离纯化。分段盐析法主要分为两种类型，第一种是 K_s 分级盐析法，即在一定的温度和 pH 条件下（β 为常数），通过改变盐的浓度（离子强度）使不同的蛋白质分离开来；另一种是 β 分级盐析法，即在一定的盐和离子强度下（$K_s I$ 为常数），通过改变温度和 pH 使不同的蛋白质进行分离。由于蛋白质对离子强度的变化非常敏感，易产生共沉淀现象，所以 K_s 分级盐析法常用于生化成分制备的前处理和初步分离，而 β 分级盐析法中由于溶质溶解度变化缓慢，且变化幅度小，因此分辨率更高，用于生化成分制备后期的分离纯化和结晶。

二、盐析沉淀的影响因素

1. 溶质的种类和浓度 溶质种类的影响反应在 Cohn 经验方程中就是对 β 和 K_s 的影响：不同蛋白质的这两个常数不同，其盐析行为也不同。组成相近的蛋白质，分子质量越大，沉淀所需盐的量越少；蛋白质分子不对称性越大，也越易沉淀。血浆蛋白的分级盐析结果见表 2-1。

表 2-1 血浆蛋白的分级盐析结果

硫酸铵饱和度/%	沉淀的蛋白质
20	纤维蛋白原
28～33	优球蛋白
33～50	拟球蛋白
50～80	白蛋白
90～100	肌红蛋白

溶质浓度的影响在于：蛋白质浓度大时，产生共沉（欲分离的蛋白质中常常夹杂着其他蛋白质一起沉淀出来），分辨率低，但是用盐量少，蛋白质的损失小；当蛋白质浓度较低时，共沉作用小，分辨率高，但是用盐量多，蛋白质的回收率低。一般常将蛋白质的浓度控制在 2%～3%（相当于 25～30 mg/mL）。

对起始浓度（C_0）为 30 g/L 的碳氧血红蛋白（carboxyhemoglobin，COMb）溶液，大部分蛋白质在硫酸铵饱和度为 58%（A 点）～65%（B 点）时沉淀出来（图 2-2）；但对稀释 10 倍的 COMb 溶液，硫酸铵饱和度达到 66% 时才开始沉淀，而相应的沉淀范围为 66%～73% 饱和度（图 2-3）。

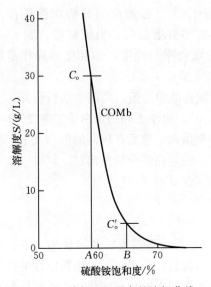

图 2-2 碳氧血红蛋白的溶解曲线

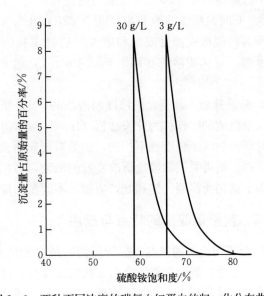

图 2-3 两种不同浓度的碳氧血红蛋白的归一化分布曲线

2. 盐析剂的种类　在相同的离子强度下，离子的种类对蛋白质的溶解度有一定程度的影响。盐的种类主要影响 Cohn 经验方程中的盐析常数 K_s，K_s 大就意味着盐析效果比较好。一般来说，离子半径小而多价的阴离子中性盐的盐析效果比较好。

常见阴离子的盐析作用由大到小排序为：$PO_4^{3-} > SO_4^{2-} > CH_3COO^- > Cl^- > NO_3^- > ClO_4^- > I^- > SCN^-$。

常见阳离子的盐析作用由大到小排序为：$NH_4^+ > K^+ > Na^+ > Mg^{2+}$。

选用盐析剂的基本原则主要是：有较大的溶解度，且溶解度受温度影响小；盐析用盐必须是惰性的；高浓度盐溶液密度不高，以便蛋白质沉淀的沉降或离心分离；来源丰富、经济。

3. 温度和 pH

（1）温度。对于多数蛋白质、肽而言，在高盐浓度下，它们的溶解度随着温度的升高而降低。所以在一般情况下，蛋白质对盐析温度无特殊要求，可在室温下进行，只有某些对温度比较敏感的酶等要求在 $0 \sim 4\ ^{\circ}\text{C}$ 进行。

（2）pH。由于蛋白质在等电点时溶解度最小，所以可在酶活力不受损的情况下，选择等电点的 pH 进行盐析，这样产生沉淀所消耗的中性盐较少，蛋白质的回收率也高，同时可以减弱共沉作用。

三、盐析沉淀法的操作

无论在实验室中还是在生产中，除少数有特殊要求的盐析以外，大多数情况下都采用硫酸铵进行盐析。可按两种方式将硫酸铵加入溶液中：一种方式是直接加入固体 $(NH_4)_2SO_4$ 粉末，工业生产中常采用这种方式；另一种方式是加入硫酸铵饱和溶液，在实验室或小规模生产中常采用这种方式。

1. 硫酸铵饱和度和用量　硫酸铵的加入量有不同的表示方法，常用饱和度来表征其在溶液中的最终浓度。$20\ ^{\circ}\text{C}$ 时硫酸铵的饱和浓度为 $4.05\ \text{mol/L}$（$534\ \text{g/L}$），定义它为 100% 饱和度。$0\ ^{\circ}\text{C}$ 时硫酸铵的饱和浓度为 $3.825\ \text{mol/L}$（$505\ \text{g/L}$）。目标蛋白的盐析沉淀操作之前，所需的硫酸铵浓度或饱和浓度可通过实验确定。对多数蛋白质，当硫酸铵达到 85% 饱和度时，蛋白质溶解度都小于 $0.1\ \text{mg/L}$，通常为兼顾收率与纯度，饱和度的操作范围为 $40\% \sim 60\%$。

2. 分段盐析　改变盐的浓度与溶液的 pH，便可将混合液中的蛋白质逐个盐析分开，这种分离蛋白质的操作称为分段盐析（fractional salting out）。由于不同的蛋白质溶解度不同，沉淀时所需的离子强度也不相同，如果需要先除去一些杂蛋白，然后在较高的饱和度下沉淀目标蛋白，则可采用分段盐析改变盐的浓度，将混合液中的蛋白质分批析出。

为了达到所需要的饱和度，应加入不同量的硫酸铵（参见附录一）。

四、盐析沉淀法的特点与应用

1. 盐析沉淀法的特点　盐析沉淀法最大的优点是成本低，不需要特别昂贵的设备；操作简单、安全；同时盐析不会引起蛋白质变性，经透析去盐后，能得到保持生物活性的纯化蛋白质。但是盐析沉淀法的分离效果不理想，通常只是作为初步的分离纯化，还需要结合其他的方法对目的蛋白进行进一步纯化。

2. 盐析沉淀法的应用 目前，盐析沉淀法广泛应用于各类蛋白质的初级纯化和浓缩，在某些情况下还可用作蛋白质的高度纯化。利用盐析沉淀初级纯化的产物中盐含量较高，需要进行脱盐处理，才能进行后续的纯化操作。

第二节 有机溶剂沉淀法

一、有机溶剂沉淀法的原理

利用与水互溶的有机溶剂（如甲醇、乙醇、丙酮等）能使蛋白质在水中的溶解度显著降低而沉淀的方法，称为有机溶剂沉淀法。有机溶剂引起蛋白质沉淀的主要原因有以下两点：

（1）加入有机溶剂能够使水溶液的介电常数降低，因而增加了两个相反电荷基团之间的吸引力，促进了蛋白质分子的聚集和沉淀。

根据库仑定律可知，真空中静止的两个质点（电荷分别为 q_1 和 q_2）之间的相互作用力 F，与它们的电荷量的乘积（q_1q_2）成正比，与它们的距离的二次方（r^2）成反比，作用力的方向在它们的连线上，同种电荷相斥，异种电荷相吸。根据库仑公式：

$$F = k \times \frac{q_1q_2}{r^2}$$

式中，k 为库仑常数（静电力常量）。两质点间的静电作用力 F 在质点电荷（q_1、q_2）不变、质点间距离 r 不变的情况下，与介质的介电常数 K（$1/k$）成反比。当亲水性有机溶剂加入溶液中时，介质的介电常数（极性）降低，那么溶质分子之间的静电引力增大，聚集形成沉淀。

（2）加入的有机溶剂与蛋白质争夺水化水，致使蛋白质脱除水化膜，因而易于聚集形成沉淀。

二、有机溶剂的选择

沉淀蛋白质的有机溶剂选择原则：介电常数小，沉淀作用强；对生物大分子的变性作用小；毒性小，挥发性适中。沸点低有利于溶剂的去除和回收，但挥发损失大；一般须能与水无限混溶。

常用有机溶剂：沉淀蛋白质和酶常用的有机溶剂是乙醇、丙酮和甲醇。沉淀核酸、糖、氨基酸和核苷酸最常用的有机溶剂是乙醇，乙醇是最常用的沉淀剂。乙醇沉淀作用强，沸点适中，无毒。丙酮沉淀作用大于乙醇，但丙酮沸点低、损失大，对肝有一定毒性。甲醇的沉淀作用与乙醇相当，但口服有剧毒。

三、有机溶剂沉淀法的特点

有机溶剂沉淀法的优点：有机溶剂除去方便，产品纯度高；有机溶剂密度小，沉淀物和母液间的密度差大，有利于沉淀的分离。

有机溶剂沉淀法的缺点：需要大量耗用溶剂；比盐析更易使蛋白失活，需要在低温下操作。

另外，加入适量的中性盐能够增加蛋白质在有机溶剂中的溶解度，降低有机溶剂对蛋白质的变性作用，提高分级效果。

总体来说，蛋白质和酶采用有机溶剂沉淀法不如盐析沉淀法普遍。

第三节　等电点沉淀法

一、等电点沉淀法的概述

利用两性物质在 pH 为等电点的溶液中，分子表面净电荷为零，导致赖以稳定的双电层结构被削弱或破坏，分子间引力增加，溶解度降低，从而与其他组分进行分离的方法称为等电点沉淀法。例如生产胰岛素时，在粗提液中先调 pH 至 8.0 去除碱性蛋白质，再调 pH 至 3.0 去除酸性蛋白质。该方法主要是用于一些抗生素（如四环素）、氨基酸（如谷氨酸）或者一些水化程度不大或疏水性的蛋白质（如酪蛋白）等。

二、等电点沉淀法操作注意事项

等电点沉淀法主要适用于疏水性较强的蛋白质，例如酪蛋白在等电点时能形成粗大的凝聚物。对一些亲水性强的蛋白质如明胶，调 pH 至等电点并不产生沉淀。

生物高分子的等电点容易受到盐离子的影响发生变化，中性盐浓度增大时，等电点发生偏移，同时最低溶解度会有所增大，应该控制离子强度。

在使用等电点沉淀时还要考虑目的物的稳定性。有些蛋白质或酶在等电点附近不稳定，如 α-糜蛋白酶（pI＝8.1～8.6）、胰蛋白酶（pI＝10.1），它们在中性或偏碱性的环境中由于自身或其他蛋白水解酶的作用而部分降解失活。在实际操作中应避免溶液 pH 上升到 5 以上。

在等电点附近，溶质仍然有一定的溶解度，等电点沉淀法往往不能获得高的回收率，因此等电点沉淀法通常与盐析、有机溶剂沉淀法联合使用。例如，利用离子交换法分离细胞色素 c 时，洗脱液中常加入饱和度为 86% 的硫酸铵，调洗脱液 pH 为 5.0～5.5，4℃ 高速离心以去除杂蛋白沉淀。

第四节　其他沉淀法

在生化制备中经常使用的沉淀方法还有成盐沉淀法、变性沉淀法和共沉淀法。所使用的沉淀剂有金属盐、有机酸类、表面活性剂、离子型或非离子型的多聚物、变性剂或其他一些化合物。

一、水溶性非离子型聚合物沉淀法

水溶性非离子型聚合物沉淀法最早用于提纯免疫球蛋白和沉淀一些细菌、病毒，近年来逐渐被广泛应用于核酸和酶的分离纯化。水溶性非离子型聚合物包括不同分子质量的聚乙二醇、壬苯乙烯化氧、葡聚糖、右旋糖苷硫酸酯等，其中应用最多的是聚乙二醇，可用聚乙二醇分离质粒 DNA。此法的沉淀原理是：被分离物质在水相和聚合物间分配；被分离物与聚合物形成复合物。

二、生成盐类复合物的沉淀法

生成盐类复合物的沉淀法主要包括金属复合盐法、有机酸类复合盐法和无机复合盐法。

1. 金属复合盐法 金属离子的沉淀作用是由于它们能与蛋白质分子中的特殊部位发生反应。例如锌易与组氨酸残基中的咪唑基结合，使蛋白质的等电点发生改变，从而降低蛋白质的溶解度。Zn^{2+} 用于沉淀杆菌肽、尿激酶和胰岛素。Ca^{2+} 用于分离乳酸、血清蛋白和柠檬酸。例如胰岛素制备工艺（图 2-4）中加入了 Zn^{2+}。

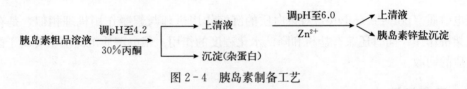

图 2-4 胰岛素制备工艺

根据作用基团，一般可将用于沉淀的金属离子分为以下 3 类：

第一类是能与羧基、氨基等含氮化合物以及含氮杂环化合物强烈结合的一些金属离子，如 Mn^{2+}、Fe^{2+}、Co^{2+}、Ni^{2+}、Cu^{2+}、Zn^{2+}、Cd^{2+} 等。

第二类是能与羧基结合而不与含氮化合物结合的一些金属离子，如 Ca^{2+}、Ba^{2+}、Mg^{2+}、Pb^{2+} 等。

第三类是能与巯基化合物强烈结合的一些金属离子，如 Hg^{2+}、Ag^+、Pb^{2+} 等。

实际应用时，金属离子的浓度常为 0.02 mol/L。复合物中金属离子的去除，可用离子交换法或 EDTA 金属螯合剂。

2. 有机酸类复合盐法 有机酸如苦味酸、苦酮酸和鞣酸等，能与有机分子的碱性官能团形成复合物而沉淀析出。例如细胞色素 c 的制备（图 2-5）就采用了此法。

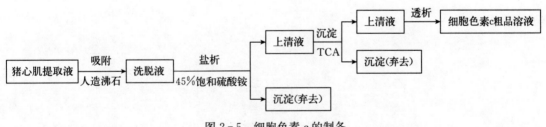

图 2-5 细胞色素 c 的制备

3. 无机复合盐法 无机复合盐法常用的盐有磷钨酸盐、磷钼酸盐等。

以上 3 种方法的缺点：容易导致活性蛋白的不可逆变性，需采用较温和的条件，有时还需加入一定的稳定剂。

三、选择性沉淀法

选择性沉淀法是根据各种蛋白质在不同物理因子（如温度等）、化学因子（如酸碱度等）作用下稳定性不同的特点，选择一定的条件使溶液中存在的某些杂蛋白等杂质变性沉淀下来，而与目的物分开的方法。

选择性沉淀法采用的变性途径主要有：①利用对热的不稳定性，加热破坏某些组分，而保存另一些组分；②酸碱变性；③利用表面活性剂或有机溶剂引起变性。

选择性沉淀法是使杂质变性沉淀，对目的物没有明显影响，所以在操作之前要对欲分离的物质中的杂蛋白等杂质的种类、含量及其物理性质、化学性质等有比较全面的了解。例如对于 α-淀粉酶等热稳定性好的酶，可以通过加热进行热处理，使大多数杂蛋白受热变性沉淀而被除去。黏多糖沉淀剂十六烷基三甲基溴化铵（cetyl trimethyl ammonium bromide，CTAB）能与多糖上的阴离子形成季铵络合物，降低离子强度，可使络合物析出。

四、聚电解质沉淀法

聚电解质（polyelectrolyte）对蛋白质的沉淀作用机理与絮凝作用机理相似，是在蛋白质间起架桥作用，同时还兼有盐析和降低水化程度的作用。聚电解质沉淀法主要用于酶和食用蛋白质的回收。

五、亲和沉淀法

亲和沉淀法是利用蛋白质与特定的生物合成分子（如免疫配位体、辅酶等）之间高度专一的相互作用而设计出来的一种特殊选择性的分离方法。

亲和沉淀法常用于从复杂混合物中分离提取单一产品，其主要过程包括：①目标蛋白与键合在可溶性载体上的亲和配位体络合形成沉淀；②所得沉淀物用适当的缓冲溶液洗涤，去除可能存在的杂质；③用适当的试剂将目标蛋白从配位体中解离出来。例如胰蛋白酶的亲和沉淀，配位体（大豆胰蛋白酶抑制剂）固定于载体（聚合脂质体-醇磷脂乙醇胺）上，在胰蛋白酶粗溶液中加入一定量聚合物溶液进行吸附，再加入 0.2 mol/L NaCl 使复合体沉淀，然后用 0.01 mol/L NaOH 洗脱沉淀，释放胰蛋白酶。

第三章　离心技术

生物化学与分子生物学实验中，对于浓度较小、粒径较大、硬度较强的不溶物，可以采用过滤分离。但当固体颗粒细小而难以过滤时，采用离心操作就十分有效。离心技术，是蛋白质、酶、核酸及细胞亚组分分离的最常用的技术之一，也是生化实验室中常用的分离、纯化或澄清的技术，尤其是超速冷冻离心已经成为研究生物大分子实验室中的常用技术。

第一节　离心技术的概念和原理

一、离心技术的概念

离心技术（centrifugation technique）是利用物体高速旋转时产生强大的离心力，使置于旋转体中的悬浮颗粒发生沉降或漂浮，从而使某些颗粒达到浓缩或与其他颗粒分离的目的。这里的悬浮颗粒往往是指制成悬浮状态的细胞、细胞器、病毒和生物大分子等。离心机转子高速旋转时，当悬浮颗粒密度大于周围介质密度时，颗粒离开轴心方向移动，发生沉降；当悬浮颗粒密度小于周围介质的密度时，则颗粒朝向轴心方向移动而发生漂浮。常用的离心机有多种类型，一般常速离心机的最高转速不超过 8 000 r/min，高速离心机的最高转速在 25 000 r/min 左右，超速离心机的转速可达 30 000 r/min 以上。

二、离心技术的原理

离心分离是基于固体颗粒和周围液体密度存在差异，在离心场中使不同密度的固体颗粒加速沉降的分离过程。

1. 离心力和相对离心力　溶液中的固相悬浮颗粒做圆周运动时产生一个向外的作用力称为离心力（centrifugal force），其定义为：

$$F = m\omega^2 r$$

式中，F 为离心力；m 为沉降颗粒的有效质量；ω 为离心转子转动的角速度；r 为离心半径，即转子中心轴到沉降颗粒之间的距离。

离心力随着转速和颗粒质量的提高而加大，而随着离心半径的减小而降低。离心力通常以相对离心力（relative centrifugal force，RCF）表示。相对离心力是指在离心力的作用下，颗粒所受离心力相当于重力加速度的倍数。

2. 重力沉降速度和沉降系数　重力沉降（gravity settling）是一种使悬浮在流体中的固体颗粒下沉而与流体分离的过程。依靠地球引力场的作用，利用颗粒与流体的密度差异，发生相对运动而沉降的现象，称为重力沉降。颗粒在单位离心力作用下的沉降速度称为颗粒的沉降系数（sedimentation coefficient）。沉降系数用 S 表示。为了纪念离心技术早期奠基人 Svedberg，把 10^{-13} s 称为一个 Svedberg 单位（S），即 1 S＝10^{-13} s。沉降系数与颗粒直径有关，大颗粒容易沉降。沉降系数也与颗粒密度和介质密度之差成正比，随介质黏度增大而减小。

第二节 离心机的种类

一、实验室离心机分类

离心机的种类很多，我们习惯从几个方面分类：按照对温度的要求，可分为普通离心机和冷冻离心机；按照离心机体积的大小，可分为落地式离心机、台式离心机、掌上离心机等。实验室用离心机以离心管式转子离心机为主，离心操作为间歇式。按离心速度，离心机主要分为以下3类：

常速离心机：最大转速 8 000 r/min，相对离心力为 10^4g 以下，用于细胞、菌体和培养基残渣等的分离。

高速（冷冻）离心机：转速为 $1 \times 10^4 \sim 2.5 \times 10^4$ r/min，相对离心力为（$10^4 \sim 10^5$）g，用于细胞碎片、较大细胞器、大分子沉淀物等的分离。

超速离心机：转速为 $2.5 \times 10^4 \sim 8 \times 10^4$ r/min，相对离心力超过 5×10^5g；用于DNA、RNA、蛋白质、细胞器、病毒的分离纯化、检测纯度、沉降系数和相对分子质量测定等。

二、离心机转子分类

离心机的转子主要分为水平转子、角转子和垂直转子3种，常用水平转子和角转子。水平转子：运转时吊篮处于水平状态，与转轴成直角，样品将沉淀集中于离心管的底部。角转子：离心容器与转轴成一固定角度，样品将沉淀集中于离心管底部及靠近底部的侧壁。如果希望分离的样品集中于离心管的底部就选择水平转子，如果希望样品集中于离心管的底部和靠近底部的侧壁上就选择角转子。还有一些特殊实验或特殊样本需要特殊的转子，如大容量吊篮（多应用于血站）、酶标板转子、载玻片转子、PCR转子、试管架转子和毛细管转子等。转子都有固定的规格，其规格是和离心机的容量结合起来的，如 12×5 mL 的角转子，既决定了转子的类型，也决定了离心机的容量，所以转子的选择非常重要。

第三节 超速离心技术

超速离心的方法有差速离心（differential centrifugation）、密度梯度离心（density gradient centrifugation）。

一、差速离心

差速离心主要是采取逐渐提高离心速度的方法分离不同大小的颗粒。起始的离心速度较低，让较大的颗粒沉降到管底，小的颗粒仍然悬浮在上清液中。收集沉淀，改用较高的速度离心悬浮液，将较小的颗粒沉降，以此类推，达到分离不同大小颗粒的目的。差速离心过程见图 3-1。

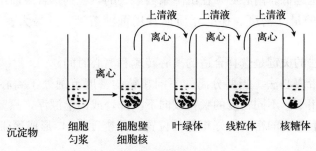

图 3-1 差速离心过程

二、密度梯度离心

密度梯度离心又称区带离心法，用一定的介质在离心管内形成连续或不连续的密度梯度，将细胞混悬液或匀浆置于介质的顶部，通过重力或离心力的作用使细胞分层、分离。密度梯度离心常用的介质为氯化铯、蔗糖和多聚蔗糖。分离活细胞的介质要求如下：能产生密度梯度，且密度高时黏度不高；pH 中性或易调为中性；浓度大时渗透压不大；对细胞无毒。

此法的优点：分离效果好，可一次获得较纯颗粒；适应范围广，既能像差速离心法一样分离具有沉降系数差的颗粒，又能分离有一定密度差的颗粒；颗粒不会挤压变形，能保持颗粒活性，并防止已形成的区带由于对流而引起混合。

此法的缺点：离心时间较长；需要制备惰性梯度介质溶液；操作严格，不易掌握。

密度梯度离心法可分为以下两种：

（1）差速区带离心法。当不同的颗粒间存在沉降系数差时（不需要像差速离心法所要求的那样大的沉降系数差），在一定的离心力作用下，颗粒各自以一定的速度沉降，在密度梯度介质的不同区域上形成区带的方法称为差速区带离心法（图 3-2）。此法仅用于分离有一定沉降系数差的颗粒（20％的沉降系数差或更小）或分子质量相差 3 倍的蛋白质，分离效果与颗粒的密度无关，大小相同、密度不同的颗粒（如线粒体、溶酶体等）不能用此法分离。

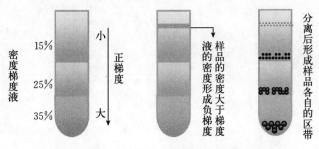

图 3-2 差速区带离心法示意

先在离心管中装好密度梯度介质溶液，样品液加在梯度介质的液面上，离心时，由于离心力的作用，颗粒离开原样品层，按不同沉降速度向管底沉降，离心一定时间后，沉降的颗粒逐渐分开，最后形成一系列界面清楚的不连续区带，沉降系数越大，往下沉降的速度越快，所呈现的区带也越低。离心必须在沉降系数最大的颗粒到达管底前结束，样品颗粒的密度要大于梯度介质的最大密度。梯度介质通常用蔗糖溶液，其最大密度和浓度分别可达 $1.28 \, g/cm^3$ 和 60%。

差速区带离心法的关键是选择合适的离心转速和离心时间。

（2）等密度区带离心法。当要分离的不同颗粒的密度范围处于离心介质的密度范围内时，在离心力的作用下，不同密度的颗粒或向下沉降，或向上漂浮，只要时间足够长，就可以一直移动到与它们各自的密度恰好相等的位置（等密度点），形成区带，这种方法称为等密度区带离心法。

在等密度区带离心过程中，组分的分离完全取决于组分之间的密度差。离心时间的延长或转速的提高既不会破坏已经形成的样品区带，也不会产生共沉现象。离心体系到达平衡状态后，再延长离心时间和提高转速已无意义，处于等密度点上的样品颗粒的区带形状和位置均不再受离心时间所影响。提高转速可以缩短达到平衡的时间，离心所需时间以最小颗粒到达等密度点（即平衡点）的时间为基准，有时长达数日。等密度区带离心法的分离效率取决于样品颗粒的密度差，密度差越大，分离效果越好，与颗粒大小和形状无关，但颗粒大小和形状决定着达到平衡的速度、时间和区带宽度。

等密度区带离心法所用的梯度介质通常为氯化铯（CsCl），其密度可达 $1.7 \, g/cm^3$。此法可用于分离核酸、亚细胞器等，也可以用于分离复合蛋白质，但简单蛋白质不适用此法。

第四章 层析技术

层析技术（chromatography）又称色谱技术，是俄罗斯植物学家茨维特发现并命名的。大部分层析技术以吸附分离为基础。层析技术分离精度高、设备简单、操作方便，根据各种原理进行层析分离的层析法不仅普遍应用于物质成分的定量分析与检测，而且还应用于生物物质的制备、分离和纯化，是蛋白质生物下游加工过程中最重要的纯化技术之一。

第一节 概 述

一、基本原理

层析分离的主体介质由互不相溶的流动相和固定相组成。层析就是根据混合物中的溶质在两相之间分配行为的差别引起的随流动相移动速度的不同而进行分离的方法。柱层析设备和操作示意如图 4-1 所示，固定相填充于柱内，形成固定床，在柱的入口端加入一定量的待分离原料后，连续输入流动相，料液中的溶质在流动相和固定相之间发生扩散传质，产生分配平衡。分配系数大的溶质在固定相上存在的概率大，随流动相移动的速度小。这样，溶质之间由于移动速度的不同而得到分离。利用分析仪器（如紫外检测器）在层析柱出口处可以检测到不同溶质各自的浓度峰，由此绘出的曲线图称为洗脱曲线或色谱图，层析柱出口处溶质浓度变化（洗脱曲线）如图 4-2 所示。

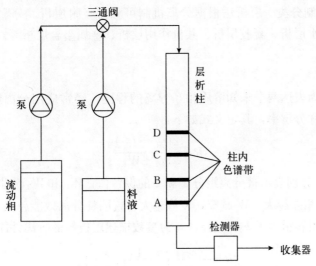

图 4-1 柱层析设备和操作示意

（注：A、B、C、D 泛指不同的溶质成分）

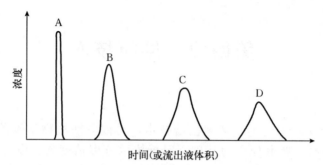

图 4-2 层析柱出口处溶质浓度变化（洗脱曲线）
（注：A、B、C、D 泛指不同的溶质成分）

二、基本分类

1. 根据流动相和固定相分类 层析法根据流动相的相态可分为气相色谱法、液相色谱法和超临界流体色谱法，而固定相有固体、液体和以固体为载体的液体薄层 3 种。生物物质一般存在于水溶液中，因此生物物质的分离主要采用液相色谱法。

根据固定相和层析装置形状的不同，液相色谱又分纸层析、薄层层析和柱层析。纸层析和薄层层析多用于分析；柱层析不仅分辨率高，而且易进行放大生产使用，适用于大量物质的制备与分离，是主要的层析分离技术。

在以固体（包括以固体为载体的液体薄层）为固定相的液相色谱中，根据操作压力（主要是柱两端的压力差）分为低压（<0.5 MPa）液相色谱、中压（0.5~4.0 MPa）液相色谱和高压（4.0~40 MPa）液相色谱。高压液相色谱使用的固定相粒径一般仅 3~10 μm，传质阻力小，可在较高流速下实现高精度分离，主要用于分析，也可用于分离制备，但大规模分离制备最常用的是低压液相色谱和中压液相色谱。

2. 根据分离机制分类 层析法根据分离机制可分为吸附层析、分配层析、离子交换层析、亲和层析、疏水层析、凝胶层析、共价作用层析、金属螯合层析等。

三、分离度

层析分离中，为表达两个未知溶质相互分离的程度，经常应用分离度（resolution，R）的概念。分离度又称分辨率，其定义式如下：

$$R = \frac{2(t_{R_2} - t_{R_1})}{W_2 + W_1}$$

式中，t_{R_1} 和 t_{R_2} 分别表示被分离组分 1 和 2 的保留值；W_1 和 W_2 分别表示组分 1 和 2 的底峰宽。两个峰 t_R 相差越大，W 越窄，R 值越大，说明柱分离效能越高。

另外，经常采用容量因子 k 和选择性 α 为参数描述层析柱的分离性能：

$$R = \frac{\sqrt{n_{有效}}}{4} \left(\frac{\alpha - 1}{\alpha} \right) \left(\frac{k}{k+1} \right)$$

容量因子 k 也称分配比、容量比，是指在一定温度和压力下，溶质在固定相和流动相中达到平衡时，在固定相和流动相中的质量比。k 越大，说明溶质在固定相中的保留量越多。

选择性 α：相邻两组分的分配系数或容量因子之比。

由上可知，分离度随理论塔板数量的增加而增大，当两种溶质的分配系数（或容量因子）相差较小（即分离选择性较小）时，需要较大的理论塔板数量才能获得足够大的分离度。

第二节 分配层析

分配层析（partition chromatography）以溶质在流动相和固定相中的分配为基础。在现代液相色谱中分配层析大致分为两类：一类为液-液色谱，把固定液涂布于惰性担体上，在液相色谱中流动相是液体，由于固定液在流动相中的溶解而不能稳定地保持在担体上，给操作带来麻烦；另一类使用键合固定相，即把有机化合物的一部分通过化学反应键合在担体的表面上，克服了固定液的流失现象，因此，使用这类固定相的色谱也称为键合相色谱（bonded-phase chromatography）。

一、分离原理

在分配层析中，流动相和固定相是互不相溶的两种液体，溶质既溶解于固定相，也溶解于流动相，并根据在两相中的溶解度不同而分布于两相中，类似液-液萃取过程。当溶质在两相中的分配达到平衡时，溶质在两相中的浓度之比即为分配系数（K）：

$$K = C_S/C_M$$

式中，K 为分配系数；C_S 为溶质在固定相中的浓度；C_M 为溶质在流动相中的浓度。这个过程的标准自由能 $\Delta G^{\ominus}$ 与分配系数的关系如下：

$$\lg K = \frac{-\Delta G^{\ominus}}{2.3RT}$$

根据已知关系 $K = k\beta$，得

$$\lg k = \lg \frac{1}{\beta} - \frac{\Delta G^{\ominus}}{2.3RT}$$

式中，R 为摩尔气体常数；T 为热力学温度；k 为容量因子；β 为相比率。

讨论分配过程中的热力学，有助于解释给定分配体系的本质，但它不能预示保留体系和分配体系的选择性。溶质在给定体系分配系数的不同主要是由于溶质分子与两相分子之间的作用力不同。分子之间的相互作用可概括为离子-偶极作用、定向作用、诱导作用、色散作用、疏水作用、氢键作用及电子对的给予和接受等，不同的体系表现出不同的作用力。

另外，在液相色谱中，溶质在两相中的分布可能不是由于一种原因引起的，如溶质既溶于某种溶剂中，又与其发生可逆的化学反应，这种化学平衡有时可以被忽略，有时成为控制保留的重要因素。与正常的色谱过程比较，这种现象称为次级（或第二）化学平衡（secondary chemical equilibria，SCE），次级化学平衡含义广泛，是液相色谱中普遍存在的现象，且每种过程对 k 的贡献具有加合性。

二、常用介质

1. 固定相 固定相的稳定性受自身官能团的影响，非极性键合相相对于极性键合相有

更强的稳定性。键合相的稳定性也受外界条件（即操作条件）的影响，其中最主要的影响为溶剂的 pH、缓冲溶液中盐类的浓度和操作温度等。硅胶承受 pH 的范围为 2～8.5，在实际使用中比这个范围还要窄，一般为 3～7。若所用溶剂的 pH 必须超过这个范围，只得改用其他填料，如聚苯乙烯非键合相固定相，pH 可为 1～13。另外，键合相有机官能团的使用也受 pH 的影响，如伯胺键合相在 pH＞7 时迅速降解，几个小时将失去大多数有机基团，柱分离能力迅速下降。

2. 流动相

（1）正相色谱。正相色谱以极性键合相为固定相，以非极性或弱极性溶剂为流动相。与吸附层析类似，正相色谱的溶质与流动相的相互作用比较弱。溶剂的分类和选择性与反相色谱不同。表 4-1 中列出了正相色谱常用溶剂的洗脱系列。

表 4-1　正相色谱常用溶剂的洗脱系列

溶剂	溶剂强度 ε	
	SiO_2	Al_2O_3
n-戊烷 n-己烷	0	0
n-庚烷 异辛烷	0.01	0.01
1-氯丁烷	0.20	0.26
氯仿	0.26	0.40
二氯甲烷	0.32	0.42
异丙醚	0.34	0.28
醋酸乙酯	0.38	0.58
四氢呋喃	0.44	0.57
正丙胺	−0.5	—
乙腈	0.50	0.65
甲醇	−0.7	0.95

在正相色谱中容量因子与溶剂极性成反比，即增加溶剂极性将会减少样品的保留。为了改善对溶质的分离，常选用异丙醚、甲醇、二氯甲烷和氯仿为溶剂。

（2）反相色谱。反相色谱以非极性键合相为固定相，最常用的是 C_{18}。流动相通常以水为基础，加入与之混合的多种有机溶剂。在反相色谱中，极性溶剂与多种溶质有很强的相互作用，溶质与固定相之间的相互作用比较弱，因此溶剂在决定样品保留和分离中起很大作用。由于分子之间作用力比较大的是偶极矩和氢键，因此溶剂的偶极矩和酸碱性是溶剂选择的主要特征。反相色谱中最常用的有机溶剂是甲醇、乙腈和四氢呋喃，二噁烷也是常用的溶剂之一。

在分离酸性样品或碱性样品时，溶质的保留可能会随着溶剂的 pH 或离子强度（盐浓度）的变化而变化。质子化的碱由于离子强度的增加而减少保留，太高的盐浓度反而使中性化合物的保留增加。pH 的变化增加了样品中一些化合物的离子化程度，使它们在流动相中的溶解度增加而减少保留。

三、溶质的保留

以键合固定相为基础的分配层析，特别是反相色谱，由于流动相选择的广泛性，可分析的样品范围非常广，在高效液相色谱（HPLC）中占有极为重要的地位。溶质在键合相体系中的分配机理可因使用溶剂有所不同。其中有溶解，有吸附，同时还存在着组氨酸（H）和精氨酸（R）衍生物保留的影响、离子平衡和交换等次级平衡作用，比较复杂，这也是键合相色谱独立成类的依据。

与以硅胶为主的吸附层析不同，键合固定相色谱更适于同系物的分离，且保留时间与烷基数目成正比，支链烷基化合物的保留值比直链的小。在反相体系中，极性溶质按极性大小顺序出峰，极性大的先出峰。溶质分子中极性取代基和取代基的数目也是影响溶质保留行为的重要因素。例如苯酚、二羟基苯和三羟基苯，其中三羟基苯的极性最强，先被馏出，然后馏出的是二羟基苯和苯酚。

第三节 吸附层析

吸附层析是以固体吸附剂为固定相，以有机溶剂或缓冲液为流动相构成的一种柱状层析方法。常用的吸附剂有极性的和非极性的两种，前者有羟基磷灰石、硅胶、氧化铝和人造沸石等，后者有活性炭等。吸附层析已成为科研、医学、化工及发酵等领域常规使用的一种分离手段。

一、分离原理

在吸附层析中，使用的固定相基质是颗粒状的吸附剂。在吸附剂的表面存在着许多随机分布的吸附位点，这些位点通过范德华力和静电引力与蛋白质和核酸等生物分子结合，其结合力的大小与各种生物分子的结构和吸附剂的性质有密切关系。例如，当把结构不同的 A、B 两种物质的混合溶液加至装有吸附剂的层析柱中时，若注入适宜的洗脱剂，控制速度让其下流，便可借助 A、B 两种物质对吸附剂结合力的差异性，将二者分离（图 4-3）。假如吸附剂对 A 的结合力小于对 B 的结合力时，则 B 留在层析柱上部，A 移至层析柱的下部。

另外，A、B 两物质在层析柱上得以分离，也可以说是由于 A、B 两物质在固定相（吸附剂）与流动相（洗脱液）之间的分配系数（即物质在固定相中的浓度除以它在流动相中的浓度）不同所致。如果

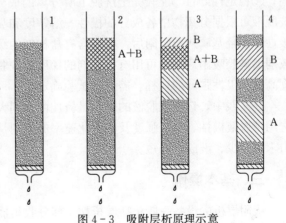

图 4-3 吸附层析原理示意

1. 吸附层析柱　2. 加入 A、B 混合样品
3. 洗脱时，A 与 B 开始分离　4. 继续洗脱时，A 与 B 已经分离

A 物质的分配系数小于 B 物质，则 A 在层析柱中移动的速度大于 B。

混合物在层析柱中的分离过程，实质上是吸附、解吸附、再吸附的连续过程，或者是在固定相与流动相之间连续分配的过程。

二、常用吸附剂和洗脱剂

1. 吸附剂 不论选择哪种类型的吸附剂，吸附剂都应具备表面积大、颗粒均匀、吸附选择性好、稳定性强和成本低廉等性能。在选择具体吸附剂时，主要是根据吸附剂本身和被吸附物质的理化性质进行的。一般来说，极性强的吸附剂易吸附极性强的物质，非极性的吸附剂易吸附非极性的物质。但是，为了便于解吸附，对于极性大的分离物，应选择极性小的吸附剂。选择一个理想的吸附剂须经过多次试验才能获得。

很多商品吸附剂购买后即可使用，但是当吸附剂混有某些杂质或其颗粒不均匀时，使用前应进行处理。一般是先过筛，除去大的颗粒，或者采用悬浮法除去细小颗粒，然后用酸、碱等溶液浸泡，接着用沸水煮、清水洗，最后用有机溶剂如甲醇处理，这样即可得到既无杂质，颗粒又均一的吸附剂。下面简要叙述羟基磷灰石（hydroxyapatite，HAP）和硅胶吸附剂的性质。

在使用 HAP 作为固定相基质时，有以下几点应注意：①HAP 是干粉时，要先在蒸馏水中浸泡，使其膨胀度（水化后所占有的体积）达 $2\sim3$ mL/g 后，再按 6 倍体积加入缓冲液（如用 0.01 mol/L 磷酸钠缓冲液，pH 6.8）悬浮，以除去细小颗粒。②HAP 悬浮液需用涡旋振荡器进行混合，不宜用磁棒或玻璃棒剧烈搅拌，否则会破坏晶体结构。③忌用柠檬酸缓冲液（柠檬酸可与钙结合）和 pH<5.5 的缓冲液（稳定性差）。④细颗粒 HAP 的操作容量一般比粗颗粒的大，粗颗粒 HAP 的分辨率没有细颗粒的好。但是用细颗粒 HAP 层析时，其流速慢，会导致柱效降低。为了克服此弊端，可在不改变柱体情况下，采用直径较大的层析柱或提高层析柱的操作压，就能达到满意的流速。

2. 洗脱液 在吸附层析中使用的洗脱液是相应的缓冲液或含有机溶剂的一类溶液。通常它也是溶解被吸附样品和平衡固定相的溶液。合适的洗脱液应符合下列条件：①纯度较高；②稳定性好；③能较完全洗脱下所分离的成分；④黏度小；⑤易和所需要的成分分开。洗脱液可根据分离物中各成分的极性、溶解度和吸附剂的活性来选择。一般蛋白质或核酸被极性强的羟基磷灰石吸附后，要用含有盐梯度的缓冲液洗脱。而甾体或色素等化合物被极性较弱的硅胶吸附后，则可用有机溶剂的梯度液洗脱。所用洗脱液梯度变化速率快慢、离子强度高低和极性强弱的选择，需通过试验确定。

在实践中，选择洗脱液的顺序是极性由小到大、离子强度由低到高（正向层析）。总之，选用洗脱液极性、离子强度及其变化速率的原则是：能较完全地洗脱下所要分离的成分，并力求用量少、洗脱时间短。

三、基本操作

吸附层析的设备一般包括层析柱、部分收集器、磁力搅拌器和恒流泵。有条件时，配置一台核酸蛋白质检测仪就构成一个完整的层析系统。吸附层析过程的全套装置见图 4-4。

层析柱绝大多数是下端为细口并带有筛板的玻璃管。柱的直径与长度之比，一般为 $(1:10)\sim(1:40)$。采用极细颗粒吸附剂装柱时，宜用比值大的层析柱。反之，则宜用比值

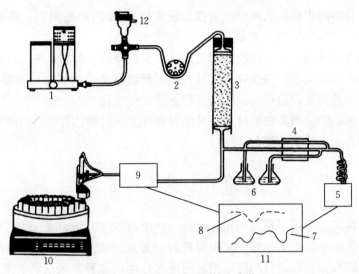

图 4-4 吸附层析过程的全套装置

1. 磁力搅拌器 2. 恒流泵 3. 层析柱 4. 冷凝管 5. 分光光度计 6. 酶反应试剂 7. 紫外线吸收曲线
8. 酶活性曲线 9. UV 检测仪 10. 部分收集器 11. 记录仪 12. 样品贮液器

小的层析柱。这样有利于节省时间和提高分辨率。层析柱的床体积是由吸附剂的量和膨胀度决定的。

吸附剂的用量是根据其自身的操作容量和分离物中各成分的性质决定的。当操作容量高时，吸附剂用量少。一般吸附剂的用量为被分离样品的 30～50 倍。若样品中各成分的性质相似，难以分开时，则吸附剂用量应增大到被分离样品的 100 倍以上。

装柱前要先将层析柱垂直固定在支架上。装柱的方法分干装法和湿装法两种。干装法是直接加吸附剂到柱中，然后倒入洗脱液，此法不易将气泡排尽。湿装法是先加适量洗脱液到柱内，排走其中的空气，然后把预先用洗脱液浸泡好的吸附剂搅匀，将此悬浮液连续倾入柱中，待其自然沉降至柱高的 1/4～1/3 时打开柱下端出口，让溶液慢慢流出，使柱上端悬浮液徐徐下降至需要的高度。吸附剂表面要平整，应使其一直浸没在溶液中，严防气泡产生。后一种装柱法对各种固定相都适用。装好的层析柱应立即与洗脱液连接，在一定的操作压（层析柱内液面与层析柱出口之间的压力差）下，控制其流速，让 2～3 倍柱体积的洗脱液流过固定相，使其达到平衡，并使固定相高度恒定或离子强度与洗脱液一致，此时层析柱中的基质应填装均匀、松紧一致、没有气泡。

经过平衡的层析柱，当洗脱液流到与固定相表面一致的位置时，关闭柱下端开关，停止液体流动。用滴管轻轻地把分离样品的溶液加到固定相表面，要尽量避免冲动基质。加入样品液的体积一般应小于床体积的 1/2（当加入的样品质量相同时，体积越小，越有利于提高分辨率）。打开柱下端开关，待样品液的液面流到固定相表面时，关闭下端开关，而后用滴管加入少量洗脱液（2～4 mL）洗涤层析柱中固定相表面上端管壁四周，打开下端开关，待溶液流到固定相表面时，再次关闭下端开关，加入洗脱液（其体积以液面距固定相表面的高度约 5 cm 计），并在柱上端与装有洗脱液的贮液瓶连接，同时在柱下端与部分收集器接通，打开柱下端开关，开始洗脱，并立即进行分级收集（按体积或时间分管收集）。随后将收集的每管溶液进行浓度或活性测定。根据测定结果，即可绘制出洗脱曲线（以管号或洗脱体积为横坐标，以每管溶液中样品的浓度或活性为纵坐标）。层析峰的面积、峰高和半峰高的宽度等参数是定性、定量洗脱物的依据。

为了获得满意的分离结果，洗脱液的流速一定要控制好。如果太快，洗脱物在两相中的平衡过程不完全；如果太慢，洗脱物会扩散。由层析柱分离出的样品经浓缩或冻干处理后，可进行纯度测定。若杂质含量仍高，则用其他方法继续纯化。

用过的吸附剂，经适当方法处理后，又恢复其性能的过程称为吸附剂的再生。不同吸附剂（或基质）的再生方法不一样。

第四节 疏水层析

疏水层析也称疏水作用层析（hydrophobic interaction chromatography，HIC），从分离纯化生化物质的机制来看，它也属于吸附层析的一类。疏水层析和反相色谱分离生化物质的原理是一致的，即根据有效成分和固定相之间疏水作用的差异，设法将有效成分分离出来。但是，在反相色谱中，所用载体结合的配体密度大、疏水性强，对蛋白质类物质具有较大的吸附力，欲将吸附物解吸下来，需用含有机溶剂（降低极性）的流动相洗脱，才能如愿以偿。由于洗脱液的极性降低，常常会引起大分子活性物质变性，因此反相色谱一般较适合于分离纯化小分子质量的肽类和辅基等物质。疏水层析所用载体的性能与反相色谱不同，疏水层析中的载体结合的配体密度小，疏水性弱，对蛋白质及其复合物仅产生温和的吸附作用，吸附物容易被解吸下来。因此，这类方法较适合分离纯化盐析后或高盐洗脱下来的物质。这不仅使有效成分的纯度得到提高，而且还保持了其原来的结构和生物活性。

一、分离原理

就球形蛋白质的结构而言，其分子中的疏水性残基数是从外向内逐步增加的。一般情况下，球形蛋白质和膜蛋白的结构均较稳定，在很大程度上取决于分子中的疏水作用。实验过程中，欲让亲水性强的蛋白质与疏水性的固定相有效地结合在一起，可用以下方法：一是靠蛋白质表面的一些疏水补丁（hydrophobic patch）；二是让蛋白质发生局部变性（可逆变性较理想），暴露出掩藏于分子内的疏水性残基；三是利用疏水层析的特性，即在高盐浓度下，只有暴露分子表面的疏水性残基才能与疏水性的固定相作用（这与普通吸附层析和离子交换层析的操作是截然不同的）。据此，亲水性较强的物质，一般在 1 mol/L （NH$_4$）$_2$SO$_4$ 或 2 mol/L NaCl 高浓度盐溶液中，会发生局部可逆变性，并能被迫与疏水层析的固定相结合在一起，然后通过降低流动相的离子强度，即可将结合于固定相的物质按其结合能力大小，依次进行解吸附。也就是疏水作用弱的物质，用高浓度盐溶液洗脱时，会先被洗脱下来。当盐溶液浓度降低时，疏水作用强的物质才会随后被洗脱下来。对于疏水性很强的物质，则需要在流动相中添加适量的有机溶剂以降低极性，才能达到解吸附的目的。在此过程中，必须注意在降低流动相极性时，要防止有效成分发生变性。

二、常用疏水层析介质

在疏水层析过程中，一般使用的固定相由载体和配体（有疏水性基团）两部分构成。配体对疏水性物质具有一定的吸附力，而载体则有亲水性和非亲水性之分。通常由亲水性（或疏水性）载体与吸附疏水性物质的配体构成的固定相称为亲水性（或疏水性）吸附剂。目前，亲水性吸附剂的载体主要是交联琼脂糖（如 Sepharose CL-4B），配体是苯基（或辛基）化合物，二者通过耦合方法构成稳定的苯基（或辛基）-Sepharose CL-4B 吸附剂。这类吸附剂基本不耐高压，一般仅适用于常压层析系统。在非亲水性吸附剂中，所用的载体有硅胶、树脂（如苯乙烯、二乙烯聚合物）等，配体为苯基、辛基、烷基（如 C_4、C_8、C_{18}）等，二者通过共价结合构成非亲水性吸附剂，这类吸附剂可耐压、机械性能好，不仅适用于常压层析，而且特别适用于高压层析。另外，需要指出的是，上面提到的硅胶和树脂两类载体，将它们置于不同 pH 溶液中，其稳定性是不一样的。以硅胶为载体的吸附剂，在高 pH 环境时，容易被水解，因此该吸附剂经使用后，残留在吸附剂上的吸附性较强的一些小分子物质是无法用 NaOH 溶液彻底清洗的。而以树脂为载体的吸附剂，在 pH 1~14 时稳定性较好。

三、基本操作

进行疏水层析时，所使用层析柱的规格［包括柱体积大小、直径、柱高度（h）与其直径（d）的比值等］均与普通层析的相似。当被分离物质与杂质间的疏水作用差异较大和被分离样品量也较大时，宜选用体积较大的层析柱，h/d 的值应 $\leqslant 3$。

在进行常压疏水层析时，大多数是选用苯基（或辛基）-Sepharose CL-4B 吸附剂作固定相。将选定的亲水性吸附剂悬浮于乙醇溶液中，浸泡一段时间后，采用离心（或过滤）方法，弃上清液，收集沉淀物，并以 50%（质量体积比）浓度悬浮于样品缓冲液中，而后按常规方法装入层析柱，洗涤、平衡完毕，即可加样。

加样前，在样品溶液中要补加适量的盐类。加 1 mol/L（NH$_4$）$_2$SO$_4$ 或 2 mol/L NaCl，可使样品中的有效成分部分变性，并能与固定相很好地相互吸附。加入盐类的样品溶液要混匀，放置片刻后即可加至柱上。当把样品溶液徐徐加入固定相（使有效成分与固定相作用 0.5~1 h）后，先用平衡缓冲液洗涤，再用降低盐浓度的平衡缓冲液洗脱。与此同时，要用部分收集器分段收集洗脱下来的溶液，并对收集的每部分溶液进行检测。洗脱完毕的层析柱欲重复使用时，需对其固定相进行再生处理，即用 8 mol/L 尿素溶液或含 8 mol/L 尿素的缓冲液洗涤层析柱（以除去固定相吸附的杂质），接着用平衡缓冲液平衡。采用此程序处理过的疏水层析柱，即可重复使用。

第五节　离子交换层析

一、分离原理

离子交换层析（ion exchange chromatography，IEC）是利用离子交换剂为固定相，根据荷电溶质与离子交换剂之间静电引力的差别进行溶质分离的洗脱层析法。静电引力小的组分容易被洗脱，先流出；反之，则后流出。

二、常用离子交换剂

离子交换剂的基质可分为 3 类：人工合成的聚苯乙烯（即离子交换树脂）、纤维素和凝胶类物质（如葡聚糖凝胶、琼脂糖凝胶和聚丙烯酰胺凝胶），它们都共价结合离子交换基团，根据可交换离子的电性不同可分为阳离子交换剂和阴离子交换剂，根据电荷基团的解离度不同又可分为强离子交换剂、中等离子交换剂和弱离子交换剂3类。离子交换树脂由于骨架的疏水性较强，一般用于分离中、小分子物质，如氨基酸、核苷酸等。纤维素和凝胶类物质的亲水性强，适合分离蛋白质等大分子物质。几种常用的离子交换纤维素见表4-2，几种常用的离子交换葡聚糖凝胶见表4-3。

表4-2 几种常用的离子交换纤维素

分类	交换剂种类（缩写）	功能基团	交换容量/(mmol/g)	适宜工作pH
强酸性阳离子交换剂	乙基磺酸纤维素（SEC）	$-O-C_2H_4-SO_3^-$	$0.2\sim0.3$	<4
中强酸性阳离子交换剂	磷酸纤维素（PC）	$-O-PO_3^{2-}$	$0.7\sim7.4$	极低
弱酸性阳离子交换剂	羧甲基纤维素（CMC）	$-O-CH_2-COO^-$	$0.5\sim1.0$	>4
强碱性阴离子交换剂	三乙基氨基乙基纤维素（TEAEC）	$-O-C_2H_4-N^+(C_2H_5)_3$	$0.5\sim1.0$	>8.6
弱碱性阴离子交换剂	氨基乙基纤维素（AEC）	$-O-C_2H_4-N^+H_3$	$0.3\sim1.0$	<8.6
	ECTE纤维素（ECTEC）	$-C_2H_4-N^+(C_2H_4OH)_3$	$0.3\sim0.5$	
	二乙基氨基乙基纤维素（DEAEC）	$-O-C_2H_4-N^+H(C_2H_5)_2$	$0.1\sim1.1$	

表4-3 几种常用的离子交换葡聚糖凝胶

分类	交换剂种类	功能基因	交换容量/(mmol/g)	型号	床体积/(mL/g)
强酸性阳离子交换剂	磺乙基 SE-Sephadex	$-O-C_2H_4-SO_3^-$	2.3 ± 2.5	C-25	$5\sim9$
				C-50	$30\sim38$
弱酸性阳离子交换剂	羧甲基 CM-Sephadex	$-O-CH_2-COO^-$	4.5 ± 0.5	C-25	$6\sim10$
				C-50	$32\sim40$
强碱性阴离子交换剂	二乙基-2-羟丙基氨基 QAE-Sephadex	$-O-C_2H_4-\underset{\underset{CH_2CHOHCH_3}{\mid}}{N^+(C_2H_5)_2}$	3.0 ± 0.4	C-25	$5\sim8$
				C-50	$30\sim40$
弱碱性阴离子交换剂	二乙基氨基乙基 DEAE-Sephadex	$-C_2H_4-N^+(C_2H_5)_2H$	3.5 ± 0.5	C-25	$5\sim9$
				C-50	$25\sim33$

三、基本操作

离子交换层析的操作过程：装柱→缓冲液平衡柱→加样到柱的上侧→用一定pH和离子

强度的缓冲液洗脱分离目标产物→离子交换剂的再生处理。

离子交换剂的选择通常根据被分离组分的电性来决定。离子交换层析中的流动相通常是一定 pH 的缓冲液，pH 的选择很重要，应满足能使不同的组分分离和在蛋白质稳定的范围内。为了提高分辨率，可采用梯度洗脱法。梯度洗脱法是在层析过程中连续不断改变进入层析柱的洗脱液组成，使洗脱能力逐渐增强，从而减轻拖尾现象，提高分辨率。常用连续改变离子强度的梯度洗脱和改变 pH 的梯度洗脱。改变离子强度的梯度洗脱通常是在洗脱过程中逐步增大离子强度，使用较多的是不断增强 NaCl 离子强度的线性梯度洗脱法。改变 pH 的梯度洗脱，对于阳离子交换剂一般是使 pH 逐渐升高，对于阴离子交换剂一般是使 pH 逐渐降低。考虑到蛋白质的稳定性，一般采取改变离子强度的梯度洗脱。除上述线性梯度洗脱外，还可采用逐次梯度洗脱。逐次梯度洗脱是在层析过程中分段改变 pH 或离子强度，通常在大规模纯化中应用较多。

第六节 凝胶过滤

一、分离原理

凝胶过滤（gel filtration，GF）是利用凝胶过滤介质为固定相，根据料液中溶质相对分子质量的差别进行分离的液相层析法，又称为尺寸排阻层析。凝胶过滤的分离原理如图 4-5 所示，在装填具有一定孔径分布的凝胶过滤介质的层析柱中，料液中溶质 1 的相对分子质量大，分子比凝胶颗粒孔径大，不能进入凝胶的细孔中，因而从凝胶间的床层空隙颗粒流过，洗脱体积为层析柱的空隙体积 V_0；对于溶质 2，其相对分子质量小，分子比凝胶颗粒孔径小，能够进入凝胶的所有细孔中，因而其洗脱体积接近柱体积 V_t；分子粒径在凝胶颗粒孔径范围内时，分子可进入凝胶的部分细孔中，故其洗脱体积介于 V_0 和 V_t 之间，相对分子质量大的组分先流出。

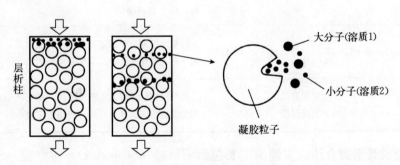

图 4-5 凝胶过滤的分离原理

显然，凝胶过滤可分离洗脱体积介于 V_0 和 V_t 之间（即分配系数 $0 < K < 1$）的溶质。因此，凝胶过滤的分离精度有限，料液的处理量也很小。

二、凝胶过滤介质

1. 性能参数 表征凝胶特性的参数主要有下列各项：

排斥极限：是指不能渗透进入凝胶任何孔隙的最小分子的相对分子质量。不同的凝胶过滤介质品牌具有不同的排斥极限。

相对分子质量范围：是指排斥极限与全渗透点之间的相对分子质量范围。选择凝胶时应使试样的相对分子质量落入此范围。

凝胶粒径：粒径大小对分离度有重要影响。粒径越小，等板高度越小，分辨率越好。

空隙体积：层析柱中凝胶之间空隙的体积，即 V_0 值。空隙体积可用相对分子质量大于排斥极限的溶质测定，一般使用相对分子质量为 2×10^6 的水溶性蓝色葡聚糖测定。

溶胀率：是指溶胀后每克干凝胶所吸收水分的百分数，某些市售的干燥凝胶颗粒，使用前要用水溶液进行溶胀处理。

床体积：是指 1 g 干燥凝胶充分溶胀后所占有的体积。

对于商品化的凝胶过滤介质，厂商的产品目录中一般会给出其凝胶的各种性质，如分级范围、粒径、流速与压力的关系等，可参考使用。

2. 凝胶过滤介质种类　主要分为多糖类骨架的介质和合成大分子骨架的介质两大类。各类凝胶过滤介质的特点见表 4-4。

表 4-4　各类凝胶过滤介质的特点

凝胶	商品名	交联剂	使用 pH	物理化学性能
葡聚糖	Sephadex	环氧氯丙烷	2～10	在水、盐溶液、有机溶剂、碱性溶液、弱酸性溶液中均较稳定。热稳定性好，可煮沸灭菌。但机械强度较差，不耐压
	Sephacry	亚甲基双丙烯酰胺	3～11	分离范围大，排阻极限可大于 10^8，化学稳定性和机械稳定性高，耐压，可实现较快流速和较高的分离分辨率
琼脂糖	Sepharose	非交联结构	4～9	在盐酸胍、尿素介质中稳定，易被氧化剂破坏。亲水性好。机械强度和空穴稳定性好，流速可较快。但热稳定性差，40 ℃即可熔化
	Sepharose CL	2,3-二溴丙醇	3～13	热稳定性和化学稳定性高，可高温灭菌，在部分有机溶剂中孔径变化不大，其余性能同 Sepharose
聚丙烯酰胺	Bio-Gel P	亚甲基双丙烯酰胺	1～10	化学稳定性较好，不溶于水和一般有机溶剂，能耐尿素和盐酸胍溶液。亲水性好，吸附效应较小

（1）多糖类骨架的介质。多糖类主要包括葡聚糖（Sephadex）、琼脂糖（Sepharose）、纤维素等。这类介质具有亲水性及生物大分子的相溶性，可允许生物大分子透过而不发生变性。

葡聚糖（Sephadex）系列介质是以环氧氯丙烷进行交联的葡聚糖环状凝胶（Sephadex G 交联葡聚糖凝胶的层析参数见表 4-5）。交联程度决定凝胶的孔结构，依据孔径不同形成 G 型凝胶的系列产品，G 后数字越大，表示交联度越小，孔径越大，排阻极限也越大。此类凝胶是最经典的凝胶介质，具有较高的选择性、多种规格的粒径、不同的分离范围和高的分辨率。此类凝胶均以干态供应，使用前必须在过量的溶剂中充分溶胀，但要避免剧烈搅拌；可在水、盐溶液、有机溶剂、碱性溶液及弱酸性溶液中稳定存在。

表 4-5　Sephadex G 交联葡聚糖凝胶的层析参数

凝胶类型	分离范围（M_r）		pH 稳定性（工作）	吸水量/（mL/g 干胶）	溶胀体积/（mL/g 干胶）	溶胀平衡所需时间/h	
	肽或球状蛋白	线状葡聚糖				室温	沸水浴
G-10	<700	<700	2~13	1.0	2~3	3	1
G-15	<1 500	<1 500	2~13	1.5	2.5~3.5	3	1
G-25	1 000~5 000	100~5 000	2~13	2.5	4~6	6	2
G-50	1 500~30 000	500~10 000	2~10	5.0	9~11	6	2
G-75	3 000~70 000	1 000~50 000	2~10	7.5	12~15	24	3
G-100	4 000~150 000	1 000~100 000	2~10	10.0	15~20	48	5
G-150	5 000~400 000	1 000~150 000	2~10	15.0	20~30	72	5
G-200	5 000~800 000	1 000~200 000	2~10	20.0	30~40	72	5

　　琼脂糖凝胶（Sepharose）系列介质是另一种较常使用的凝胶过滤介质，琼脂糖凝胶的层析参数见表 4-6。

表 4-6　琼脂糖凝胶的层析参数

凝胶型号	琼脂糖含量/%	分离范围（M_r）	排阻下限（M_r）	建议的最大静水压/cm 水柱*
Sepharose 2B	2	$7×10^4~4×10^7$		
Sepharose CL-2B	2	$7×10^4~4×10^7$		
Sepharose 4B	4	$6×10^4~2×10^7$		
Sepharose CL-4B	4	$6×10^4~2×10^7$		
Sepharose 6B	6	$1×10^4~4×10^6$		
Sepharose CL-6B	6	$1×10^4~2×10^6$		
Bio-Gel A（0.5 m）	10	$1×10^4~5×10^5$	$5×10^5$	100
Bio-Gel A（1.5 m）	8	$1×10^4~1.5×10^6$	$1.5×10^6$	100
Bio-Gel A（5 m）	6	$1×10^4~5×10^6$	$5×10^6$	100
Bio-Gel A（15 m）	4	$4×10^4~1.5×10^7$	$1.5×10^7$	90
Bio-Gel A（50 m）	2	$1×10^5~5×10^7$	$5×10^7$	50
Bio-Gel A（150 m）	1	$1×10^6~1.5×10^8$	$1.5×10^8$	30

　　*　1 cm 水柱压力=98.06 Pa，下同。

　　Superdex 系列是将葡聚糖以共价键方式结合到高交联的多孔琼脂糖珠体上形成的复合凝胶。该系列具有葡聚糖和琼脂糖均匀组分的骨架结构，将交联葡聚糖优良的过滤选择性和高交联琼脂糖的物理化学稳定性集于一身，成为具有优良选择性和高分辨率的产品。

　　（2）合成大分子骨架的介质。合成大分子骨架的介质具有多糖类骨架的亲水性，不易受微生物侵蚀，选用高亲水性单体，除应用多年的聚丙烯酰胺凝胶（Bio-Gel P）（聚丙烯酰胺凝胶的层析参数见表 4-7）外，还有聚乙烯醇（toyopearl）系列及含羟甲基酰胺类的新型介质。

表 4 - 7 聚丙烯酰胺凝胶的层析参数

凝胶型号	分离范围 (M_r)	排阻下限 (M_r)	溶胀体积/ (mL/g 干胶)	室温下溶胀平 衡所需时间/h	建议的最大 静水压/cm 水柱
Bio - Gel P - 2	200～2 000	1 600	3.8	2～4	100
Bio - Gel P - 4	500～4 000	3 600	5.8	2～4	100
Bio - Gel P - 6	1 000～5 000	4 600	8.8	2～4	100
Bio - Gel P - 10	5 000～17 000	10 000	12.4	2～4	100
Bio - Gel P - 30	20 000～50 000	30 000	14.9	10～12	100
Bio - Gel P - 60	3 000～70 000	60 000	19.0	10～12	100
Bio - Gel P - 100	40 000～100 000	100 000	19.0	24	60
Bio - Gel P - 150	50 000～150 000	150 000	24.0	24	30
Bio - Gel P - 200	80 000～300 000	200 000	34.0	48	20
Bio - Gel P - 300	100 000～400 000	300 000	40.0	48	15

三、基本操作

凝胶过滤的基本操作过程主要包括如下几步：

（1）根据分离物质种类、相对分子质量，选择凝胶种类、型号（型号不同孔径不同），每种型号凝胶有一定的适用范围，可查相关资料。

（2）将一定量干凝胶悬浮于 5～10 倍体积的洗脱液中充分溶胀，中间换液数次。

（3）减压脱气，赶走凝胶内部的气泡。

（4）装柱。要求均匀，无气泡，装柱后通入洗脱液平衡层析柱。层析柱的长度与分辨率有关，长径比一般为（25～100）∶1。除脱盐时对分辨率要求较低、层析柱可较短外，一般层析柱都较长。

（5）加样。通常用于组分分离时上样体积为床层体积的 1%～5%，用于脱盐时可达 25%～30%。上样的样品浓度可大些，但黏度不能大。

（6）洗脱。洗脱速度慢一些，分离效果会高，但洗脱速度过慢会造成区带变宽，反而降低分辨率。适宜的条件应由实验决定。凝胶使用后不必再生，因为各组分最终都流出，如有杂质用水反冲除去。

凝胶过滤操作中溶质的分配系数与相对分子质量、分子形状和凝胶结构（孔径分布）有关，而与所用洗脱液的 pH 和离子强度等无关。因此，凝胶过滤操作一般采用组成一定的洗脱液进行洗脱展开，这种洗脱方法称为恒定洗脱。

四、应用

1. 脱盐 一般常采用透析法脱盐。虽然透析法操作简单，但是费时，处理量有限。如果采用凝胶过滤脱盐，既可以节省时间，又可以不影响生物大分子的特性。脱盐最常用的介质是 Sephadex G - 25。

2. 分离纯化 凝胶过滤可用于相对分子质量从几百到几十万的物质的分离纯化，是蛋白质、肽、脂质、抗生素、糖类、核酸以及病毒（50～400 nm）的分离与分析中频繁使用

— 42 —

的层析法。它是生物大分子在分离纯化过程中不可缺少的一种手段，是唯一一种通过分子质量进行分离的方法。在层析方法中绝大多数方法都是以化合物的电荷差异进行分离或以化合物的极性进行分离的。凝胶过滤可以将相对分子质量相近、分子结构和形状相似的化合物与其他分子分开。

3. 相对分子质量的测定　在凝胶过滤介质的分级范围内，蛋白质的分配系数与相对分子质量的对数成线性关系，所以可用于未知物质相对分子质量的测定。首先用不同相对分子质量的标准蛋白质分别进行凝胶过滤实验，确定分配系数与相对分子质量的关系式，然后测定未知物质的洗脱体积（分配系数），就可推算相对分子质量。不过，凝胶过滤仅对分子形状为球形的物质的测量精度较高，对分子形状为棒状的物质，测量值会小于实际值。

第七节　亲和层析

一般用于纯化蛋白质和核酸等大分子物质的方法的主要依据是各种大分子物质之间理化性质的差异。由于这种差异较小，因此要得到一种纯度稍高的物质，常常需要烦琐的操作，经历较长的时间，但最终收得率却甚低。随着生化技术的发展，人们找到了一种利用分子之间的亲和力分离有效成分的方法，即亲和层析（affinity chromatography）。这种利用大分子物质具有特异生物学性质进行纯化的方法，于20世纪70年代就有了惊人的发展，并逐步得到了广泛的应用。

一、分离原理

亲和层析是以亲和吸附剂为固定相，以特异性溶液为流动相，对与配体（L）具有亲和力的有效成分（S）进行分离的过程。S和相对应的专一配体（L）之间以次级键结合，随之生成一种可解离的络合物 L-S，其中的 L 又能与活化的载体（M）以共价键首先结合，进而形成复合物 M-L-S。

亲和层析的原理（图4-6）与众所周知的抗原-抗体、激素-受体和酶-底物等特异性反应的机制相类似，每对反应物之间都有一定的亲和力。正如在酶反应中，某种底物（S'）只能和相应的酶（E）结合，产生复合物（E-S'）一样，在亲和层析中，特有的配体才能和匹配的生命大分子之间具有亲和力，并产生复合物。实质上亲和层析是把具有识别能力的配体（L）（对酶而言，配体可以是类似底物或抑制剂、辅基等）以共价键的方式固化到含有活化基团的载体（M）（如活化琼脂糖等）上，制成亲和吸附剂 M-L，或者称为固相载体，而固化后的配体仍保持束缚特异性物质的能力。因此，当把固相载体装入小层析柱（几毫升到几十毫升床体积）后，让欲分离的样品液通过该柱，这时样品中对配体有亲和力的物质（S）就可借助静电引力、范德华力，以及结构互补效应等作用吸附到固定相上，而无亲和力或非特异吸附的物质则被平衡缓冲液洗涤出来，并形成第一个层析峰；然后，恰当地改变平衡缓冲液的 pH，或增加离子强度，或加入抑制剂等因子，即可把有效成分从固定相上解离下来，形成第二个层析峰。如果样品液中存在两个以上的物质与固相载体具有亲和力（其大小有差异）时，采用选择性缓冲液进行洗脱，也可以将它们分离开。使用过的亲和吸附剂经再生处理后，可以重复使用。

由于在亲和层析中所用的配体分为特异性配体和通用性配体两大类，因此又将此层析法

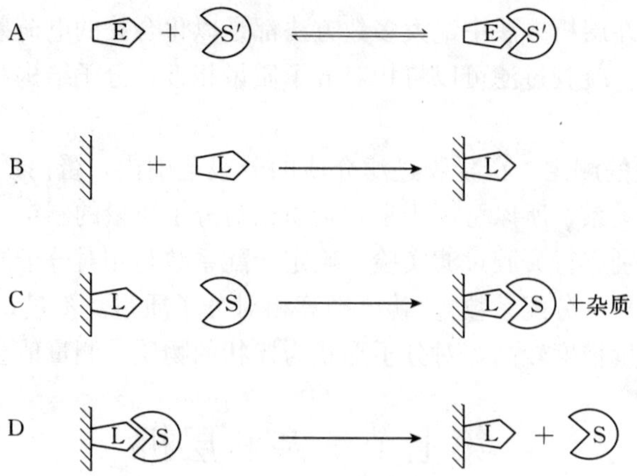

图 4-6　亲和层析的原理

A. 酶与底物反应产生酶底物复合物　B. 活性载体与配体（L）结合产生亲和吸附剂

C. 亲和吸附剂与样品中有效成分（S）结合产生偶联复合物和未结合的物质

D. 偶联复合物经解离后，得到纯有效成分（S）

分为特异性配体亲和层析法和通用性配体亲和层析法。这两种层析法相比，前者的配体一般为特异性的、结构复杂的生命大分子物质（如蛋白质、核酸等），这种配体具有较强的吸附选择性和较大的结合力；后者的配体一般为非特异性的、结构较简单的小分子物质（如金属、染料、氨基酸等），这种配体成本低廉，选择性差，但具有较高的吸附容量，通过调节吸附条件和解吸附条件，也可提高层析的分辨率。

　　利用亲和层析纯化样品时，有操作步骤少、活性不易丧失、回收率高等优点。因此，本法被广泛用于分离纯化蛋白质、核酸和激素等物质。该法的缺点是，要分离一种物质必须找到适宜的配体，并将其制成固相吸附剂之后方可进行。

二、常用亲和载体和配体

　　1. 载体　载体的优劣与亲和吸附剂的好坏关系十分密切。理想的载体应满足下面的要求：①具有极低的非特异吸附性（类似惰性）。②具有高度的亲水性。亲和吸附剂要易与水溶液中的生命大分子物质接近。③具有较好的理化稳定性。当配体固化和各种因素（如pH、离子强度、温度和变性剂等）变化时，载体很少甚至不受影响。④大量的化学基团能被有效地活化，而且容易和配体结合。⑤具有适当的多孔性（即具有一定大小的孔径和相当数量的筛孔）。

　　一般情况下，亲和吸附剂采用的载体有纤维素、聚丙烯酰胺凝胶、交联葡聚糖、琼脂糖、交联琼脂糖及多孔性玻璃珠等。但是，商品纤维素具有不可忽略的吸附性，且结构不均一。聚丙烯酰胺凝胶和交联葡聚糖分别与配体结合后，多孔性会大大降低，同时前者具有大量的酰胺基，不易在载体和配体之间引入间隔物。交联琼脂糖由于交联后降低了羟基数目，导致配体的结合数目减少。玻璃珠具有多孔性好、机械性能强等特点，但对某些物质也有一定的吸附力。实践中应用较多的载体是聚丙烯酰胺凝胶（Bio-300）、多孔性玻璃珠和琼脂糖珠（Sepharose 4B）。在这3种载体中，目前应用最多的是Sepharose 4B。Sepharose 4B是由D-半乳糖和3,6-脱水-L-半乳糖结合成的链状多糖，它基本上能符合理想载体的5点要求，同时 Sepharose 4B 极易用溴化氰活化，并易于引入不同的基团。它在温和的条件下可以连接较多的配体，容易吸附大分子物质，而且吸附容量也较大。此外，Sepharose 4B 的结构比 Sepharose 6B 疏松，机械强度比 Sepharose 2B 好。

2. 配体 配体的选择是个细致的过程，要有耐心。平常可选择的配体有抑制剂、效应物、酶的辅助因子、类似底物、抗体〔包括半抗原（碱基、核苷、核苷酸、寡核苷酸）-蛋白质复合物抗体〕和其他物质〔如外源凝集素、poly(A)、poly(U)、染料和金属离子〕等。优良的配体必须具备以下两个条件。

（1）有较强的亲和力和特异性。从抑制剂对酶的抑制常数（K_i）或从某一配体与相应大分子物质形成络合物的解离常数（K_a）的大小，可以衡量配体是否适用。一般来说，配体对大分子物质的亲和力越高（即 K_i 较大或 K_a 较小），在亲和层析中应用的价值就越大。例如，用抗生物素蛋白（avidin，也称亲和素）作为配体纯化含有生物素组分的羧化酶时，由于抗生物素蛋白-生物素（biotin）解离常数接近 1×10^{-5}，要使它们分离必须使用剧烈的条件，即 6 mol/L 盐酸胍溶液（pH 1.5），才能解吸出羧化酶，而在此条件下，羧化酶的活性大部分不可逆地丧失了。配体的特异性是指所选用的配体仅对于某种大分子物质有特别优异的结合力，因此它是保证亲和层析法分辨率高的一个不可或缺的重要因素。

（2）具有与载体共价结合的基团和稳定性。配体上的某些基团（如氨基、羧基）和载体结合后，对配体与互补物质（即有效成分）亲和力的影响为零或不明显。这点对小分子配体尤为可贵，因为一个配体的解离常数即使很小，在其偶联到载体后，也可能由于结构改变，导致对大分子物质的亲和力大大降低，甚至完全丧失。为避免这一事件发生，必须事先对配体的结构变化进行研究。另外，在亲和吸附剂中所使用的配体必须要有良好的稳定性，这也是选用的基本条件之一。

三、基本操作

1. 亲和吸附剂的制备 把配体偶联到载体上的方法有物理法和化学法两类。前者如包埋法和吸附法等，后者如交联法和偶联法等。交联法是用双功能试剂（如戊二醛、碳化二亚胺等）交联载体和配体。偶联法常用的化学试剂有溴化氰（CNBr）、环氧氯丙烷、双环氧乙烯、丁二烯砜和亚氨二乙酸等，用化学试剂活化的载体与配体偶联，或者用化学试剂把载体与配体整合起来。前两种化学试剂适用于含氨基的配体，后 3 种则适用于无机分子的配体，如重金属等。但丁二烯砜偶联法制备的亲和吸附剂在碱性溶液中是不稳定的。

（1）活化。在一定量的贮存 Sepharose 4B（即用布氏漏斗抽干的胶）中，加入等量的蒸馏水和 2 mol/L Na_2CO_3 溶液（pH 11~12），混匀。另将称量的固体 CNBr（50~300 mg/g 贮存胶）溶于二甲基甲酰胺溶液中，随后迅速把此液加到搅拌的琼脂糖悬浮液内对其进行活化，使 pH 始终维持在 11~12。在反应过程中，应控制温度在 20 ℃，维持 8~10 min 后，加入 2~3 倍凝胶量的碎冰，使其迅速冷却至 4 ℃或更低。整个活化过程的速度越快越好。因为活化的 Sepharose 不稳定，特别在碱性溶液中更是如此，如活化的 Sepharose 4B 在 pH 8.3 条件下处理 4 h，偶联 α-胰凝乳蛋白酶的量降低至 50%，处理 24 h，则偶联的量几乎降低为零。接着把冷却的反应液转到布氏漏斗中，用 10~20 倍凝胶体积的预冷蒸馏水及 0.07 mol/L $NaHCO_3$ 溶液（pH 8.5）洗涤。若要做到洗涤的既快（约 90 s）又能把过剩的溴化氰除去，则必须用大量的洗涤液。洗涤液的性质最好与偶联配体时所用的溶液一致。大多数情况下用 NaHCO₃ 溶液（pH 8.5）或者 NaCl -硼酸盐溶液（绝不可用带氨基的缓冲液）洗涤。通过活化反应形成的化合物大部分是具有反应能力的 Sepharose 亚氨碳酸盐衍生物（称为载体衍生物），小部分是无反应能力的 Sepharose 衍生物。

（2）偶联。偶联是指经活化的载体，即载体衍生物，与相应配体结合在一起的过程，其间所使用的载体不相同，偶联程序就不一样，下面以 Sepharose 衍生物概述载体衍生物与配体偶联的简要流程。

称 1 g Sepharose 衍生物干粉，置于 5 mL 体积的层析柱中，用 20 mL 1 mol/L HCl 溶液（pH 2.3）膨胀，再用该溶液 180 mL 充分淋洗（控制在 15 min 内）；随之取 15～20 mg 小鼠钥孔虫戚血蓝蛋白（KLH）溶于 2 mL 0.5 mol/L NaCl - 0.5 mol/L NaHCO₃ 溶液（pH 8.3）中，并将其立即移入已膨胀的 Sepharose 衍生物中（二者体积比为 1 : 2），维持 pH 为 8.3，上下转动层析柱，室温下放置 2～4 h 或在冰箱中过夜，严禁剧烈搅动；用 5 倍体积的溶解配体的溶液洗涤层析柱，而后倒入 1 mol/L 乙醇胺（pH 8.0）或 1 mol/L Tris - HCl 缓冲液（pH 8.0）通过层析柱，室温下放置 2～4 h 或放置于冰箱中过夜，以封闭过剩活性基团；最后用 5 倍柱体积的 0.5 mol/L NaCl - 0.5 mol/L HAc 缓冲液（pH 3.5）、0.1 mol/L Tris - HCl 缓冲液（pH 8.5）交替洗涤 5 次层析柱，以去除过剩配体。在亲和吸附柱使用前，先要用磷酸盐-氯化钠缓冲液平衡 1 h 或放置于冰箱中过夜。如果不马上使用，则需要将其短期保存在 20% 乙醇（4～8 ℃）溶液中。

2. 特异性吸附 大分子物质在亲和层析柱中的分离过程如图 4-7 所示。当样品准备加到具有一定配体浓度的亲和层析柱表面时，欲分离的大分子物质在柱中的浓度等于零；当样品加入并开始进入柱中时，配体和欲分离的大分子物质间相互接触，并形成复合物，但也有部分复合物分解；当样品不断地通过柱体时，欲分离的大分子物质与配体之间形成的复合物浓度越来越大。由于配体与欲分离大分子物质的相互作用，故使其移动受到阻碍，从而产生了紧密的复合物带。样品中有效成分在层析过程中是逐步递增累积的。

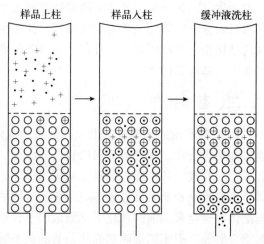

图 4-7 大分子物质在亲和吸附层析柱中的分离过程
○ 颗粒状亲和吸附剂 ＋欲纯化的有效成分 ·杂质分子

样品中有效成分在亲和吸附剂上的吸附量，除了与它们之间的亲和力密切相关外，还与样品的 pH 和离子强度有一定关系。例如人们研究了在不同离子强度与 pH 条件下，用 Sepharose - ε-氨基乙酰- D -色氨酸甲酯亲和层析柱吸附 α-胰凝乳蛋白酶的数量变化。在使用 0.05 mol/L Tris - HCl 缓冲液时，随着 pH 降低，吸附量也会减小；在相同 pH（6.8）时，离子强度降低，则吸附量反而会增大。考虑到该酶在低离子强度（0.01 mol/L）溶液中时，非专一性吸附也很严重（降低有效成分纯度），故一般这种溶液不宜使用。此外，反应时间对吸附量（用收得率表示）的影响也不可忽视。例如，用 Con A - Sepharose 亲和层析柱分离 γ-球蛋白时，加样后反应 1 h 收得率比反应 3 h 高。

3. 分离 从亲和层析柱复合物中洗脱出欲分离大分子物质的过程，一般所需要的条件比加样时形成复合物的条件剧烈。

样品通过亲和层析柱后，可用大量的平衡液洗去无亲和力的杂蛋白，有时也可用较高离子强度的盐溶液洗涤去除之，最后留在柱内的只有专一或特异吸附的有效成分。而洗脱此有效成分的条件，即能使其完全解离的条件，需视其与配体的亲和力来决定。亲和层析使用的一些平衡液和洗脱液见表 4-8。

表 4-8 亲和层析使用的一些平衡液和洗脱液

分离物	平衡液	洗脱液
腺苷脱氢酶	0.1 mol/L HCl 和 0.1 mol/L 磷酸盐，pH 7.0	2 mmol/L 巯基嘌呤核苷（底物类似物）- 0.1 mol/L KCl 和 0.1 mol/L 磷酸盐，pH 7.0
谷草转氨酶	5 mmol/L 磷酸盐，pH 5.5	100 mmol/L 磷酸盐，pH 5.5 或 1 mg/mL 磷酸吡哆醛 - 5 mmol/L 磷酸盐，pH 5.5
碳酸酐酶	0.01 mol/L Tris，pH 8.0	$0 \sim 10^{-4}$ mol/L 梯度乙酰唑（磺胺、酶的抑制剂）- 0.01 mol/L Tris，pH 8.0
黄嘌呤氧化酶	0.01 mol/L $Na_2S_2O_4$	氧饱和的 1 mmol/L 水杨酸盐 - 0.01 mol/L $Na_2S_2O_4$
血凝因子	0.05mol/L Tris，pH 7.0	$0.1 \sim 0.4$ mol/L NaCl - 0.05 mol/L Tris，pH 7.5
半乳糖阻抑蛋白（Gal 阻遏物）	0.05 mol/L KCl，pH 7.5	0.1 mol/L 硼酸盐，pH 10.5

亲和力较小时，可以连续用大体积平衡液进行洗脱，得到迟缓的大分子物质峰；亲和力一般时，主要靠改变洗脱液的性质，如 pH 和（或）离子强度，使有效成分与配体间的亲和力减小到足以分离的程度。改变洗脱液的 pH 时，大多用弱酸或弱碱进行调节。阶梯式的 pH 梯度溶液比普通的 pH 溶液洗脱效果好，这是因为前者可以把亲和力不同的物质相互分开。用酸性或碱性的 pH 洗脱，可以获得比较集中的蛋白峰，但是洗脱出的蛋白液应立即中和、稀释或透析，以免其活性丧失；亲和力较大时，可用与配体竞争的溶液或者用含蛋白质变性剂的溶液进行洗脱。竞争性洗脱剂的优点是专一性强，并能洗脱出和配体特异结合的有效成分，洗脱时需要较大体积的洗脱液。其原因是，洗脱速度与复合物解离速度有密切关系。当有效成分与配体结合很稳定或者具有 $5 \sim 15$ min 解离半衰期时，需要 1 h 以上的时间才能洗脱出吸附物的 95%。有时为了缩短时间，在柱中加入高浓度的抑制物停止洗脱，让其保留一段时间，甚至略升高柱温再重新洗脱。这样不仅可缩短洗脱时间，更主要的是缩小了洗脱体积，提高了洗脱物的浓度。使用蛋白质变性试剂，如盐酸胍、尿素等配制的溶液，洗脱下的有效成分需要经过适当的处理，方可恢复活性。

4. 亲和层析柱的再生 当一次层析结束（即洗脱完毕）后，应连续用大量的洗脱液或高浓度的盐溶液彻底洗涤层析柱，接着再用平衡液使其重新平衡。经过这样处理的层析柱可再次加样，进行第二次亲和层析。一般亲和层析柱都可以反复使用多次。例如，用于分离木瓜蛋白酶的亲和吸附剂，即甘氨酰-甘氨酰-酪氨酰-精氨酸- Sepharose 4B，在 4 个月内可重复使用 20 次；用于分离糖蛋白的亲和吸附剂 Con A - Sepharose 4B，在一年内重复使用近

30 次，活性未见明显下降。

第八节　高效液相色谱

高效液相色谱（high performance liquid chromatography，HPLC）又称高速或高压液相色谱，它是吸收了普通液相色谱和气相色谱的优点，经过适当改进发展起来的。它既有普通液相色谱的功能（可在常温下分离制备水溶性物质），又有气相色谱的特点（可在高温、高速条件下，以较高的分辨率和灵敏度分离样品）；不仅适用于很多不易挥发、难热分解物质（如金属离子、蛋白质、肽类、氨基酸及其衍生物、核苷、核苷酸、核酸、单糖、寡糖和激素等）的定性和定量分析，而且也适用于上述物质的制备和分离。特别是近 10 年来出现了几种与 HPLC 相近的快速蛋白液相色谱（fast protein liquid chromatography，FPLC）、低效液相色谱（low performance liquid chromatography，LPLC）和中效液相色谱（mid performance liquid chromatography，MPLC），其中 FPLC 能在惰性环境下以极快的速度通过成百上千次层析把复杂的混合物分开。

一、分离原理

高效液相色谱按其固定相的性质可分为高效凝胶液相色谱、疏水性高效液相色谱、反相高效液相色谱、高效离子交换液相色谱、高效亲和液相色谱及高效聚焦液相色谱等类型。用不同类型的高效液相色谱分离或分析各种化合物的原理基本上与相对应的普通液相色谱的相似。其不同之处，首先是高效液相色谱灵敏、快速、分辨率高、重复性好（图 4-8），且需在色谱仪中进行；其次是样品液和流动相溶液在进入色谱柱前，必须进行超滤处理，这样可提高色谱柱的使用寿命。

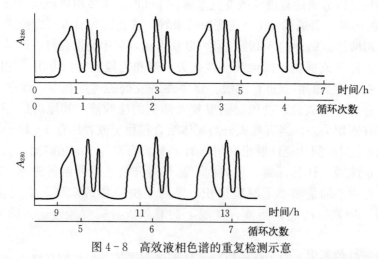

图 4-8　高效液相色谱的重复检测示意

注：层析柱，11.3 cm×15 cm，V_t= 1.5 L；流速，200 mL/min，压力为 20 kPa；缓冲液，乙酸钠缓冲液；样品，脱盐牛血浆，每次循环使用体积 2.9 L（约含 87 g 蛋白质）；固定相，DEAE - Sepharose Fast Flow。

色谱仪主要由进样系统、输液系统、分离系统、检测系统和数据处理系统等组成。

1. 进样系统　进样系统包括进样口、隔膜微量注射进样器或高压进样阀等。其功能是将待测或欲分离的样品液有效地注入色谱柱。进样量控制为一个恒定值，这对提高分析样品的重复性是有益的。

2. 输液系统 输液系统包括高压泵、流动相贮存器和梯度仪三部分。高压泵的一般压强为 $1.47 \times 10^7 \sim 4.4 \times 10^7 Pa$，流速可调且稳定，当高压流动相通过色谱柱时，可降低样品在柱中的扩散效应，能加快其在柱中的移动速度，这对提高分辨率、回收样品率和保持样品的生物活性等都是有利的。流动相贮存器和梯度仪，可使流动相随固定相和样品的性质改变而改变，包括改变洗脱液的极性、离子强度、pH，或改用竞争性抑制剂或变性剂等，这就可使各种物质（即使仅有一个基团的差别或是同分异构体）都能获得有效分离。

3. 分离系统 分离系统包括色谱柱、连接管和恒温器等。色谱柱是核心部分，其大小是根据使用目的、样品数量及其复杂程度决定的。色谱柱长度一般为 $5 \sim 70\ cm$，直径为 $1 \sim 50\ mm$，通常分析型色谱柱的体积比制备型的小，并偏向细长，而制备型色谱柱的体积大，直径也较大。高效液相色谱中的色谱柱是由优质不锈钢、厚壁玻璃管或钛合金等材料制成，柱内装有直径为 $5 \sim 10\ \mu m$（分析型）或数十微米（制备型）粒度的固定相。固定相中的载体是由机械强度高的树脂或硅胶构成，它们都有惰性（如硅胶表面的硅醇基团基本已除去）、多孔性（孔径可达 $100\ nm$）和比表面积大的特点，加之其表面经过机械涂渍（与气相色谱中固定相的制备一样），或者用化学法偶联各种基团（如磺酸基、季胺基、羟甲基、苯基、氨基或各种长度碳链的烷基等）或配体的有机化合物。因此，这类固定相对结构不同的物质有良好的选择性。另外，高效液相色谱的恒温器可使温度从室温调到 $60\ ℃$，通过改善传质速度，缩短分析时间，就能提高色谱柱的分离效率。

4. 检测系统 高效液相色谱常用的检测器有紫外检测器、示差折光检测器和荧光检测器 3 种。紫外检测器适用于对紫外线（或可见光）有吸收性能样品的检测。其检测原理与普通紫外分光光度计基本相同，但其样品池小，仅 $1 \sim 10\ \mu L$，可以连续进样检测，使用面广（如蛋白质、核酸、氨基酸、多肽、激素等均可使用），灵敏度高（检测下限为 $10^{-10} g/mL$），线性范围宽，对温度和流速变化不敏感，可检测梯度溶液洗脱的样品（即显示的吸光度不受梯度溶液中离子强度变化的影响，而仅随样品浓度的变化而变化）。示差折光检测器一般用于具有与流动相折光率不同的样品组分的检测。目前，糖类化合物的检测大多使用此检测系统。这一系统通用性强、操作简单，但灵敏度低（检测下限为 $10^{-7}\ g/mL$），流动相的变化会引起折光率的变化，因此，它既不适用于痕量分析，也不宜用作梯度洗脱样品的检测。荧光检测器只适用于具有荧光的有机化合物（如多环芳烃、核苷酸、胺类、维生素和某些蛋白质等）的测定，其灵敏度很高（检测下限为 $10^{-14} \sim 10^{-12} g/mL$），痕量分析和梯度洗脱样品的检测均可采用。

5. 数据处理系统 数据处理系统可对测试数据进行采集、贮存、显示、打印和处理等操作，使样品的分离、制备或鉴定工作能正确开展。早期的高效液相色谱是用记录仪先记录检测信号，再用手工测量计算，后来改用积分仪计算，并打印出峰高、峰面积和保留时间等参数。20 世纪 80 年代以来，引入了计算机分析手段，使其操作更快速、简便、准确和自动化。

二、常见介质

高效液相色谱使用的固定相，一般是由载体衍生物制成。因此探讨其分类时，应从载体的承受压力和孔隙深度谈起。

根据固定相中载体承受压力的程度可将载体分为刚性载体和硬胶载体两大类。刚性载体组成成分主要是二氧化硅，它能承受较高的压力（$7.0\times10^8\sim1.0\times10^9$ Pa），可以制成直径、形状和孔隙度都不相同的颗粒。如果在其表面机械地涂渍各种有机溶剂或键合各种功能基团，就可扩大应用范围。它是目前使用最广泛的一种固定相。硬胶载体的基本组成物是树脂，可承受一定的压力（3.5×10^8 Pa）。

根据孔隙深度可将固定相的载体分为表面多孔型和全多孔型。表面多孔型载体，又称薄壳型载体，此类载体以玻璃珠为主，在其表面覆盖一层多孔活性材料，如硅胶、氧化镁、树脂和聚酰胺等，可制成适宜于吸附层析、离子交换层析和凝胶过滤等使用的固定相。该固定相除了有多孔层薄、孔眼浅、相对死体积小、出峰快和柱效较高等特点外，其颗粒较大、装柱容易、梯度淋洗时平衡迅速等优点也颇受人们的青睐，较适用于常规分析。但因其多孔层薄，致使装载量受到了限制。全多孔型载体是由纳米级型硅胶颗粒堆积为 $5\sim10$ mm 硅胶珠状物构成的（又称全多孔型微粒载体，属于表面多孔型）。它也可由硅胶等材料制成的直径为 $30\sim50$ mm 的多孔型颗粒状物构成（分微孔型和大孔型）。载体的类型见图 4-9。其孔眼仍然比较浅，传质速率较快，对分离和鉴定样品易实现高速度、高效率，特别适合于分离和分析痕量的复杂混合物。

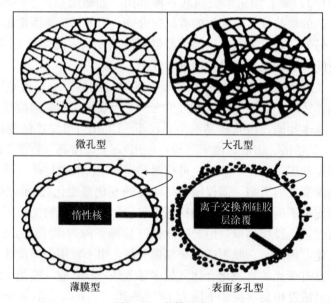

图 4-9　载体的类型

20 世纪 70 年代初人们发展了一种新型的固定相——化学键合固定相（共价结合）。这种固定相是通过化学反应把各种不同的有机基团键合到硅胶表面的游离羟基上，以代替机械涂渍的液体作为固定相。这不仅避免了涂渍固定相流失，还改善了固定相的功能，提高了分离的选择性。化学键合色谱适用于分离几乎所有类型的化合物，具有较稳定、少流失、宜梯度洗脱等优点。

三、应用实例

用 HPLC 和 FPLC 分离核酸、蛋白质的事例颇多，下面介绍几个应用实例。

1. 用RP‐HPLC分离核苷酸 将 100 μL 核苷酸混合液注入 Zorbax ODS 色谱柱（4.6 mm×250 mm），洗脱液为 0.01 mol/L $NH_4H_2PO_4$ - 0.005 mol/L 四丁铵磷酸盐（pH 7.0）-乙腈（15%～25%）溶液。在洗脱的前 8 min，乙腈梯度为 15%～20%，此后 8～12 min 的洗脱过程中，乙腈梯度为 20%～25%。流速为 2 mL/min（室温）。收集的洗脱液在波长 260 nm 处测吸光度，即可得到图 4-10 的图谱。

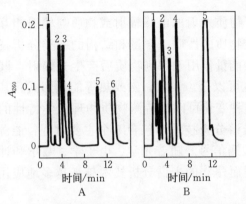

图 4-10 HPLC 分离二核苷酸和核苷磷酸盐的图谱

A. 已知化合物的图谱（峰 1：NAD^+；峰 2：NADH；峰 3：$NADP^+$；峰 4：ADP；峰 5：ATP；峰 6：NADPH）

B. 酶反应物的图谱，除峰 2 为 NAD^+ 分解产物外，峰 1、峰 3～峰 5 均与 A 相同

2. 用高效聚焦色谱分离碱性谷胱甘肽转移酶同工酶 来自鼠肝的几种主要的碱性谷胱甘肽转移酶同工酶的等电点为 6.9～10。具体操作是，鼠肝抽提液先经亲和层析分离得到同工酶液（6 mL，约含 20 mg 蛋白质），而后用三乙醇胺调 pH 至 9。将此样品注入 Pharmacia FPLC 系统的高效聚焦色谱柱（Mono PTM，HR5/20）中〔其色谱柱应预先用 25 mmol/L 三乙醇胺- HCl 溶液（pH 10.6）进行平衡（22 ℃），并用洗脱液（2 mL）淋洗〕。先用 50 mL 1：170 Pharmalyte（pH 9.0）的溶液洗涤色谱柱，接着用 polybuffer 96 和两性电解质的混合液（3.75 mL polybuffer 96+0.75 mL 两性电解质，用蒸馏水定容至 150 mL，用 1 mol/L HCl 调 pH 为 7.5）洗涤，流速 1 mL/min，压力 2.5 MPa，以 1 mL/管进行收集，测定 280 nm 处的吸光度（A_{280}），结果得到 7 种同工酶。

3. 用 HPLC 分离环肽 Witherup 等从茜草科植物 *Psychotria longipes* 中分离出一种由 31 个氨基酸构成的环肽。其间，先将该植物的抽提液加至 Delta Pak C_{18}（30 nm，15 μm）的 HPLC 柱（50 mm×300 mm）中，而后用水（含 0.3% TFA）-乙腈（含 0.3% TFA）线性梯度溶液洗脱（在 40 min 内，乙腈浓度从 0 上升至 55%），流速 80 mL/min。收集的肽溶液加至 Spherisorb 苯基柱（8 nm，5 μm，22 mm×250 mm，加样量约 25 mg）纯化，洗脱液同 Delta Pak 层析系统。

第五章　光谱分析技术

光谱分析技术是基于物质发射的电磁辐射或物质与辐射相互作用后产生的辐射信号或发生的信号变化来测定物质的性质、含量和结构的一类分析技术。光谱分析技术的基础包括两个方面，其一为能量作用于待测物质后产生光辐射，该能量形式可以是光辐射或其他辐射能量形式，也可以是声、电、磁或热等能量形式；其二为光辐射作用于待测物质后发生某种变化，这种变化可以是待测物质物理化学特性的改变，也可以是光辐射光学特性的改变。任何光谱分析技术均包含 3 个主要过程：能源提供能量；能量与被测物质相互作用；产生被检测信号。随着光学、电子学、数学和计算机技术的发展，基于电磁辐射与物质相互作用而建立的光谱分析技术越来越多地应用于物理、化学和生命科学等学科领域。

第一节　概　　述

一、光的基本性质

光是一种电磁辐射（又称电磁波），是一种以巨大速度通过空间而不需要任何物质作为传播媒介的光（量）子流，它具有波动性和微粒性。

1. 波动性　光的波动性用波长 λ、波数 σ 和频率 ν 作为表征。λ 是在波的传播路线上具有相同振动相位的相邻两点之间的线性距离，常用 nm 作为单位。σ 是每厘米中波的数目，单位 cm^{-1}。ν 是每秒内的波动次数，单位 Hz。在真空中，波长、波数和频率的关系为：

$$\nu = c/\lambda$$
$$\sigma = 1/\lambda = \nu/c$$

式中，c 为光在真空中的传播速度，所有光在真空中的传播速度均相同，$c = 2.997\,925 \times 10^{10}\,cm/s$。在其他透明介质中，由于光与介质分子的相互作用，传播速度比在真空中稍小一些；光在空气中的传播速度与其在真空中相差不多，故也常用上述二式表示空气中三者的关系。

2. 微粒性　光的微粒性用每个光子具有的能量 E 作为表征。光子的能量与频率成正比，与波长成反比。光子的能量与频率、波长和波数的关系为：

$$E = h\nu = hc/\lambda = hc\sigma$$

式中，h 为普朗克常数，其值为 $6.626\,2 \times 10^{-34}\,J \cdot s$；$E$ 为光子的能量，常以电子伏特（eV）、焦耳（J）为单位。

3. 电磁波谱　从 γ 射线一直至无线电波都是电磁辐射，光是电磁辐射的一部分，它们在性质上是完全相同的，仅在于波长或频率不同，即光子具有的能量不同。电磁波谱分区示意见图 5-1。

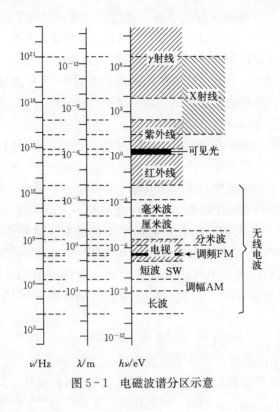

图 5-1 电磁波谱分区示意

二、光与物质的相互作用

光与物质的相互作用是普遍发生的复杂的物理现象，有涉及物质内能变化的吸收及产生荧光、磷光、拉曼散射等，以及不涉及物质内能变化的透射、折射、非拉曼散射、衍射和旋光等。

当光通过固体、液体或气体等透明介质时，光辐射的交变电场导致分子（或原子）外层电子相对其核的振荡，造成这些分子（或原子）周期性的极化。如果入射的光辐射能量正好与介质分子（或原子）基态与激发态之间的能量差相等，介质分子（或原子）就会选择性地吸收这部分辐射能，从基态跃迁到激发态（激发态的寿命很短，约 10^{-8} s），并通常以热的形式释放出能量，回到基态。在某些情况下，处于激发态的分子（或原子）可发生化学变化（光化学反应），或以荧光及磷光的形式发射出所吸收的能量并回到基态。

如果入射的光辐射能量与介质分子（或原子）基态与激发态之间的能量差不相等，则光辐射不被吸收，分子（或原子）极化所需的能量仅被介质分子（或原子）瞬间（$10^{-15} \sim 10^{-14}$ s）保留，然后被再发射，从而产生光的透射、非拉曼散射、反射、折射等物理现象。

1. 吸收 当光作用于固体、液体和气体物质时，若光的能量正好等于物质某两个能级（如第一激发态和基态）之间的能量差时，光就可以被物质所吸收，此时光辐射就能被转移到组成物质的原子或分子上，原子或分子从较低能态吸收光辐射而被激发到较高能态或激发态。在室温下，大多数物质都处于基态，所以吸收光辐射一般都要涉及从基态向较高能态的跃迁。物质的吸收光谱差异很大，特别是原子吸收光谱和分子吸收光谱。一般来说，物质的吸收光谱与吸收组分的复杂程度、物理状态及其环境有关。

— 53 —

2. 发射 当原子、分子和离子等处于较高能态时，可以以光子形式释放多余的能量而回到较低能态，产生光辐射，这一过程称为发射跃迁。发射跃迁所发射的能量等于较高和较低的两个能态之间的能量差，因而对特定物质具有特定的频率。通常情况下，发射跃迁以电磁辐射形式所释放出来的能量，其对应频率和波长处于紫外-可见光区。发射跃迁可以理解为吸收跃迁的相反过程，与吸收跃迁类似，由于原子、分子和离子的基态最稳定，所以发射辐射一般都涉及从较高能态向基态的跃迁。

3. 散射 对光来讲，当按一定方向传播的光子与其他粒子碰撞时，会改变其传播方向，而且方向的改变在宏观上具有不确定性，这种现象称为光的散射。光的散射一般分为丁达尔散射和分子散射两类。丁达尔散射是指被照射粒子的直径等于或大于入射光的波长时所发生的散射，其特点是光的波长不发生改变，即散射光波长与入射光波长一样。分子散射是指被照射试样粒子的直径小于入射光的波长时所发生的散射。直径小于入射光波长的粒子通常是分子，当光子与分子发生弹性碰撞的相互作用时，相互间没有能量交换，这时所发生的散射称为瑞利散射；当光子与分子间发生非弹性碰撞的相互作用时，相互间有能量转换，使光子的能量增加或减少，这时将产生与入射光波长不同的散射光，这种散射称为拉曼散射。

4. 折射和反射 当光从介质1照射到介质2的界面时，一部分光在界面上改变方向返回介质1，此现象称为光的反射；另一部分光则改变方向，以一定的折射角度进入介质2，此现象称为光的折射。反射光和折射光的能量分配由介质的性质和入射角的大小来决定，即反射光的能量能随入射角的增大而增加，因此在各种光学仪器中，应当考虑反射作用所造成的光损失。

5. 干涉和衍射 当频率相同、振动相同、相位相等或相差保持恒定的波源所发射的相干波互相叠加时，会产生波的干涉现象。通过干涉现象，可以得到明暗相间的条纹。当两列波相互加强时，可得到明亮条纹；当两列波相互抵消时，则得到暗条纹。这些明暗条纹称为干涉条纹。光波绕过障碍物而弯曲地向它后面传播的现象，称为波的衍射现象。

三、光谱法分类

光谱按照波长区域不同，可分为红外光谱、可见光谱和紫外光谱；按照产生的本质不同，可分为原子光谱、分子光谱；按照光谱表观形态不同，可分为线光谱、带光谱和连续光谱；按照产生的方式不同，可分为发射光谱、吸收光谱和散射光谱。吸收光谱法的分类见表5-1，发射光谱法的分类见表5-2。

表5-1 吸收光谱法的分类

方法名称	辐射能	作用物质	检测信号
穆斯堡尔谱法	γ 射线	原子核	吸收后的 γ 射线
X射线吸收光谱法	X射线	$Z>10$ 的重元素	吸收后的 X 射线
	放射性同位素	原子的内层电子	
原子吸收光谱法	紫外光、可见光	气态原子外层的电子	吸收后的紫外光、可见光

方法名称	辐射能	作用物质	检测信号
紫外-可见分光光度法	紫外光、可见光	分子外层的电子	吸收后的紫外光、可见光
红外吸收光谱法	炽热硅碳棒等 $2.5 \sim 15 \mu m$ 红外线	分子振动	吸收后的红外光
核磁共振波谱法	$0.1 \sim 800$ MHz 射频	有机化合物分子的质子	吸收后的射频辐射
电子自旋共振波谱法	$1\,000 \sim 800\,000$ MHz 微波	未成对电子	吸收后的电磁波
激光吸收光谱法	激光	分子（溶液）	吸收后的激光
激光光声光谱法	激光	气体、固体、液体分子	吸收后的激光
激光热透镜光谱法	激光	分子（溶液）	吸收后的激光

表 5-2　发射光谱法的分类

方法名称	辐射能	作用物质	检测信号
原子发射光谱法	电能、火焰	气态原子外层电子	紫外光、可见光
X 射线荧光光谱法	X 射线	原子内层电子的逐出、外层能级电子跃入空位（电子跃迁）	特征 X 射线（荧光）
原子荧光光谱法	高强度紫外光、可见光	气态原子外层电子跃迁	原子荧光
荧光光谱法	紫外光、可见光	分子	荧光（紫外光、可见光）
磷光光谱法	紫外光、可见光	分子	磷光（紫外光、可见光）
化学发光法	化学能	分子	可见光

四、光谱分析仪器

1. 光谱分析仪器的基本构造　光谱分析仪器是研究吸收或发射的光强度和波长关系的仪器，光谱分析仪器组成见图 5-2，光谱分析仪器的主要部件见表 5-3。这一类仪器都有 3 个最基本的组成部分：①辐射源，即光源；②把光源辐射分解为单色组分的单色器；③辐射检测器和显示装置。至于样品的位置则视方法而定，或置于光源中，或置于光源和单色器之间，或置于单色器和检测器之间。

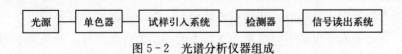

图 5-2　光谱分析仪器组成

表 5-3　光谱分析仪器主要部件

波段	γ 射线	X 射线	紫外光	可见光	红外光	微波	射频
辐射源	原子反应堆、粒子加速器	X 射线管	氢（氘）灯、氙灯	钨灯、氙灯	硅碳棒、能斯特灯	速调管	电子振荡器

（续）

波段	γ射线	X射线	紫外光	可见光	红外光	微波	射频
单色器	脉冲高度鉴别器	晶体光栅	石英棱镜、光栅	玻璃棱镜、光栅	盐棱镜、光栅、Michelson干涉仪	单色辐射源	
检测器	闪烁计数管、半导体计数管		光电管、光电倍增管	光电池、光电管	差热电偶、热辐射检测仪	晶体二极管	晶体二极管、晶体三极管

2. 光源　光谱分析仪器使用的光源应该是稳定的并具有一定的强度，因此，对光源最主要的要求是必须有足够的输出功率和稳定性。光谱分析仪器一般都有良好的稳压或稳流装置。这是因为光源辐射功率的波动与电源功率的变化成指数关系，必须有稳定的电源才能保证光源的输出有足够的稳定性。在光谱分析中，既可采用连续光源，也可采用线光源，分子吸收光谱法常采用连续光源，而荧光光谱法和原子吸收光谱法常采用线光源。其他发射光谱法采用电弧、火花、等离子体光源。

连续光源主要包括如下几种：①紫外光源，主要采用氢灯或氘灯。氢灯发射150～400 nm的连续光谱。氘灯产生的光谱强度比氢灯大3～5倍，而且寿命也比氢灯长。②可见光源，通常使用钨灯和氙灯。钨灯的光谱范围为320～2 500 nm。氙灯的光谱强度比钨灯大，使用范围为200～700 nm。③红外光源，常用硅碳棒及能斯特灯。红外光源是将一种惰性固体通过电加热的方式产生的连续光源。在1 500～2 000 K的温度范围内，所产生的最大辐射强度的波数范围为6 000～200 cm^{-1}。其中能斯特灯发光强度大，硅碳棒寿命长。

线光源主要有金属蒸气灯和空心阴极灯。金属蒸气灯常用汞蒸气灯和钠蒸气灯，汞蒸气灯的光谱范围为254～734 nm，钠蒸气灯的一对线光谱的波长为589.0 nm和589.6 nm。空心阴极灯则是原子吸收光谱法中常用的一种光源。

3. 分光系统　分光系统的作用是将复合光分解成单色光或有一定波长范围的谱带。分光系统又分为单色器和滤光片。单色器由入射狭缝、出射狭缝、准直镜和色散元件组成。色散元件是分光系统的核心部分，有棱镜和光栅两种。色散元件的作用是使各种不同波长的平行光有相同的投射方向（或偏转角度）。

4. 试样引入系统　不同的光谱方法，其试样引入系统不同。分子光谱的试样是常温常压下的固体、液体或气体，因此只需要一个透明容器和相应的试样架即可，也可制成透光的固态试样或液态试样的直接引入光路。

在采用透光容器引入试样时，常使用玻璃容器，要求容器的材质不能吸收所在光谱区域的光，因此，普通的光学玻璃因吸收紫外线而不能用于紫外光谱段，石英玻璃因不能吸收紫外线和可见光而适用于紫外-可见光谱，但两者均不适用于红外光谱。由于难以找到合适材质的容器，红外光谱采用固体压片基液膜的试样形式。另外，分子光谱的试样容器，必须保证入射光和出射光垂直作用于容器表面，以减少光反射所带来的光损失，故通常采用精密制作的正方形容器，且通过试样架来准确固定。

5. 检测系统　早期的仪器采用肉眼观察或照相的方法进行光的检测。在现代光谱分析仪器中，多采用光电转换器。光电转换器一般分为两类：一类是量子化检测器（光子检测器），即对光子产生响应的光子检测器，其中有单道光子检测器，如硒光电池、光电管、光电倍增管、硅二极管，以及多道光子检测器，如光二极管阵列检测器和电荷转移元件阵列检测器；另一类是热检测器，为对热产生响应的检测器，如真空热电偶、热电检测器等。由于红外区辐射的能量比较低，很难引起光电子反应，采用热检测器可根据辐射吸收引起的热效应来测量入射辐射的功率。

6. 信号处理和读出系统 信号处理和读出系统主要由信号处理器和读出器件组成。信号处理器通常是一种电子器件，它可放大检测器的输出信号。此外，它也可把信号从直流变成交流（或从交流变成直流），改变信号的相位并滤掉不需要的成分。同时，信号处理也可用来执行某些信号的数学运算，如微分、积分或转换成对数等。

在现代分析仪器中，常用的读出器件有数字表、记录仪、电位计标尺、阴极射线管等。

第二节 紫外-可见分光光度法

紫外-可见分光光度法是研究物质在紫外-可见光区（180~780 nm）分子吸收光谱的分析方法。紫外-可见吸收光谱属于电子光谱。由于电子光谱的强度较大，故紫外-可见分光光度法灵敏度较高，一般可达 $10^{-6} \sim 10^{-4}$ g/mL，部分可达 10^{-7} g/mL。目前应用紫外-可见分光光度法，在定性上不仅可以鉴别具有不同官能团和化学结构的不同化合物，而且还可以鉴别结构相似的不同化合物；在定量上，不仅可以进行单一组分的测定，而且可以对多种混合组分不经分离便可进行同时测定。

紫外-可见分光光度法具有如下特点：①灵敏度高。可以测定 $10^{-7} \sim 10^{-4}$ g/mL 的微量组分。②准确度较高。其相对误差一般为 1%~5%。③仪器价格较低，操作简便、快速。④应用范围广。既能进行定量分析，又可进行定性分析和结构分析；既可用于无机化合物的分析，也可用于有机化合物的分析，还可用于络合物组成、酸碱解离常数的测定等。

一、基本原理和概念

1. 电子跃迁类型 当分子中的价电子吸收一定能量的光辐射时，就由较低能级跃迁到较高能级，吸收的能量与这两个能级差相等，一般为 1~20 eV。紫外-可见吸收光谱就是分子中的价电子在不同的分子轨道之间跃迁而产生的。

从化学键的性质来看，与紫外-可见吸收光谱有关的价电子主要有 3 种：形成单键的 σ 电子、形成不饱和键的 π 电子以及未参与成键的 n 电子（孤对电子）。在紫外-可见吸收光谱分析中，有机化合物的吸收光谱主要有 $n \rightarrow \sigma^*$、$\pi \rightarrow \pi^*$、$n \rightarrow \pi^*$ 及电荷转移跃迁。

2. 紫外-可见吸收光谱中的常用概念 吸收光谱又称为吸收曲线，是以波长 λ（nm）为横坐标，以吸光度 A（或透光率 T）为纵坐标所描绘的曲线。

吸收峰：曲线上吸光度最大的地方，它所对应的波长称为最大吸收波长（λ_{max}）。

波谷：峰与峰之间吸光度最小的部位，该处的波长称为最小吸收波长（λ_{min}）。

肩峰：在一个吸收峰旁边产生的一个曲折。

末端吸收：只在图谱短波端呈现强吸收而不成峰形的部分。

生色团：是指分子中能吸收紫外光或可见光的基团，它实际上是一些具有不饱和键和含有孤对电子的基团。

助色团：是指本身不产生吸收峰，但与生色团相连时，能使生色团的吸收峰向长波方向移动，并且使其吸收强度增强的基团。如—OH、—NH$_2$、—OR、—SH、—SR、—Cl、—Br、—I 等。

红移：亦称长移，由于化合物的结构改变，如发生共轭作用、引入助色团，以及改变溶剂等，使吸收峰向长波方向移动的现象。

蓝（紫）移：亦称短移，是化合物的结构改变时或受溶剂影响使吸收峰向短波方向移动的现象。

增色效应和减色效应：由于化合物结构改变或其他原因，使吸收强度增加的现象称为增色效应或浓色效应，使吸收强度减弱的现象称为减色效应或淡色效应。

强带和弱带：化合物的紫外-可见吸收光谱中，凡摩尔吸光系数 ε_{max} 值大于 10^4 的吸收峰称为强带；凡 ε_{max} 小于 10^4 的吸收峰称为弱带。

二、影响紫外-可见吸收光谱的因素

紫外-可见吸收光谱主要取决于分子中价电子的能级跃迁，但分子的内部结构和外部环境都会对紫外-可见吸收光谱产生影响。

1. 共轭效应 共轭效应使共轭体系形成大 π 键，结果使各能级间的能量差减小，跃迁所需要能量也就相应减小，因此，共轭效应使吸收波长产生红移。共轭不饱和键越多，红移越明显，同时吸收强度也随之加强。

2. 溶剂效应 溶剂效应是指溶剂极性对紫外-可见吸收光谱的影响。溶剂极性不仅影响溶质吸收带的峰位，也影响吸收强度及精细结构。溶剂的极性越大，溶剂与溶质分子间产生的相互作用越强，溶质分子的振动也越受到限制，因而由振动而引起的精细结构损失也越多。当溶剂极性增大时，由 π→π* 跃迁产生的吸收带发生红移，而 n→π* 跃迁所产生的吸收带发生蓝移。

3. 溶剂的选择 在选择紫外-可见吸收光谱的溶剂时，应注意以下几点：①尽量选用非极性溶剂或低极性溶剂；②溶剂能很好地溶解被测物质，且形成的溶液具有良好的化学稳定性和光化学稳定性；③溶剂在试样的吸收光区无明显吸收。

4. pH 的影响 如果化合物在不同的 pH 下存在的形式不同，则其吸收峰的位置会随 pH 的改变而改变。例如，苯胺在酸性介质中形成苯胺盐阳离子，其吸收峰从 230 nm 和 280 nm 移到 203 nm 和 254 nm。

三、紫外-可见分光光度计

1. 仪器的基本构造 紫外-可见分光光度计都是由光源、单色器、吸收池、检测器和信号处理系统五部分构成。根据仪器结构，紫外-可见分光光度计可分为单波长单光束、单波长双光束、双波长双光束和多道紫外-可见分光光度计。紫外-可见分光光度计的光路见图 5-3。

（1）光源。光源是提供入射光的设备，在所需光谱区域内能够发射连续光谱，连续光谱应有足够的辐射强度及良好的稳定性；辐射强度随波长的变化而基本不变；光源的使用寿命要长，且操作方便。常用的光源有热辐射光源和气体放电光源两类，前者用于可见光区，如钨灯、卤钨灯等，后者用于紫外光区，如氢灯和氘灯等。钨灯和卤钨灯可使用的波长范围为 340~2 500 nm，氢灯和氘灯可使用的波长范围为 160~375 nm。

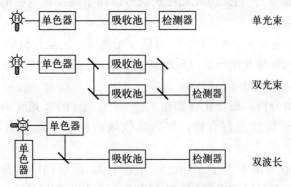

图5-3 紫外-可见分光光度计的光路

（2）单色器。单色器是能从光源的复合光中分出单色光的光学装置，其主要功能是产生光谱纯度高、色散率高和波长任意可调的紫外-可见单色光。单色器的性能直接影响入射光的单色性，从而也影响测定的灵敏度、选择性以及校准曲线的线性关系等。

单色器由入射狭缝、准光器（透镜或凹面反射镜使入射光变成平行光）、色散元件、聚焦元件和出射狭缝等几部分组成。超分光作用的色散元件是其核心部分。狭缝宽度的大小也决定着单色器的性能，狭缝宽度过大时，光谱带宽太大，入射光单色性差；狭缝宽度过小时，又会减弱光强，降低单色器的灵敏度。

能起分光作用的色散元件主要是棱镜和光栅。棱镜有玻璃和石英两种材质，依据不同波长的光通过棱镜时有不同的折射率而将不同波长的光分开。由于玻璃会吸收紫外光，所以玻璃棱镜只适用于波长范围为350~3 200 nm，只可用于可见光区和近红外光区；石英棱镜适用于波长范围较宽，为185~4 000 nm，只可用于紫外光区、可见光区和近红外光区。光栅是利用光的衍射和干涉作用制成的，它可用于紫外光区、可见光区和近红外光区，虽然分出的各级光谱间的重叠会产生干扰，但是产生的均排光谱具有检测波长范围宽、分辨率高，且光栅具有成本低、便于保存和易于制作等优点，所以是目前用得最多的色散元件。其不足之处是各级光谱间的重叠会产生干扰。

（3）吸收池。吸收池又称为比色皿，是用来放待测溶液的方形容器，其相对两面为透明材料，另外的相对两面为毛玻璃。吸收池一般用玻璃和石英两种材质做成，玻璃吸收池只能用于可见光区，石英吸收池可用于紫外-可见光区。吸收池的光径一般为5~50 mm，常用的是光径为10 mm的吸收池。制备材料、光学性能等保持基本一致的参比池和样品池，在紫外-可见光区的分析测定中才能具有较高的精确度。

（4）检测器。检测器是一种光电转换元件，是用来检测透过溶液后的单色光强度，并把这种光信号转变为电信号的装置。紫外-可见分光光度计的检测器应满足以下条件：灵敏度高、对辐射能量的响应快、线性关系好、线性范围宽、对不同波长的辐射响应性能相同且可靠、稳定性良好和噪声水平低等。常用的检测器有光电池、光电管、光电倍增管和光电二极管阵列检测器。

（5）信号处理系统。信号处理系统是用来记录或显示经检测器放大后的电信号。现在的紫外-可见分光光度计中大都装有微型处理器，既可以记录、处理电信号，也可以在计算机上操作、控制紫外-可见分光光度计。

2. 仪器分析方法 紫外-可见分光光度法既可以用于纯粹化合物的鉴定和结构分析，也可用于化合物含量的测定。

（1）单一组分的定量分析。利用紫外-可见分光光度法定量分析单一组分是比较简单的，先选择一个分析方法（如标准曲线法、标准加入法或内标法），然后分别测定标准物质或内标物与样品的吸光度，计算出样品的含量。

（2）多组分的定量分析。根据化合物在紫外-可见光区的吸光度加和原理，可以分析两种及两种以上具有吸光特性的混合物，根据吸收峰的相互干扰情况，可以分为下面 3 种情况：

① 组分之间的吸收光谱不重叠。如图 5-4A 所示，混合物中组分 1 和组分 2 互不干扰各自的最大吸收峰，这时可以按单组分的定量分析方法分别在组分 1、组分 2 的最大吸收波长 λ_1、λ_2 处测得二者含量。

②组分之间的吸收光谱部分重叠。如图 5-4B 所示，在 λ_1 处检测组分 1 时，组分 2 不干扰，但是组分 1 会干扰在 λ_2 处对组分 2 测定，所以可以先在 λ_1 处测定组分 1 的吸光度 A_1，再在 λ_2 处测定组分 1、组分 2 的总吸光度 A_2^{1+2}，然后根据朗伯-比尔定律计算二者含量。

③ 组分之间的吸收光谱双向重叠。如图 5-4C 所示，组分 1、组分 2 的吸收光谱互相重叠，根据吸光度加和原理，分别在 λ_1、λ_2 处测得得总吸光度 A_1^{1+2}、A_2^{1+2}，然后根据朗伯-比尔定律计算二者含量。

如果有 3 个以上组分（n）的吸收光谱相互干扰，就必须在所有组分相对应的 n 个最大吸收波长处分别测定总吸光度值，然后解 n 元一次方程组求出所有组分的浓度。组分数越多，实验结果的误差也就越大，准确度越差。

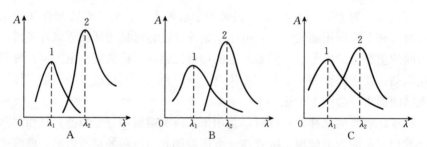

图 5-4 混合物的紫外-可见吸收光谱

A. 组分之间的吸收光谱不重叠 B. 组分之间的吸收光谱部分重叠 C. 组分之间的吸收光谱双向重叠

第三节 原子发射光谱法

一、概述

原子发射光谱法是依据每种化学元素的原子或离子在热激发或电激发条件下，发射特征的光辐射，进行元素定性、半定量和定量分析的方法。

原子发射光谱法包括了以下 3 个主要的过程：①由光源提供能量使试样蒸发，形成了气态原子，并进一步使气态原子激发而产生光辐射；②将光源发出的复合光经单色器分解成按波长顺序排列的谱线，形成光谱；③用检测器检测光谱中谱线的波长和强度。

原子发射光谱法的特点：多元素同时检测，分析速度快，选择性好，检出限低，精密度好，试样消耗少，但非金属元素测定困难。

二、基本原理

原子的外层电子由高能级向低能级跃迁，能量以电磁辐射的形式发射出去，这样就得到了发射光谱。原子发射光谱是线光谱。基态原子通过电、热或光等激发光源获得能量，外层电子从基态跃迁到较高能态，成为激发态，激发态不稳定，约经 10^{-8} s，外层电子就从高能态向较低能态或基态跃迁，多余的能量以电磁辐射的形式发射，即可得到一条光谱线。

原子中某一外层电子由基态激发到高能态所需要的能量称为激发能。由激发态向基态跃迁所发射的谱线称为共振线。由第一激发态向基态跃迁发射的谱线称为第一共振线，第一共振线具有最小的激发能，因此最容易被激发，为该元素最强的谱线。

1. 原子发射光谱仪器

（1）光源。在发射光谱仪中，光源具有使试样蒸发、解离、原子化、激发、跃迁产生光辐射的作用。它对光谱分析的检出限、精密度和准确度都有很大的影响。目前常用的光源有直流电弧、交流电弧、电火花及电感耦合等离子体。

（2）试样引入系统。试样引入激发光源的方式，对原子发射光谱的分析性能影响极大。一般来说，试样引入系统应将具有代表性的试样高效地转入激发光源中。是否可以达到这一目的或达到这一目的程度如何，依试样的性质而定。

① 溶液试样。将溶液试样引入原子化器，一般采用气动雾化器、超声雾化器和电热蒸发器。其中，前两个需经事先雾化，雾化是通过压缩气体的气流将试样转变成极细的单个血管状微粒（气溶胶）。由流动的气体将雾化好的试样带入原子化器进行原子化。气动雾化器的种类很多，大致可以分为三大类，即同心型、直角型和特殊型。

超声雾化器进样是根据超声波振动的空化作用把溶液雾化成气溶胶后，由载气传输到火焰原子化器或等离子体的进样方法。与气动雾化器相比，超声雾化器具有雾化效率高、可产生高密度均匀的气溶胶、不易被阻塞等优点。

电热蒸发器进样是将蒸发器放在一个有惰性气体（如氩气）流过的密闭室内，当有少量的液体或固体试样放在碳棒或钽丝制成的蒸发器上时，电流迅速地将试样蒸发并被惰性气体携带进入原子化器。与一般雾化不同，电热蒸发产生的是不连续的信号。

② 气体试样。气体试样可直接引入激发光源进行分析。有些元素可以转变成其相应的挥发性化合物而采用气体进样。例如砷、锑、锗、锡、铅、硒和碲等元素可以通过将其转变成挥发性氢化物而进入原子化器，这种进样方法就是氢化物发生法。目前普遍应用的是硼氢化钠（钾）-酸还原体系，典型的反应如下：

$$3BH_4^- + 3H^+ + 4H_3AsO_3 \Longrightarrow 3H_3BO_3 + 4AsH_3\uparrow + 3H_2O$$

氢化物发生法可以提高对这些元素的检出限 10～100 倍。由于这类物质毒性大，在低浓度时检测显得尤其重要。

③ 固体试样。将固体以粉末、金属或微粒形式直接引入等离子体和火焰原子化器中测定的分析方法，具有不需要加入化学试剂，省去试样溶解、分离或富集等化学处理，减少污染的来源和试样的损失，测定灵敏度高等特点。但固体进样技术存在取样均匀性较差，缺少可靠的固体标样等问题，严重地影响了测定的准确度和精密度。表 5-4 总结了原子发射光

谱中试样引入激发光源的方法。

表5-4 原子发射光谱中试样引入激发光源的方法

方法	试样状态	方法	试样状态
气动雾化器	溶液或匀浆	试样直接插入法	固体
超声雾化器	溶液	激光熔融法	固体
电热蒸发器	固体、液体	电弧和火花熔融法	导电固体
氢化物发生法	氢化物形成元素		

（3）分光系统。原子发射光谱的分光系统目前采用棱镜和光栅两种分光系统。

（4）检测器。原子发射光谱的检测方法有目视法、摄谱法和光电法。

① 目视法。用眼睛来观测谱线强度的方法称为目视法（又称为看谱法）。它仅适用于可见光波段，常用仪器为看谱镜。

② 摄谱法。摄谱法是用感光板记录光谱。将感光板置于摄谱仪焦面上，接受被分析试样的光谱作用而感光，再经过显影、定影等过程后，制得光谱底片，其上有许多黑度不同的光谱线，如图5-5所示。然后用光谱投影仪观察谱线位置及大致强度，进行光谱定性及半定量分析。用测微光度计测量谱线的黑度，进行光谱定量分析。

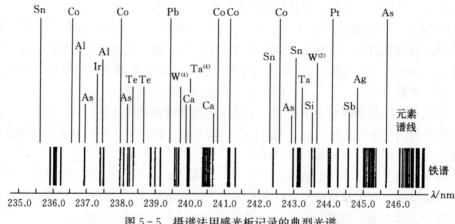

图5-5 摄谱法用感光板记录的典型光谱

③ 光电法。光电转换器件是光电光谱仪接收系统的核心部分，主要是利用光电效应将不同波长的辐射能转化成光电流的信号。光电转换器件主要有两大类：一类是光电发射器件，如光电管与光电倍增管；另一类是半导体光电器件，如固体成像器件。目前可应用于光电光谱仪的光电转换元件有两类：光电倍增管和固体成像器件。

2. 光谱分析方法

（1）光谱定性分析。由于各元素的原子结构不同，在光源的激发作用下，试样中每种元素都发射自己的特征光谱。光谱定性分析一般多采用摄谱法。试样中所含元素只要达到一定的含量，都可以有谱线摄谱在感光板上。摄谱法易操作，价格便宜，快速。它是目前进行元素定性检出的最好方法。目前主要有铁光谱比较法和标准试样光谱比较法。

（2）光谱半定量分析。光谱半定量分析可以给出试样中某元素的大致含量。若分析任务对准确度要求不高，多采用光谱半定量分析。该分析常采用摄谱法中的比较黑度法，这个方法必须配制一个基体与试样组成近似的被测元素的标准系列。在相同条件下，在同一块感光板上标准系列与试样并列摄谱，然后在映谱仪上用目视法直接比较试样与标准系列中被测元素分析线的黑度。黑度若相同，则可做出试样中被测元素的含量与标准系列中被测元素含量近似相等的判断。

（3）光谱定量分析。光谱定量分析主要是根据谱线强度与被测元素的关系，当温度一定时，谱线强度 I 与被测元素浓度 c 成正比，即

$$I=ac$$

考虑到谱线具有自吸性，公式则为

$$I=ac^b$$

此式为光谱定量分析的基本关系式，式中 b 为自吸系数。b 随浓度 c 的增加而减小，当浓度很小无自吸时，$b=1$，因此在定量分析中，选择合适的分析线是十分重要的。

① 内标法。在要分析元素的谱线中选一条谱线，称为分析线，再在基体元素（或加入定量的其他元素）的谱线中选一条谱线，作为内标线。这两条线组成分析线对。根据分析线对的相对强度与被分析元素含量的关系式进行定量分析的方法称为内标法。

此法可在很大程度上消除光源放电不稳定等因素带来的影响，因为尽管光源变化对分析线的绝对强度有较大的影响，但对分析线和内标线的影响基本是一致的，所以对其相对影响不大。

② 标准曲线法。在确定的分析条件下，用 3 个或 3 个以上含有不同浓度被测元素的标准品与试样分别在相同的条件下激发光谱，以分析线强度 I 对浓度 c 作标准曲线，再由标准曲线求得试样中被测元素含量的方法称为标准曲线法。

③ 标准加入法。当测定低含量元素时，若找不到合适的基体来配制标准品，一般采用标准加入法。设试样中被测元素含量为 c，在几份试样中分别加入不同浓度 c_1、c_2、c_3……的被测元素；在同一实验条件下激发光谱，然后测量试样与不同加入量试样分析线对的强度比 R。在被测元素浓度低时，自吸系数 $b=1$，分析线对强度 R-c 图为一直线，将直线外推，与横坐标相交截距的绝对值为试样中待测元素含量 c_x，此测定方法称为标准加入法。

3. 定量分析工作条件的选择

（1）光谱仪。一般多采用中型光谱仪，但对谱线复杂的元素（如稀土元素等）则需要选用色散率大的大型光谱仪。

（2）光源。可根据被测元素的含量、元素的特征及分析要求等选择合适的光源。

（3）狭缝。在定量分析中，为了减少因乳化剂不均匀所引入的误差，宜使用较宽的狭缝，一般狭缝宽可达 20 mm。

（4）光谱缓冲剂。光谱缓冲剂是指一些具有适当电离能、适当熔点和沸点、谱线简单的物质。常用的光谱缓冲剂有碱金属盐类（用作挥发元素的缓冲剂）、碱土金属盐类（用作中等挥发元素的缓冲剂）、碳粉等。

（5）光谱载体。进行光谱定量分析时，在试样中加入一些有利于分析的高纯度物质，它们多为一些化合物和碳粉等，这类物质称为光谱载体。光谱载体的主要作用是增加谱线强度、提高分析的灵敏度、提高准确度和消除干扰等。

第四节 红外吸收光谱法

红外吸收光谱又称为分子振动-转动光谱，属于分子吸收光谱。当样品受到连续变化的红外光照射时，分子吸收某些频率的辐射，并由其振动或转动引起偶极矩的净变化，产生分子振动和转动能级从基态到激发态的跃迁，相应区域的透射光强减弱，记录红外光的百分透射比与波数关系曲线，就得到红外吸收光谱。利用红外吸收光谱进行定量、定性分析及分子结构表征分析的方法称为红外吸收光谱法。

红外光区在可见光区和微波光区之间，波长范围为 $0.75\sim1\,000\,\mu m$，根据仪器技术和应用，习惯上又将红外光区按波长分为三个区：近红外光区、中红外光区和远红外光区。

红外吸收光谱法的特点如下：①除单原子分子及单核分子外，几乎所有化合物均有红外吸收，且谱带复杂，显示了丰富的分子结构和组成信息；②测试简单，无烦琐的前处理和化学反应过程；测试速度快，测试过程大多可以在 $1\,min$ 之内完成，大大缩短测试周期；③样品用量少且可回收，可减少到微克级；测试过程无污染，检测成本低；④对样品无损伤，可以在活体分析和医药临床领域广泛应用；⑤使用的样品范围广，通过相应的测试器件可以直接测量气体、液体、固体、半固体和胶状体等不同物态的样品，光谱测量方便。

1. 红外吸收光谱的产生条件 任何物质的分子都是由原子通过各类化学键连接为一个整体。分子中的原子与化学键都处于不断的运动中。它们的运动，除了原子外层价电子跃迁以外，还有分子中原子的振动和分子本身的转动。这些运动形式都可以吸收外界能量而引起能级的跃迁。当用一定频率的红外线照射分子时，如果分子中某一个键的振动频率与它一致，二者就会产生共振，光的能量通过分子偶极距的变化传递给分子，这个键就会吸收部分该频率的红外光的能量，振动加强，发生振动能级跃迁。如果用连续改变频率的红外光照射某分子，由于分子对不同频率的红外光吸收程度不同，使得相应的某些吸收区域的透射光强度减弱，而另一些波数范围内的透射光强度仍然较强，记录相应数据，即得到分子红外吸收光谱图。

2. 傅里叶变换红外光谱仪 傅里叶变换红外光谱仪是 20 世纪 70 年代随着傅里叶变换技术引入红外光谱仪而问世的，是根据傅里叶变换的基本原理，利用两束光相互干涉产生干涉谱后经过快速傅里叶变换获得红外光谱的仪器。

（1）仪器的工作原理。从光源发出的光经准直镜后变为平行光，平行光进入干涉仪被光束分裂器分成两束，分别到达固定平面反射镜（定镜）和移动反射镜（动镜），经反射后又原路返回，产生干涉。干涉光被样品吸收后，再由检测器接收。在连续改变光程差的同时，记录吸收后中央干涉条纹的光强变化，即得到含有光谱信息的干涉图。这种复杂的干涉图是很难解释的，需要经计算机进行快速傅里叶变换，得到透射比随波数变化的普通红外光谱图。傅里叶变换红外光谱仪的工作原理如图 5-6 所示。

（2）仪器的主要部件。傅里叶变换红外光谱仪主要由红外光源、迈克尔逊干涉仪、检测器、数据处理装置和记录装置等组成。它与色散型红外光谱仪的主要区别在于干涉仪和数据处理装置两部分。迈克尔逊干涉仪是傅里叶变换红外光谱仪的心脏，它的作用是将光源发出的光经光束分裂器分成两束，一束为透射光，另一束为反射光，分别经动镜和定镜反射后又汇集到一起，再经过样品投射到检测器上。由于动镜的移动，使两束光产生了光程差，发生

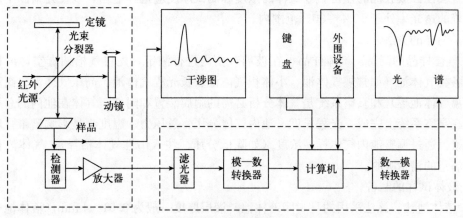

图 5-6　傅里叶变换红外光谱仪的工作原理

干涉现象，检测器上得到的是相干光。当两束光的光程差为 $\lambda/2$ 的偶数倍时，落在检测器上相应的相干光互相叠加，发生相长干涉，产生明线，其相干光强度有极大值；当两束光的光程差为 $\lambda/2$ 的奇数倍时，落在检测器上相应的相干光互相抵消，发生相消干涉，产生暗线，其相干光强度有极小值。动镜连续移动，在检测器上记录的信号将呈余弦变化。由于多色光的干涉图等于所有个单色光干涉图的加和，故得到的是具有中心极大，并向两边迅速衰减的对称干涉图。若将有红外吸收的样品放在干涉仪的光路中，由于样品能吸收特征波数的能量，结果所得到干涉图强度曲线就会相应地产生一些变化。将包含光源的全部频率和与该频率相对应的强度信息的干涉图，送往计算机进行傅里叶变换的数据处理，从而得到吸收强度、透光率和波数变化的普通光谱图。

（3）仪器的主要特点。

① 扫描速度极快。傅里叶变换红外光谱仪是在整个扫描时间内同时测定所有频率的信息，一般只要 1 s 左右即可，因此它可用于测定不稳定物质的红外光谱。

② 具有很高的分辨率。通常傅里叶变换红外光谱仪分辨率为 $0.1\sim0.005\ \mathrm{cm}^{-1}$，而一般光栅型红外光谱仪分辨率只有 $0.2\ \mathrm{cm}^{-1}$。

③ 灵敏度高。傅里叶变换红外光谱仪不用狭缝和单色器，反射镜面大，故能量损失小，达到检测器的能量大，可检测 10^{-9} 数量级的样品。

除此之外，傅里叶变换红外光谱仪还有测定的光谱范围宽、测定精度高、杂散光干扰小、样品不受因红外聚焦而产生的热效应的影响等优点，同时它也是实现多种方法联用较理想的仪器，目前已有气相色谱-红外光谱、高效液相色谱-红外光谱、热重-红外光谱等联用的商品仪器。

3. 试样处理与制备　在红外吸收光谱法中，试样的制备及处理占有重要的地位。要获得一张高质量红外吸收光谱图，除了仪器本身的因素外，还必须有合适的样品制备方法。

（1）红外吸收光谱法对试样的要求。红外吸收光谱法的试样可以是液体、固体和气体，一般应要求：①试样应该是单一组分的纯物质，纯度应大于 98％ 或符合商业规格，才便于与纯物质的标准光谱进行对照。多组分试样应在测定前尽量预先用分馏、萃取、重结晶或色谱法进行分离提纯。②试样中不应含有游离水，因为水本身有红外吸收，会严重干扰样品光谱，而且会侵蚀吸收池的盐窗。③试样的浓度和测试厚度应选择适当，以使光谱图中的大多数吸收峰的透光率处于 $10\%\sim80\%$ 范围内。

（2）制样的方法。

① 气体样品的制备。气体样品可在玻璃气槽内进行测定，先将气槽抽真空，再将试样注入。各类气体池（如常规气体池、小体积气体池、长光程气体池、高压气体池、高温气体池和低温气体池等）和真空系统是气体分析必需的附属装置和附件，气体在池内的总压、分压都应在真空系统上完成。光程长度、池内气体分压、总压力、温度都是影响谱带强度和形状的因素。通过调整池内气体样品浓度（如降低分压、注入惰性气体稀释）、气体池长度等可获得满意的谱带吸收。

② 液体试样的制备。

A. 液体池法。该法采用的是封闭液体池，液层厚度一般为 $0.01\sim1$ mm。液体池中两块盐片与间隔片和垫圈以及前后框是黏合在一起的，不能随意拆开清洗和进行盐片抛光，因此该法适合于沸点低、挥发性较大和充分去除水分的试样的定量分析。

B. 液膜法。该法是液体样品定性分析中应用较广的一种方法。滴加一至两滴样品于一片窗片的中央，再压上另一片窗片，依靠两窗片间的毛细作用保持住液层，即制成液膜，将它放在可拆式液体池架中固定即可测定。该法适用于沸点较高、黏度较低、吸收很强的液体样品的定性分析。

③ 固体样品的制备。

A. 压片法。一般红外测定用的锭片为直径 13 mm、厚度 1 mm 左右的小片。常采用 $0.1\%\sim0.5\%$ 的溴化钾片进行分析，即将 $1\sim2$ mg 试样，在玛瑙研钵中磨细后与 200 mg 已干燥磨细的纯溴化钾粉末充分混合并研磨后置于模具中，用 10 MPa 左右的压力在压力机上作用 $1\sim2$ min 可得到透明或均匀半透明的锭片，即可用于测定。压片法的最大优点是如不考虑溴化钾的因素，红外吸收光谱获得的所有吸收峰应完全是被测样品的吸收峰，因而在固体样品制样中，溴化钾压片法是优选的方法，但是该法所用分散剂极易吸湿，因而在 3 448 cm^{-1} 和 1 649 cm^{-1} 处难以避免地有游离水的吸收峰出现，不宜用于鉴定羟基的存在，未知样品与分散剂的比例难以准确估计，因此常会因样品浓度不合适或透光率低等问题需要重新制片。

B. 糊状法。将干燥的样品放入玛瑙研钵中充分研磨，然后滴几滴液状石蜡到玛瑙研钵中继续研磨，直到成均匀的糊糊状，加在盐片中测定。糊状法制样非常简便，应用也比较普遍，尤其是鉴定羟基峰、胺基峰时糊状法制样就是一种行之有效的好方法。但是用石蜡作为糊剂不能用于样品中饱和 C—H 链的鉴定，如果要测定—CH$_3$、—CH$_2$—的吸收，可以用四氯化碳或六氯丁二烯等作为糊剂。糊状法不适合做定量分析。

C. 薄膜法。主要用于高分子化合物的测定。可将试样直接加热熔融后涂制或压制成膜，也可将试样溶解在低沸点的易挥发溶剂中，涂在盐片上，待溶剂挥发后成膜测定。薄膜的厚度宜为 $10\sim30$ μm，且厚薄要均匀。

4. 红外吸收光谱的分析 红外吸收光谱中峰的位置和强度取决于分子中各基团的振动形式和所处的化学环境。对红外吸收光谱进行解析就是根据实验所测绘的光谱图上出现的吸收谱带的位置、强度和形状，利用基团振动频率与分子结构之间的关系，分析并确定吸收谱带的归属，确认分子中所含的基团或键，推测分子结构。红外吸收光谱的成功解析往往还需结合其他实验数据和测试手段，如相对分子质量、物理常数、紫外光谱、核磁共振波谱及质谱等，当然也离不开光谱解析者自身的实践经验。

5. 红外吸收光谱法的应用 红外吸收光谱法不仅用于分子结构的基础研究，如确定分子的空间构型，求出化学键的力常数、键长、键角等，而且广泛地用于化合物的定性定量分析和化学反应机理研究等。红外吸收光谱的波数位置、波峰的数目以及吸收谱带的强度，反映了分子结构上的特点，可以用来鉴定未知物的结构组成或确定其化学基团；吸收谱带的吸收强度与分子组成或化学基团的含量有关，可以用来进行定量分析和纯度鉴定。

（1）定性分析。红外吸收光谱法广泛应用于有机化合物的定性鉴定和结构分析。将试样的谱图与纯物质的标准谱图或者已知结构的化合物的谱图进行对照，根据前面介绍的方法，对试样的谱图做出正确的解析，鉴定化合物。若用计算机谱图检索，则采用相似度来判别。使用文献上的谱图应当注意试样的物态、结晶状态、溶剂、测定条件以及所用仪器类型是否与标准谱图相同，从而进行理性分析。

（2）定量分析。由于红外吸收光谱的谱带较多，选择的余地大，所以能方便地对单一组分和多组分进行定量分析。此外，该法不受样品状态的限制，能定量测定气体、液体和固体样品。但红外吸收光谱法定量灵敏度较低。

红外吸收光谱定量分析是通过对特征吸收谱带强度的测量来求出组分含量。其理论依据是朗伯-比尔定律。

红外吸收光谱中吸收谱带很多，因此在定量分析时，特征吸收谱带的选择尤为重要，除应考虑摩尔吸光系数较大之外，还应注意以下几点：①谱带的峰形应有较好的对称性；②周围尽可能没有其他吸收谱带存在，以免产生干扰；③溶剂或介质在所选择特征谱带区域应无吸收或基本没有吸收；④所选溶剂不能在浓度变化时对所选择特征谱带的峰形产生影响；⑤特征谱带不应选在对二氧化碳、水蒸气有强吸收的区域。

第五节　分子发光分析法

分子发光就是某些物质分子受到某些能源激发而吸收一定波长的能量，电子从基态跃迁到激发态后再以光辐射的形式释放能量并从激发态回到基态时所产生的发光现象。根据光源、化学反应能、电能和生物体释放的能量等能源激发模式的不同，分子发光可以相应分为光致发光、化学发光、电致发光和生物发光等。根据光辐射机理的不同，光致发光分析法可以分为分子荧光分析法和分子磷光分析法。分子发光分析法是在分子发光基础上建立起来的分析方法。分子发光分析法具有以下优点：①灵敏度高，比紫外-可见分光光度法要高2~3个数量级；②选择性好，根据物质吸光与否、吸光后能否发光和所发光波长的不同可轻易排除干扰物质；③实验方法简单，操作方便；④所需样品量少，并且标准曲线的动态线性范围宽。分子发光分析法在生物学、医学、药学、光学、分子传感器和环境科学等方面的应用具有很大的优越性。本节主要讲述分子荧光分析法、分子磷光分析法和化学发光分析法。

一、分子荧光分析法

分子荧光分析法是根据物质分子的荧光光谱和荧光强度进行定性、定量的一种分析方法。

早在16世纪人们就发现某些矿物质或植物的提取液只有在光的照射下才能发射出颜色

和强度不同的光。之后，有许多科学家观察到了荧光现象并对其做了描述。通过对荧光强度和物质浓度关系的研究，科研人员于 1864 年提出了荧光可以作为分析方法来使用的结论（此为分子荧光定量分析的理论基础），斯托克斯根据能发荧光的"萤石矿"而提出"荧光"这一沿用至今的学科术语。19 世纪末，科研人员已经发现了包括荧光素、多环芳烃在内的 600 余种荧光化合物。进入 20 世纪后，在光学理论、化学和材料等学科快速发展的影响下，共振荧光和增感荧光的相继发现使得人们对荧光现象的研究越来越深入，第一台分子荧光分析仪也于 1928 年问世并在 1952 年实现了商品化。

1. 基本原理

（1）分子荧光的产生。大多数有机分子的电子在基态是自旋成对的，分子中的总自旋量子数 S 等于 0。根据光谱的多重性定义 $M = 2S + 1$，当 $S = 0$、$M = 1$ 时，为基态的单重态，用 S_0 表示。当物质受外部能量激发时，电子的自旋方向和基态的电子依旧配对，即自旋方向保持不变，则激发态仍为单重态，具有抗磁性，用 S_i 表示，第一、第二电子激发单重态分别以 S_1、S_2 表示。如果在激发过程中电子的自旋方向发生改变，与基态时的自旋方向相反，和处于基态的电子呈平行状态，则 $S = (+1/2) + (+1/2) = 1$，$M = 2S + 1 = 3$，这样的激发态为三重态，具有顺磁性，以 T_i 表示。因为自旋平行状态电子的稳定性比自旋方向相反的好，所以三重态电子的能量低于单重态电子。处于激发单重态的电子稳定性稍差，能较快地通过辐射跃迁或无辐射跃迁释放能量而返回基态。辐射跃迁发射光子产生分子荧光和分子磷光；无辐射跃迁则以振动弛豫、内转化和体系间窜跃等热的形式释放能量。

（2）荧光效率及其影响因素。

① 荧光效率。化合物在吸附了紫外-可见光后，常以荧光效率和荧光量子产率来描述辐射跃迁发生概率的大小。荧光效率为发射荧光的分子数与激发态分子总数的比值。

荧光效率越高，发生辐射跃迁的概率就越大，物质发生的发射的荧光强度也就越强。荧光效率为 0.1~1 的荧光化合物才具有分析利用价值。

② 荧光与分子结构的关系。化合物只有能够吸收紫外-可见光，才有可能发射荧光，所以能够发射荧光的化合物的分子中肯定含有强吸收的官能团和共轭双键，并且共轭体系越大，π 电子的离域能力越强，越易被激发而产生荧光。大部分能发荧光的物质至少含有一个芳环，随着共轭芳环的增大，荧光效率逐渐升高，荧光波长向长波长方向移动。如萘的荧光效率为 0.29，荧光波长为 310 nm，而蒽的荧光效率和荧光波长分别为 0.16 nm 和 400 nm。另外，分子的刚性平面结构有利于荧光的产生，刚性平面结构减少了分子间振动碰撞去活的可能性。一些有机配位剂与金属离子形成螯合物会增强荧光强度，这也可以归因于刚性结构的存在。取代基对化合物的荧光特征和强度也有很大的影响，—OH、—NH$_2$ 和—OR 等给电子取代基能增大共轭效应，从而使荧光增强；—COOH、—NO、—NO$_2$ 等吸电子取代基可以使荧光减弱。在卤素取代基中，随着卤族元素原子序数的增加，化合物的荧光强度会逐渐减弱，而磷光强度则逐渐增强，这种现象为重原子效应。这是由于重原子中能级交叉现象严重，容易发生自旋轨道耦合作用，显著增加了 $S_1 \rightarrow T_1$ 的体系间窜跃的概率。

③ 外界环境因素对荧光的影响。同一种荧光化合物在不同的溶剂中可能具有不同的荧光性质。一般而言，激发态电子的极性比基态电子的大。增加溶剂的极性，会使激发态电子更加稳定，使化合物的荧光波长发生红移，能增强荧光强度。如在苯、乙醇和水中，奎宁的荧光效率分别为 1、30 和 1 000。温度对化合物荧光强度的影响也比较明显。因为辐射跃迁

的速率随温度的变化基本保持不变，而无辐射跃迁的速率则随温度的升高而显著增大，所以升高温度会增加无辐射跃迁的发生概率，从而降低大多数荧光化合物的荧光效率。pH 对含有酸性或碱性取代基芳香族化合物的荧光性质有较大的影响。

（3）荧光强度和溶液浓度的关系。当溶液的吸光度值<0.05 时，化合物荧光强度与荧光效率、激发光强度、摩尔吸光系数、溶液的浓度成正比。

如果入射光强度保持不变，则荧光强度只和溶液浓度有关。如果以荧光强度对荧光化合物浓度作图，在荧光化合物溶液的浓度低时有良好的线性关系；当浓度较高时，荧光强度和浓度之间的线性关系将发生偏离，甚至会随溶液浓度的增大而降低。

荧光猝灭效应是指荧光化合物分子之间或者与溶剂分子发生致使荧光强度下降的物理和化学反应的过程。能与荧光化合物分子发生作用而使荧光强度下降的物质称为荧光猝灭剂。具有顺磁性的氧分子和能产生重原子效应的溴、碘取代物等都是荧光猝灭剂。荧光化合物自身导致荧光强度减弱的现象称为荧光自猝灭效应，常见的有两种：一种是自吸现象，即荧光化合物发出的荧光被溶液中荧光化合物的基态电子吸收；另一种是因为激发态电子间的碰撞增大了无辐射跃迁发生的概率，从而降低了荧光效率。

2. 分子荧光分析仪 常用的分子荧光分析仪的组成和紫外-可见分光光度计类似，是由光源、单色器、液槽和检测器等组成。二者不同之处在于：①消除透射光的影响，分子荧光分析仪采用垂直测量方式，即在与激发光垂直的方向检测荧光；②分子荧光分析仪有两个单色器，为了获得单色性较好的激发光而置于液槽前的第一单色器（激发单色器），以及为了得到某一特定波长荧光、消除其他杂散光干扰而置于液槽和检测器之间的第二单色器（发射检测器）。

（1）光源。分子荧光分析仪的光源应满足强度大、使用波长范围宽的要求，常用的光源有高压汞灯和氙灯。高压汞灯是利用汞蒸气放电发光的光源，常用的分子荧光分析谱线有 365 nm、405 nm、436 nm 3 条，其中 365 nm 波长处的谱线最强，其光谱略呈带状。高压汞灯平均使用寿命在 2 500 h 左右。氙灯是一种短弧气体放电灯，其在分子荧光分析仪中的应用最广泛，工作时，在相距约 8 mm 的钨电极间形成强电子流，氙原子经电子流撞击后解离为正离子，氙正离子和电子复合而发光，其光谱在 200～800 nm 范围内呈连续光谱，在 200～400 nm 波长的光谱强度几乎不变。目前，可调节染料激发器作为一种新型荧光激发光源显示出了巨大的潜力和优势。

（2）单色器。荧光剂的单色器是滤光片，所以只能用于定量分析，而不能获得光谱。而采用两个单色分子荧光分析仪既可以获得激发光谱，也可以获得荧光光谱。

（3）液槽。液槽即为荧光比色皿，一般采用弱荧光材料石英制成，形状以方形和长方形为宜。其作用与紫外-可见分光光度计的吸收池类似，不同之处在于荧光比色皿是四面透光的。

（4）检测器。需要配置两个检测器，要求检测器具有较高的灵敏度。分子荧光分析仪采用光电倍增管作为检测器。荧光强度和激发光强度线性相关，现代电子技术又可以检测微弱的光信号，故可以通过提高激发光强度来增大荧光强度，从而提高分子荧光分析仪的检测灵敏度。

3. 应用

（1）无机化合物的分析。大多数无机离子和溶剂分子间的相互作用很强，其激发态都以无辐射跃迁形式返回基态，能发出荧光的很少。但是很多无机离子与某些有机化合物作用可以形成能发射荧光的配合物，利用这一性质通过配合物荧光强度的测定可间接检测无机离子。当前能用荧光分析的元素仅 70 种，其中经常使用荧光分析法检测的元素有铝、硼、镓、硒、镁、锌、镉和某些稀土元素等。

与金属离子能形成荧光配合物的有机试剂绝大部分是芳香族化合物，它们通常含有两个或两个以上的官能团，与金属离子能形成五元环或六元环的螯合物。因为形成的螯合物增大了有机化合物的刚性平面结构，所以使原来不发荧光或所发荧光较弱的化合物转变为强荧光化合物。

（2）有机化合物的分析。饱和脂肪族化合物的分子结构比较简单，本身能发射荧光的很少，大部分需要和某些试剂反应后才可以采用荧光分析法检测。例如丙三醇和苯胺在浓硫酸存在时反应生成能发射蓝色荧光的喹啉，通过喹啉的检测可以间接测定丙三醇的含量。

大多数具有不饱和共轭体系的芳香族化合物能发射荧光，可以直接采用分子荧光分析法检测。例如在微碱性条件下，可以检测蒽和对氨基萘磺酸。对于具有致癌活性的稠环芳烃，分子荧光分析法已经成为主要的检测方法。为了提高检测的灵敏度，有时也将芳香族化合物和某些试剂反应后再检测。例如水杨酸和铽形成配合物后，既增强了荧光强度，也提高了检测灵敏度。

在生物化学分析、生理医学研究、临床检验和药物分析等领域中，维生素、氨基酸、蛋白质、胺类、甾族化合物、酶和辅酶等许多重要的分析对象，都可以用分子荧光分析法检测。由于此法具有极高的灵敏度，还可用来研究生理过程中生物活性物质之间的相互作用、生物化学物质的变化和反应动力学过程。

二、分子磷光分析法

分子磷光分析法是以分子磷光光谱来鉴别、定量分析有机化合物的一种方法。

1. 基本原理

（1）分子磷光的产生和磷光强度。分子磷光是处于激发三重态的电子跃迁返回到基态时以光辐射形式释放出的能量。因为分子的第一电子激发三重态（T_1）的能量比第一电子激发单重态（S_1）的低，分子磷光的波长比分子荧光的长。$T_1 \rightarrow S_0$ 的电子跃迁属于禁阻跃迁，跃迁速率小，增强了三重态的稳定性，所以分子磷光的寿命比分子荧光的寿命长。当激发光停止后，荧光马上消失，而磷光可持续一段时间（$10^{-4} \sim 10$ s）。寿命较长的三重态增加了激发态电子在 $T_1 \rightarrow S_0$ 体系间窜跃、发生无辐射跃迁的概率。磷光化合物在室温溶液中产生的磷光强度一般都比较小，当磷光化合物浓度很小时，磷光强度和磷光化合物的溶液浓度线性相关，这是定量分析磷光化合物的理论依据。

（2）温度对磷光强度的影响。溶液中磷光化合物的磷光强度和温度有着密切的关系。室温条件下，溶剂分子的热运动比较剧烈，处于激发三重态的磷光化合物分子都和溶剂分子碰撞而失活，很难产生分子磷光。随着溶液温度的降低，溶剂分子的热运动速率逐渐变慢，能发射分子磷光的激发三重态的磷光化合物分子就会增多，从而增强分子磷光强度。当溶液在液氮（$-195.6\,℃$）中冷冻至玻璃状时某些化合物可以产生很强的分子磷光，低温分子磷光分析就是基于这一原理建立起来的。低温分子磷光分析法检测吲哚、色氨酸和利血平等磷光化合物的灵敏度比分子荧光分析法的要高。

（3）重原子效应。在磷光化合物中引入重原子取代基或者使用含有重原子的化合物（如碘乙烷、溴乙烷等）作为溶剂都可以增大磷光化合物的磷光强度，这种效应称为重原子效应。前者为内部重原子效应，后者为外部重原子效应。重原子效应的作用机理：重原子的高核电荷使得磷光化合物分子的电子能级参差交错，这就容易引起或者增强磷光化合物分子的自旋轨道耦合作用，从而增加 $S_1 \rightarrow T_1$ 体系间窜跃的概率，有利于分子磷光效率的增大。利用重原子效应来提高分子磷光分析法的灵敏度是一个简单而有效的方法。除了重原子溶剂外，碘化物、银盐、二价铅盐和钛盐等的应用也比较多。

（4）室温磷光。一般来说，室温磷光化合物发射出的分子磷光的强度太弱，不能用于磷光化合物的分析检测。如果向溶液中加入适量的表面活性剂，就会在溶液中形成表面活性剂胶束，进而改变磷光化合物的微环境，增强其定向约束能力，从而减小了磷光化合物分子和溶剂分子的碰撞概率，增强了磷光化合物分子在激发三重态的稳定性，最终使其磷光强度显著增大，这种现象称为胶束增稳室温磷光。当某些固体表面吸附磷光化合物时，就会增加磷光化合物分子的刚性，大大减小激发三重态磷光化合物分子的去活化概率，在室温就可以产生较强的分子磷光，据此产生了固体表面室温磷光分析法。

2. 分子磷光分析仪 分子磷光分析仪的组成和分子荧光分析仪相似，是由光源、激发单色器、液槽、发射单色器、检测器等组成。由于分子磷光产生原理和分析原理上的特殊性，分子磷光分析仪还有一些专用部件。

（1）试样室。低温磷光分析法一般是在液氮中进行，所以盛放待测样品溶液的液槽需要放在装有液氮的杜瓦瓶等专用试样室内。固体表面室温磷光分析法也需要特制的试样室。

（2）磷光镜。有些化合物既能产生分子荧光，也能同时产生分子磷光。为了排除分子荧光的干扰，检测到分子磷光，通常使用一种称为磷光镜的机械切光装置，根据分子荧光和分子磷光的寿命长短来消除分子荧光的干扰。现代的分子磷光分析仪大多都采用脉冲光源、自动控制检测技术以及时间分辨荧光技术达到消除分子荧光干扰的目的。

3. 应用 分子磷光分析法在生物制药、药物分析、临床分析和环境分析等领域的应用比较广泛，与分子荧光分析法相互补充，已经成为痕量有机化合物分析检测的重要手段之一。

低温分子磷光分析法已经应用于萘、蒽、菲、芘、苯并芘等多环芳烃和含氮、硫、氧的杂环化合物的检测，还可应用于阿司匹林、可卡因、磺胺嘧啶、维生素 K、维生素 B_6 和维生素 E 等许多药物的分析；固体表面室温分子磷光分析法可以用来检测多环芳香烃和杂环化合物，并具有分析快速、灵敏的优点；胶束增稳室温分子磷光分析法可用于萘、芘和联苯等化合物的分析。

三、化学发光分析法

化学发光是指在没有任何光、热或电场等外来激发能量的情况下，由化学反应过程中所提供的化学能产生光辐射的现象。化学发光分析法就是利用化学反应产生的发光现象对化合物进行分析的方法。1970 年前后，化学发光分析法用来监测空气中污染物的含量。此后液相化学发光分析法得到了快速的发展。化学发光分析法具有以下特点：①具有较高的灵敏度，如荧光素酶和腺苷三磷酸的化学发光反应可用来检测低至 2×10^{-17} mol/L 的 ATP，鲁米诺化学发光体系对 Cr^{3+} 和 Co^{2+} 等离子的检出限低至 10^{-12} g/mL；②具有较宽的线性范围，一般有 5~6 个数量级；③仪器装置简单，化学发光分析仪没有激发光源，所以不存在杂散光和散射光等引起的干扰背景，并且检测的是整个光谱范围内的发光总量，所以也不需要单色器；④分析速度快，流动注射化学发光分析仪每小时可分析测定 100 多个样品。因此，化学发光分析法作为一种不可或缺的痕量分析手段已经广泛地应用于生物医学分析、痕量元素分析和环境监测等领域。

1. 基本原理

（1）化学发光反应的产生条件。由前文可知，化学发光的激发能由化学反应提供，在反应过程中某一反应产物分子被化学能激发使电子跃迁到激发态，当它们从激发态跃迁返回基态时以光辐射的形式释放能量，这一过程可表示为

$$A+B \longrightarrow C^* + D \qquad C^* \longrightarrow C + h\nu$$

能够产生化学发光的反应必须满足以下 3 个条件：①能快速地释放出足够的能量；②反应途径有利于形成激发态产物；③处于激发态的电子能以辐射跃迁的方式返回基态，或能够将其能量转移给能产生辐射跃迁的其他分子。

（2）化学发光效率和发光强度。化学发光效率是指能发光的化合物分子数占参加反应总分子数的比值，也是生成激发态分子的化学效率 φ_r 和激发态分子的发光效率 φ_f 的乘积，以 φ_{CL} 表示，则有：

$$\varphi_{CL} = \frac{发光的分子数}{参加反应的总分子数} = \varphi_r \cdot \varphi_f$$

$$\varphi_r = \frac{激发态分子}{参加反应的分子数}$$

$$\varphi_f = \frac{发光的分子数}{激发态总分子数}$$

化学效率 φ_r 主要决定于化学反应自身的性质；发光效率 φ_f 取决于发光化合物本身的性质和分子结构，也会受外界环境的影响。

生物体系中具有高效率的化学发光，亦称为生物发光，例如萤火虫发光反应的效率几乎接近 1，而非生物体系的化学发光效率最高达 0.01。化学发光效率最高的鲁米诺反应体系的发光效率仅为 0.01~0.5。

化学发光强度随着反应时间的延长和反应原料的消耗而逐渐减小，如果是一级动力学反应，则在某一时刻的化学发光强度和该时刻待测化合物浓度成正比，即化学发光峰值的强度和分析物浓度线性相关。在化学发光分析法中，常用发光总强度来进行定量分析。

2. 化学发光分析仪

（1）分立式发光分析仪。分立式化学发光分析仪是一种静态下检测液相化学发光信号的装置。先把试样分别加入贮液容器中，再开启旋塞使溶液进入反应池混合，同时发生化学发光反应。发射出的光信号经光电倍增管检测并放大后记录。分立式发光分析仪具有操作简单、灵敏度高的特点，可用来研究化学反应动力学，但因为是手动进样，所以具有重复性差、检测精密度较低和分析效率低等缺点。

（2）流动注射式化学发光分析仪。流动注射式化学发光分析仪是一种自主进样的溶液分析仪器，其组成部分包括蠕动泵、进样阀、反应盘管和化学发光检测器等。蠕动泵用来推动液体载流，使液体在较小的内径管道内连续稳定地流动。通过进样阀注射一定体积的试样于液体载流中，在流动过程中，试样逐渐均匀分散并与载流中的试剂反应产生化学发光。化学

发光检测器中的光电倍增管检测到化学发光信号，转换成为电信号后经放大被记录下来。

由于流动注射式化学发光分析仪检测到的光信号仅是整个发光动力学曲线的一部分，只有根据反应速率调整进样阀和检测器之间的管道长度或流速、控制存留时间，才能恰好检测到发光信号的峰值，从而得到最大灵敏度。

3. 应用 根据液相化学发光分析法中鲁米诺-双氧水化学发光体系能被多种过渡金属离子催化的性质，建立了 Ag^+、Au^{3+}、Co^{2+}、Cr^{3+}、Cu^{2+}、Fe^{2+}、Fe^{3+} 和 Ni^{2+} 等金属离子的化学发光分析法，它们的检出限均低于 $0.01~\mu g/mL$，其中 Co^{2+}、Cr^{3+} 的检出限低于 $10^{-12}~g/mL$。另外，利用 Hg^{2+}、Ce（Ⅳ）等金属离子和 CN^-、S^{2-} 等非金属离子对鲁米诺-双氧水化学发光体系的抑制作用可以检测这些离子。鲁米诺-双氧水化学发光体系也可以用于检测甘氨酸、铁蛋白、血红蛋白和肌红蛋白等生物化学物质，尤其是通过与酶反应结合后，可用于检测葡萄糖、乳酸和氨基酸等。

气相化学发光分析法已经广泛应用于大气中臭氧、NO、NO_2、H_2S、SO_2、CO 等组分的分析检测，目前已有各种专用的分析仪器。

第六章 电泳技术

带电颗粒在电场力作用下，向着与其电性相反的电极方向移动的现象，称为电泳（electrophoresis，EP）。根据分子或颗粒所带的电荷、形状和大小等不同，在电场介质中移动的速度不同，从而达到分离目的的技术称为电泳技术。1807 年，俄国物理学家 Ferdinand Frederic Reuss 首次发现了电泳现象，他在湿黏土中插上带玻璃管的正负两个电极，在容器中灌满水，管底放一层细沙，加电压后发现正极玻璃管中原有的水层变浑浊，即带负电荷的黏土颗粒向正极移动。1937 年，瑞典 Uppsala 大学的化学家 Arne Wilhelm Kaurin Tiselius 对电泳仪器做了改进，创造了 Tiselius 电泳仪，建立了研究蛋白质的移动界面电泳方法，并首次证明了血清是由白蛋白及 α 球蛋白、β 球蛋白、γ 球蛋白组成的，Tiselius 由于在电泳技术方面做出的开拓性贡献而获得了 1948 年的诺贝尔化学奖。从此以后，电泳的种类和应用在深度和广度两个方面均得到了迅速的发展，成为生物化学和分子生物学领域分离、鉴定生物大分子的重要手段。

第一节　概　　述

一、电泳的原理

物质分子在正常情况下一般所带正负电荷量相等，故不显示带电性。但是在一定的物理作用或化学反应条件下，某些物质分子会成为带电的离子（或粒子）。不同的物质，由于其带电性质、颗粒形状和大小不同，因而在一定的电场中的移动方向和移动速度也不同，故可将它们分离。

不同带电颗粒因电荷量不同，在同一电场中的泳动速度也就不同，其泳动速度用迁移率（又称泳动度，mobility）来表示。带电粒子在电泳过程中，将受到方向相反的两个作用力，一个是起推动作用的电场力 F，另一个是起阻碍作用的摩擦力 f。当带电粒子在电场中以恒定速度移动时，由牛顿第一运动定律可得：

$$F = f$$

根据斯托克方程可知，摩擦力 $f = 6\pi r\eta\upsilon$（r 为带电粒子半径，η 为黏度系数，υ 为泳动速度），电场力 $F = qE$（q 为带电粒子所带电荷数量，E 为电场强度），因此得到：

$$qE = 6\pi r\eta\upsilon$$

由这个等式可推导出：

$$\frac{\upsilon}{E} = \frac{q}{6\pi r\eta}$$

将上式中 $\frac{\upsilon}{E}$ 称为电泳迁移率，用 μ 表示，意为带电粒子在单位电场强度下的泳动速度。通过上式可看出电泳迁移率与所带电荷数量成正比，与带电粒子半径和黏度系数成反比。被分离混合物在相同电场强度下各组分的电泳迁移率差别越大，分离效果越好。

二、影响电泳迁移率的外界因素

被分离物质的电泳迁移率除受其本身性质影响外，溶液 pH、溶液离子强度、电场强度、电渗现象、温度等也有一定影响。

1. 溶液 pH 溶液的 pH 决定带电颗粒解离的程度，决定颗粒所带净电荷的多少。对蛋白质等两性电解质而言，pH 离 pI 越远，则颗粒净电荷越多，泳动速度越快，反之则越慢。因此应选择合适的 pH，使各种蛋白质所带电荷差异较大，有利于彼此分开。为了使电泳过程中溶液 pH 恒定，必须采用具有一定缓冲能力的缓冲液。

2. 溶液离子强度 离子强度影响颗粒的电动电势。溶液的离子强度越高，电动电势越小，则泳动速度越慢，反之则越快。离子强度过低，溶液的缓冲能力减弱，不易维持所需 pH，反而会影响颗粒带电荷状态，影响电泳。一般最适的离子强度为 $0.02 \sim 0.2$ mol/L。

3. 电场强度 电场强度是电泳支持物上每厘米的电位降，也称为电势梯度。电场强度对电泳迁移率起着决定性作用，电场强度越高，电泳迁移率越大，但随着电压的增加，电流加大，会产生热效应，易使蛋白质变性而影响电泳。进行高压电泳应配备冷却水系统以便在电泳过程中降温。

4. 电渗现象 液体在电场中，对于一个固体支持物的相对移动，称为电渗现象。电泳时，颗粒泳动的表面速度是颗粒本身泳动速度与电渗引起的颗粒移动速度的矢量和。电渗液流往往破坏电泳中已形成的区带，使其扩散变形。

5. 温度 电泳过程中由于通电会使缓冲液温度升高，温度对电泳有很大影响。温度升高时，介质黏度下降，分子运动剧烈，引起自由扩散变快，迁移率增大。温度每升高 1 ℃，迁移率约增加 2.4%。为降低热效应对电泳的影响，可控制电压和电流，也可在电泳系统中安装冷却散热装置。

第二节 电泳分类

一、按工作原理分类

1. 自由界面电泳 自由界面电泳也称移动界面电泳，指以溶液为介质的没有固体支持介质的电泳。其特点是带电微粒在溶液中自由移动，但其扩散性高、分离效果差，目前已很少使用。

2. 区带电泳 区带电泳（zonal electrophoresis, ZE）是指有固体支持介质的电泳，在某一固体支持介质上，将一种混合物分离成若干区带的电泳过程。区带电泳具有设备简单、样品量少、分辨率高等优点，成为目前应用最广泛的电泳技术。

按支持介质、装置形式、pH 的连续性的不同，区带电泳又可被细分为多类，如表6-1所示。

3. 稳态电泳 分子颗粒的迁移在一定的时间内即可达到稳态，达到稳态后，区带的宽度不随时间而改变，这种电泳称为稳态电泳，如等速电泳和等电聚焦电泳都是稳态电泳。

表 6-1　区带电泳的种类

分类依据	类型
支持介质	纸电泳
	琼脂糖凝胶电泳
	聚丙烯酰胺凝胶电泳
	淀粉凝胶电泳
	醋酸纤维素薄膜电泳
	玻璃粉电泳
装置形式	人造丝电泳
	平板式电泳
	垂直板式电泳
	垂直柱式电泳
pH 的连续性	连续 pH 电泳（如纸电泳、醋酸纤维素薄膜电泳）
	非连续 pH 电泳（如聚丙烯酰胺凝胶盘状电泳）

二、按分离目的分类

根据分离目的，常将电泳分为两大类：分析电泳和制备电泳。分析电泳较为常用，主要用于带电粒子性质的鉴定，而制备电泳往往还需要对待分离物质进行回收，因此在介质选择上有一定限制。

三、按用法分类

根据用法，可将电泳分为双向电泳、交叉电泳、连续纸电泳等。

第三节　常用电泳技术

一、纸电泳

1. 基本原理　纸电泳（paper electrophoresis，PE）是指以滤纸作为支持物的区带电泳。将滤纸条水平地架设在两个装有缓冲液的容器之间，样品点于滤纸中央。当滤纸条被缓冲液润湿后，盖上绝缘密封罩，即可由电泳电源输入直流电压（100～1 000 V）进行电泳（图 6-1）。纸电泳设备简单，因此在早期应用广泛，如蛋白质等电点测定和纯度测定等，但由于滤纸吸附作用较大，电渗作用也较严重，并且电泳时间较长，分辨率较差，这些缺点使纸电泳近年来逐渐被其

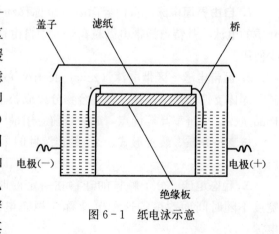

图 6-1　纸电泳示意

他电泳方法取代。

2. 操作步骤

（1）制备样品液。

（2）点样。将 25 cm×2 cm 的滤纸条放在一张清洁的点样衬纸上，在距滤纸条一边 7 cm 处用铅笔轻画一点样线，作记号。用毛细管依次将标准液及混合液点于记号处，注意斑点直径勿超过 2 mm，每样点 2～3 次，每点用冷风吹干 1 次。

（3）电泳。将滤纸条平整地放在电泳槽的滤纸架上，使滤纸条两端浸入电极缓冲液（pH 4.8）中。用滴管将电泳缓冲液均匀地滴于滤纸条上（点样处最后湿润）。盖上电泳槽盖，接上电极，点样端接负极；接通电源，调电压至 300 V，室温通电 2 h；电泳完毕后，关闭电源，取出滤纸条，将其用冷风吹干。

（4）鉴定。在暗室条件下，将干滤纸条置于紫外灯下观察，用铅笔将各斑点画出，并测定各斑点的迁移距离。

3. 注意事项

（1）滤纸条在整个过程中只能用镊子夹取，不能用手拿。

（2）滤纸条上应标明正、负极，将其放入电泳槽中时应注意与其正、负极相符。滤纸条上应有个人标识，以防弄错。

（3）用电泳显色液预处理滤纸条时，应尽可能使其两端被浸湿的距离相等，切不可使样点被浸湿。

（4）所有滤纸条被缓冲液全部浸湿后，方能开始通电。

（5）放滤纸条入电泳池时，尽可能使样点距正、负极的距离相等。

（6）注意用电安全。

（7）用电吹风显色时，不可太近或过热，以免影响斑点及其颜色的观察。

二、醋酸纤维素薄膜电泳

1. 基本原理 醋酸纤维素薄膜电泳（cellulose acetate film electrophoresis）以醋酸纤维素薄膜为支持物（图 6-2）。醋酸纤维素是纤维素的醋酸酯，由纤维素的羟基乙酰化而成。醋酸纤维素溶于丙酮等有机溶液中，即可涂布成均一细密的微孔薄膜。

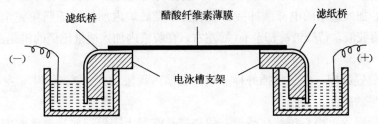

图 6-2 醋酸纤维素薄膜电泳示意

2. 操作步骤

（1）准备。裁剪适量尺寸的滤纸条搭建滤纸桥，再将缓冲液倒入电泳槽中，在醋酸纤维素薄膜无光泽面做好点样标记，并将该面朝下，浸入缓冲液中约 20 min，浸透完全后，取出，吸去多余缓冲液，备用。

（2）点样。用加样器取适量蛋白样品均匀加于点样线处，最终形成有一定宽度、粗细均匀的直线。

（3）电泳。点样端位于负极，无光泽面朝下，平整地放于滤纸桥上，平衡完毕后，调节电压开始电泳。

（4）染色。电泳完毕后，小心取下薄膜，浸入染色液中 2 min，取出后在漂洗液中反复漂洗，直到干净为止，然后观察电泳结果。

3. 注意事项 醋酸纤维素薄膜吸水性差，电泳过程中水分容易蒸发而使电泳终止，因此电泳过程应在密闭电泳槽中进行，以确保醋酸纤维素薄膜处于湿润状态。

三、琼脂糖凝胶电泳

1. 基本原理 琼脂糖凝胶电泳（agarose gel electrophoresis）以琼脂糖凝胶为支持物（图6-3）。

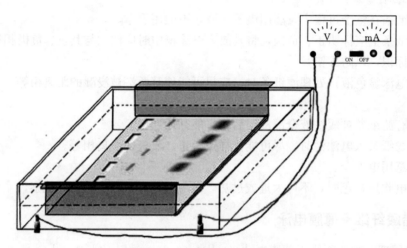

图 6-3 琼脂糖凝胶电泳示意

2. 操作步骤

（1）按所分离的 DNA 分子的大小范围，选择合适比例的凝胶，称取适量的琼脂粉，放到一锥形瓶中，加入适量的电泳缓冲液，然后置于微波炉内加热至琼脂粉完全熔化，溶液透明，稍摇匀，得胶液，待胶液冷却至 60 ℃左右，在胶液内加入适量比例的溴化乙锭（ethidium bromide，EB）液。

（2）水平放置胶槽，在一端插好样品梳，在槽内缓慢倒入已凉至 60 ℃左右的胶液，使之形成均匀水平的胶面。

（3）待胶凝固后，小心拔起样品梳，使加样孔端置于阴极端放进电泳槽内。

（4）在槽内加入电泳缓冲液，至液面覆盖过胶面。

（5）将待检样品与加样缓冲液、溴酚蓝按合适比例混匀，用移液枪加至凝胶的加样孔中。

（6）接通电泳仪和电泳槽，然后接通电源，调节至合适电压，稳压输出，开始进行电泳。

（7）观察溴酚蓝的条带（蓝色）位置。当其移动至凝胶长 2/3 处时，可停止电泳。

（8）在凝胶成像系统的样品台上重新铺上一张保鲜膜，赶去气泡，平铺，然后把凝胶放在上面。关上样品室外门，打开紫外灯，观察电泳结果。

3. 注意事项

（1）电泳中使用的 EB 为中度毒性、强致癌性物质，务必小心，勿沾染于衣物、皮肤、眼睛、口鼻等上。所有操作均只能在专门电泳区域进行，操作人员务必戴一次性手套，并及时更换。

（2）预先加入 EB 可能会使 DNA 的运动速度下降 15% 左右，且对不同构型的 DNA 的影响程度不同。为了取得较真实的电泳结果，可以在电泳结束后再用 $0.5\ \mu g/mL$ 的 EB 溶液浸泡凝胶染色。EB 在光照下易降解，若凝胶放置一段时间后才观察，即使原来胶内或样品已加 EB，仍建议先用 EB 溶液浸泡染色后再进行电泳观察。

（3）加样进胶时不要形成气泡，需在凝胶液未凝固之前及时清除气泡，否则需重新制胶。

（4）电泳时溴酚蓝在琼脂糖凝胶中的运动速度可以参考电泳速度，以实际电泳条带的运动速度为准。

四、聚丙烯酰胺凝胶电泳

1. 基本原理　聚丙烯酰胺凝胶是由单体丙烯酰胺（acrylamide，Acr）和交联剂 N,N'-甲叉双丙烯酰胺（N,N'-methylenebisacrylamide，Bis）在加速剂 N,N,N',N'-四甲基乙二胺（N,N,N',N'-tetramethylethylenediamine，TEMED）和催化剂过硫酸铵（ammonium persulphate，AP）或核黄素（riboflavin）的作用下聚合交联成三维网状结构的凝胶，以此凝胶为支持物的电泳称为聚丙烯酰胺凝胶电泳（polyacrylamide gel electrophoresis，PAGE）（图 6-4）。聚丙烯酰胺凝胶电泳根据其有无浓缩效应分为连续性凝胶电泳和不连续性凝胶

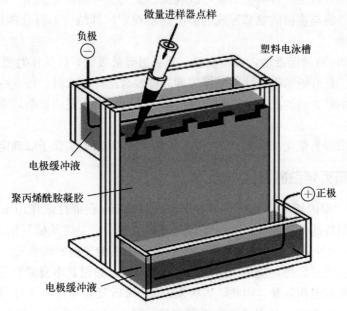

图 6-4　聚丙烯酰胺凝胶电泳示意

电泳。连续性凝胶电泳所使用的总凝胶浓度、缓冲液及 pH 相同；不连续性凝胶电泳一般有两层不连续胶，上层为浓缩胶，凝胶浓度较小，孔径较大，下层为分离胶，凝胶浓度较大，孔径较小。不连续性凝胶带电颗粒在电场中泳动不仅有电荷效应、分子筛效应，还具有浓缩效应，因而其分离条带清晰度及分辨率均较连续性凝胶电泳更佳。

2. 操作步骤

（1）制备凝胶。将两块清洁干燥的电泳板插入合适垫片后组装成灌胶装置，并用水确定其密闭性。分离胶的浓度根据待分离物质的颗粒大小不同来确定，将相应物质按比例混匀后灌入模具中，待胶面距电泳板上沿 3.5 cm 时停止，然后在胶面上添加适量正丁醇或水。

待分离胶聚合后，与正丁醇层或水层间形成明显界面，将正丁醇或水去除，并将正丁醇或水吸干，然后将配制好的浓缩胶灌注到分离胶上，随后插上样品梳。待浓缩胶凝固，小心取出样品梳，准备电泳。

（2）电泳。把制作好的凝胶置于样品槽中，向样品槽中缓慢加电泳缓冲液，使其没过电泳内槽电极，外槽要没过加样孔，然后用加样枪将处理好的蛋白样品缓慢加入加样孔，选择合适的电压、电流进行电泳。待指示染料到达特定位置，终止电泳。

（3）染色。电泳结束后，撬开玻璃板，将凝胶板做好标记后放在大培养皿内，加入染色液，染色 1 h 左右。

（4）脱色。染色后的凝胶板用蒸馏水漂洗数次，再用脱色液脱色，直到区带清晰。

（5）结果分析。用凝胶成像系统进行分析或使用特异性抗体进行检测。

3. 注意事项

（1）安装电泳槽时要注意均匀用力旋紧固定螺丝，避免缓冲液渗漏、玻璃板损坏。

（2）用琼脂（糖）封底及灌胶时不能有气泡，以免电泳时影响电流的通过。

（3）加样时样品不能超出加样孔。加样孔中不能有气泡，如有气泡，可用注射器针头挑破。

（4）上样量不宜过大，否则会出现过载现象。尤其是考马斯亮蓝 R - 250 染色，在蛋白质浓度过高时，染料与蛋白质氨基形成的静电键不稳定，其结合不符合朗伯-比尔定律，使蛋白质定量不准确。

（5）Acr 和 Bis 有神经毒性，可经皮肤、呼吸道等被吸收，故操作时要注意防护。

（6）为了获得良好的结果，注意浓缩胶的高度要合适；电泳时，加在浓缩胶和分离胶上的电压要合适，不可太高。胶的浓度和交联度对分离效果有重要的影响，需根据样品的性质确定这些参数。

（7）胶聚合快慢与催化剂、加速剂有密切的关系，需用预实验予以确定。

五、SDS-聚丙烯酰胺凝胶电泳

1. 基本原理 聚丙烯酰胺凝胶是由 Acr 和交联剂 Bis 在催化剂作用下，聚合交联而成的具有网状立体结构的凝胶，并以此为支持物进行电泳。十二烷基硫酸钠（sodium dodecyl sulfate，SDS）是一种阴离子表面活性剂，能打断蛋白质的氢键和疏水键，并按一定的比例和蛋白质分子结合成复合物，使蛋白质带负电荷的量远远超过其本身原有的电荷，掩盖了各种蛋白分子间天然的电荷差异。因此，各种蛋白质-SDS 复合物在电泳时的迁移率不再受原有电荷和分子形状的影响，而主要取决于蛋白质及其亚基分子质量的大小。这种 PAGE 与

SDS 联合使用的电泳方法称为 SDS-聚丙烯酰胺凝胶电泳（SDS-polyacrylamide gel electrophoresis，SDS-PAGE）。

2. 操作步骤

（1）配制凝胶。基本同聚丙烯酰胺凝胶电泳，但凝胶制备时要加入一定浓度的 SDS。

（2）蛋白质样品的处理。将特定分子质量标准的蛋白质样品和待测蛋白质样品的上样缓冲液中加入还原剂如二硫苏糖醇（dithiothreitol，DTT）以破坏蛋白质的二硫键，然后再利用加热使蛋白质变性。

（3）电泳、染色及脱色步骤同聚丙烯酰胺凝胶电泳。

（4）蛋白质分子质量检测。根据相对迁移率进行计算或根据对应的分子质量标准进行估算。

3. 注意事项　与聚丙烯酰胺凝胶电泳的注意事项相同。

六、等电聚焦电泳

1. 基本原理　等电聚焦电泳（isoelectric focusing electrophoresis，IEF）是一种利用有 pH 梯度的介质达到分离不同等电点（isoelectric point，pI）蛋白质目的的电泳技术（图 6-5）。IEF 是在电泳介质中加入两性电解质载体，在电场作用下最终形成一个从正极到负极、pH 由低到高的稳定、连续、线性的 pH 梯度。电泳时，蛋白质在凝胶中移动，当所处溶液 pH<pI 时蛋白质带正电荷向负极移动，当所处溶液 pH>pI 时蛋白质带负电荷向正极移动，当所处溶液 pH=pI 时蛋白质所带电荷为零，蛋白质不移动，这样等电点不同的蛋白质最终在凝胶中形成一系列蛋白条带，其分辨率可达到 0.01 pH 单位，特别适合分离分子质量相同但等电点不同的蛋白质混合物。

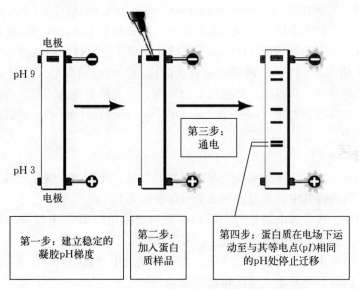

图 6-5　等电聚焦电泳过程示意

2. 操作步骤　IEF 的关键是建立一个 pH 梯度环境，因此选择理想的载体非常重要。理想载体两性电解质应导电性好，可使电场强度分布均匀；水溶性好，缓冲能力强；紫外吸收低，不影响紫外测定；易从聚焦蛋白质中洗脱。常用两性电解质为 ampholine，它是脂肪族多胺和多羧类化合物，通过改变氨基和羧基的比例可得到不同等电点的化合物，在外电场作用下形成 pH 梯度。

（1）制胶。按仪器说明书将模具安装完毕，玻璃板放在模具内，将配制好的凝胶混合液缓慢倒入。

（2）加样。制备好的凝胶表面覆盖带有加样孔的塑料薄膜，同时将蛋白样品经处理后加样。

（3）电泳。10 min 后揭去塑料薄膜，加样一面朝下，凝胶两侧连接电极，在稳压条件下聚焦。

（4）染色和脱色。电泳完毕，将凝胶在固定液中处理，再使用染色剂充分浸泡，最后使用脱色剂洗去背景色，观察蛋白显色情况。

3. 注意事项

（1）两性电解质是等电聚焦的关键试剂，它的含量以 2%～3% 较合适，能形成较好的 pH 梯度。

（2）丙烯酰胺最好是经过重结晶的。

（3）过硫酸铵一定要新配制的。

（4）所有水均用重蒸水。

（5）样品必须无离子，否则电泳时样品带可能变形、拖带或根本不成带。

（6）平板等电聚焦电泳的胶很薄，当电流稳定在 8 mA 时，电压上升到 550 V 以上，由于阴极漂移，造成局部电流过大，胶承受不了而被烧断。

七、双向凝胶电泳

1. 基本原理 双向电泳（two‐dimensional electrophoresis，2‐DE）是将两种电泳技术综合利用起来的一种电泳技术，双向电泳的第一向往往是 IEF，利用等电点差异对蛋白质进行第一次分离，第二向是 SDS‐PAGE，根据分子质量差异对蛋白质进一步分离。双向电泳技术结合 IEF 和 SDS‐PAGE 两种电泳技术的优点，将电荷和分子质量其中之一有区别的蛋白质都可实现分离，从而极大地提高了分辨率，分离结果更为清晰，在蛋白质研究中得到了广泛应用。双向凝胶电泳（two‐dimensional gel electrophoresis）是以凝胶为载体的双向电泳（图 6‐6）。

2. 操作步骤

（1）蛋白质样品制备。样品制备主要以溶解、变性、还原等步骤充分破坏蛋白质之间的相互作用，并同时去除其中的非蛋白质成分（如核酸等）。

（2）等电聚焦。通常等电聚焦的介质都是采用商品化的 IPG 干胶条，蛋白等电聚焦的时间根据胶条的长度及 pH 梯度范围来定，采用逐渐加压的方式。

（3）平衡。胶条由一维转移到二维前，要在平衡液中平衡 30 min，使胶条浸透 SDS 缓冲液，以防止电内渗，提高蛋白质的转移效率。

（4）SDS‐PAGE，可在水平或垂直两个方向进行。

（5）染色。可采用考马斯亮蓝或银染方法进行染色，新的染色方法有放射性核素标记法、荧光染色法等。

（6）图像分析。主要步骤为数据获取、降低背景、消除条纹、点检测并定量、与参照图

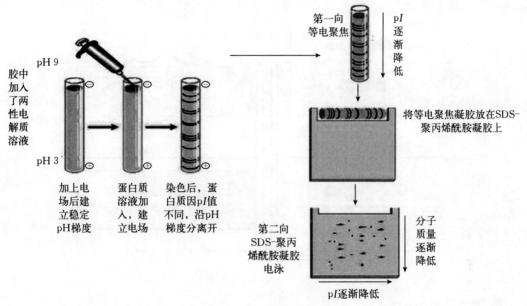

图 6-6 双向凝胶电泳示意

形匹配、构建数据库及数据分析。目前使用的 2-DE 图谱分析软件主要有 PDQuest、MEL-ANIE-Ⅲ、Phoretix-2D 等。

3. 注意事项

（1）制备样品。样品制备是做好双向凝胶电泳的关键，样品中离子浓度不能过大，最好用新鲜的样品提取蛋白质，如果不确定蛋白质提取情况，建议先用 SDS-PAGE 检验。

（2）上样量问题。如果 IPG 胶条长 13 cm，上样量则为 $100\sim500~\mu g$。如果上样量不合适，丰度低的物质将会被丰度高的物质所遮盖。

（3）IPG 胶条 pH 的选择，需根据不同样品选择不同 pH。

（4）针对不同的蛋白质，分离胶的浓度需调整。

八、免疫电泳

1. 基本原理 免疫电泳（immunoelectrophoresis）是琼脂平板电泳和双向免疫扩散两种方法的结合。将抗原样品在琼脂平板上先进行电泳，使其中的各种成分因电泳迁移率的不同而彼此分开，然后加入抗体进行双向免疫扩散，把已分离的各抗原成分与抗体在琼脂中扩散而相遇，在二者比例适当的地方形成肉眼可见的沉淀弧（图 6-7）。该方法可以用来研究以下几方面内容：①抗原和抗体的相对应性；②测定样品的各成分以及它们的电泳迁移率；③根据蛋白质的电泳迁移率、免疫特性及其他特性，可以确定该复合物中含有某种蛋白质；④鉴定抗原或抗体的纯度。

2. 操作步骤

（1）在玻璃板的中央放置一小玻璃棒（直径为 $2\sim3~mm$），然后用 0.05 mol/L pH 8.6 巴比妥缓冲液配制 1%琼脂，制成琼脂板，板厚 2 mm。

（2）在玻璃棒的两侧，板中央或 1/3 处，距玻璃棒 $4\sim8~mm$ 处各打直径 $3\sim6~mm$ 的孔。

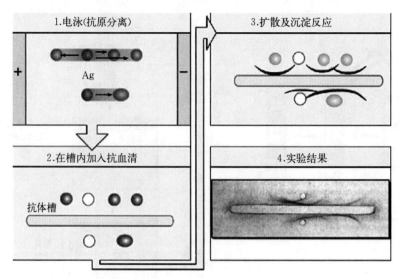

1.电泳(抗原分离)

Ag

+　　　　　　　　　　　　　　　　－

2.在槽内加入抗血清

抗体槽

3.扩散及沉淀反应

4.实验结果

图 6-7　免疫电泳示意

（3）在孔内加满血清。

（4）将玻璃板置于电泳槽上进行电泳。每厘米琼脂平板电压为 3～6 V，电泳时间 4～6 h。

（5）停止电泳，用小刀片在玻璃板两侧切开，取出玻璃棒，加抗血清样品。

（6）在湿盒内 37 ℃（或常温）扩散 24 h，取出观察。

（7）在生理盐水中浸泡 24 h，中间换液数次，取出后，加 0.05％氨基黑染色 5～10 min，然后以 1 mol/L 冰醋酸脱色至背景无色为止。

（8）制膜、观察、保存标本。

3. 注意事项

（1）免疫电泳的成功与否，主要取决于抗血清的质量。抗血清中必须含有足够的抗体，才能同被检样品中所有抗原物质生成沉淀反应。

（2）抗血清虽然含有对所有抗原物质的相应抗体，但抗体效价有高有低，因此要适当考虑抗原孔径的大小和抗体槽的距离。

（3）免疫电泳要求分析的物质一种为抗原，另一种为沉淀反应性抗体。因此没有抗原性的物质或抗原性差的物质、非沉淀反应性抗体，均不能用免疫电泳进行分析。

九、毛细管电泳

1. 基本原理　毛细管电泳（capillary electrophoresis，CE）又称高效毛细管电泳（high performance capillary electrophoresis，HPCE），是一种以高压电场为驱动力，以毛细管为分离通道，依据样品中各组成之间浓度和分配行为上的差异，而实现分离的一类液相分离技术（图 6-8）。仪器装置包括高压电源、毛细管、柱上检测器和供毛细管两端插入又和电源相连的两个缓冲液贮瓶。毛细管电泳所用的石英毛细管在 pH＞3 时，其内液面带负电，和溶液接触形成一双电层，在高电压作用下，双电层中的水合阳离子层引起溶液在毛细管内整体向负极流动，形成电渗液。带电粒子在毛细管内电解质溶液中的迁移速度等于电泳速度和电渗流（electroosmotic flow，EOF）速度的矢量和。带正电荷粒子最先流出；中性粒子的电泳速度为"零"，故其迁移速度相当于 EOF 速度；带负电荷粒子运动方向与 EOF 方向相反，因 EOF 速度一般大于电泳速度，故它将在中性粒子之后流出，各种粒子因迁移速度不同而实现分离。

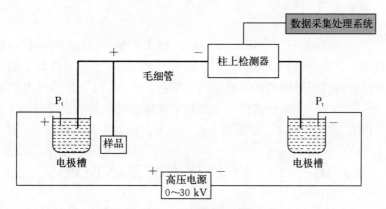

图 6-8 毛细管电泳仪装置

2. 操作步骤

（1）清洗毛细管。对于一根新的或久未使用的毛细管，需用 1 mol/L NaOH 溶液、0.1 mol/L NaOH 溶液、超纯水依次清洗。在有些情况下还需用 0.1 mol/L HCl、甲醇或去垢剂清洗，强碱溶液可以清除吸附在毛细管内壁的油脂、蛋白质等；强酸溶液可以清除一些金属或金属离子；甲醇、去垢剂可以去除疏水性强的杂质。

（2）更替电泳缓冲液。清洗液、电极液、样品均置于可旋转的进样盘中。上一步清洗过程结束后，毛细管和电极从清洗液中移到电泳缓冲液，不可避免地将强酸、强碱等溶液带至其中。吸取样品后，毛细管外壁黏附的样品液也会污染电泳缓冲液，因此为了保证精确度，每分析 5 次后需要更换一次样品盘中的缓冲液。一般分析，半天更换一次缓冲液即可。

（3）进样。毛细管插入样品液的深度一般要少于毛细管总长度的 1%～2%，以尽量减少样品液经毛细吸附进入毛细管，从而影响进样量的精确性。

（4）检测。石英毛细管可以透过 190～700 nm 范围的光，在实验时应尽量选用低波长检测以提高灵敏度。与此相应，电泳缓冲液必须在低波长下紫外吸收低，否则会增加基线噪声并降低检测信号强度。

3. 注意事项

（1）仪器需在相对湿度≤75% 的环境中工作，如果相对湿度超过 75%，需要预热仪器 0.5 h 以上，并同时开启空调抽湿，使相对湿度降到 75% 以内。

（2）保持仪器工作环境的干燥与干净，减少湿度和灰尘对仪器的影响。

第七章　PCR 技术

聚合酶链式反应（polymerase chain reaction，PCR）是 20 世纪 80 年代中期发展起来的体外核酸扩增技术。它具有特异、敏感、产率高、快速、简便、重复性好、易自动化等突出优点，能在一个试管内将所要研究的目的基因或某一 DNA 片段于数小时内扩增至十万倍乃至百万倍，可从一根毛发、一滴血甚至一个细胞中在数小时内扩增出足量的 DNA 供分析研究和检测鉴定。PCR 技术是生物医学领域中的一项革命性创举和里程碑。

第一节　PCR 技术的基本原理

类似于 DNA 的天然复制过程，PCR 的特异性依赖于与靶序列两端互补的寡核苷酸引物。PCR 由变性、退火、延伸 3 个基本反应步骤构成（图 7-1）。

（1）模板 DNA 的变性。经加热至 93 ℃左右一定时间后，模板 DNA 双链或经 PCR 扩增形成的双链 DNA 解离，使之成为单链，以便与引物结合，为下轮反应做准备。

（2）模板 DNA 与引物的退火（复性）。模板 DNA 经加热变性成单链后，温度降至 55 ℃左右，引物与模板 DNA 单链的互补序列配对结合。

（3）引物的延伸。DNA 模板-引物结合物在 *Taq* DNA 聚合酶的作用下，以 dNTP 为反应原料，靶序列为模板，按碱基配对与半保留复制原理，合成一条新的与模板 DNA 链互补的半保留复制链。

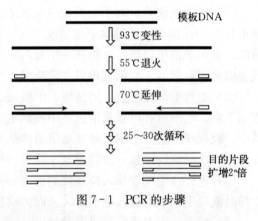

图 7-1　PCR 的步骤

重复循环变性—退火—延伸 3 个步骤，就可获得更多的半保留复制链，而且这种新链又可成为下次循环的模板。每完成一个循环需 2~4 min，2~3 h 就能将待扩目的基因扩增放大几百万倍。到达平台期所需循环次数取决于样品中模板的拷贝。

一、PCR 的反应动力学

PCR 的 3 个反应步骤反复进行，使 DNA 扩增量呈指数上升。反应最终的 DNA 扩增量可用 $Y=(1+X)^n$ 计算。Y 代表 DNA 片段扩增后的拷贝数，X 表示平均每次的扩增效率，n 代表循环次数。平均扩增效率的理论值为 100%，但在实际反应中平均扩增效率达不到理论值。反应初期，靶序列 DNA 片段的增加呈指数形式，随着 PCR 产物的逐渐积累，被扩增的 DNA 片段不再呈指数增加，而进入线性增长期或静止期，出现停滞效应，即 PCR 扩增过程后期会出现产物积累按减弱的指数速率增长现象，这种效应又称为平台效应。平台效应的产生原因有：底物和引物的浓度已经降低，dNTP 和 DNA 聚合酶的稳定性或活性降低，产生的焦磷酸会出现末端产物抑制作用，非特异性产物或引物的二聚体出现非特异性竞争作用，扩增产物自身复性，高浓度扩增产物变性不彻底。大多数情况下，平台期的到来是不可避免的。

二、PCR 扩增产物

PCR 扩增产物可分为长产物片段和短产物片段两部分。短产物片段的长度严格地限定在两个引物链 5′端之间，是需要扩增的特定片段。长产物片段和短产物片段是由于引物所结合的模板不一样而形成的，以一个原始模板为例，在第一个反应周期中，以两条互补的 DNA 为模板，引物是从 3′端开始延伸，其 5′端是固定的，3′端则没有固定的止点，长短不一，这就是长产物片段。进入第二周期后，引物除与原始模板结合外，还要同新合成的链（即长产物片段）结合。引物在与新链结合时，由于新链模板的 5′端是固定的，等于此次延伸的片段 3′端被固定了止点，保证了新片段的起点和止点都限定于引物扩增序列以内，形成长短一致的短产物片段。不难看出，短产物片段是按指数倍数增加，而长产物片段则以算术倍数增加，几乎可以忽略不计，使得 PCR 的反应产物不需要再纯化，就能保证足够纯的 DNA 片段供分析与检测用。

三、PCR 体系与反应条件

标准的 PCR 体系举例如下：

10×扩增缓冲液	10 μL
Taq DNA 聚合酶	2.5 U
引物	各 10～100 pmol
模板 DNA	0.1～2 μg
4 种 dNTP 混合物	各 200 μmol/L
Mg^{2+}	1.5 mmol/L
加双蒸水或三蒸水至	100 μL

PCR 五要素：参加 PCR 的物质主要有 5 种，即引物、酶、dNTP、模板和 Mg^{2+}。

1. 引物 引物是 PCR 特异性反应的关键，PCR 产物的特异性取决于引物与模板 DNA 互补的程度。理论上，只要知道任何一段模板 DNA 序列，就能按其设计互补的寡核苷酸链作引物，利用 PCR 就可将模板 DNA 在体外大量扩增。

设计引物应遵循以下原则：

（1）引物长度为 15～30 bp，常用为 20 bp 左右。

（2）引物扩增跨度以 200～500 bp 为宜，特定条件下可扩增至 10 kb。

（3）引物碱基。G＋C 含量以 40％～60％为宜，G＋C 含量太低扩增效果不佳，G＋C 含量过高易出现非特异条带。A、T、G、C 最好随机分布，避免 5 个以上的嘌呤或嘧啶核苷酸的成串排列。

（4）避免引物内部出现二级结构，避免两条引物间互补，特别是 3′端的互补，否则会形成引物二聚体，产生非特异的扩增条带。

（5）引物 3′端的碱基，特别是最末及倒数第二个碱基，应严格要求配对，以避免因末端碱基不配对而导致 PCR 失败。

（6）引物中有或能加上合适的酶切位点，被扩增的靶序列最好有适宜的酶切位点，有利于酶切分析或分子克隆。

（7）引物的特异性。引物应与核酸序列数据库的其他序列无明显同源性。

（8）引物量。每条引物的用量为 $0.1 \sim 1\ \mu mol$ 或 $10 \sim 100\ pmol$，以最低引物量产生所需要的结果为好，引物浓度偏高会引起错配和非特异性扩增，且可增加引物之间形成二聚体的机会。

2. 酶 目前有两种 *Taq* DNA 聚合酶：一种是从水生栖热菌中提纯的天然酶，另一种为大肠杆菌合成的基因工程酶。催化一个典型的 PCR 约需酶量 $2.5\ U$（指总反应体积为 $100\ \mu L$ 时），浓度过高可引起非特异性扩增，浓度过低则合成产物量减少。

3. dNTP dNTP 的质量和浓度与 PCR 扩增效率有密切关系，dNTP 呈颗粒状，如保存不当易变性而失去生物学活性。dNTP 溶液呈酸性，使用时应配成高浓度后，以 $1\ mol/L$ NaOH 或 $1\ mol/L$ Tris-HCl 的缓冲液将其 pH 调节到 $7.0 \sim 7.5$，小量分装，$-20\ ℃$ 冷冻保存。多次冻融会使 dNTP 降解。在 PCR 中，dNTP 应为 $50 \sim 200\ \mu mol/L$，尤其是注意 4 种 dNTP 的浓度要相等（等物质的量配制），当其中任何一种浓度不同于其他几种时（偏高或偏低），会引起错配。浓度过低会降低 PCR 产物的产量。dNTP 能与 Mg^{2+} 结合，使游离的 Mg^{2+} 浓度降低。

4. 模板 模板核酸的量与纯化程度，是 PCR 成败的关键环节之一，传统的 DNA 纯化方法通常采用 SDS 和蛋白酶 K 来消化处理标本。SDS 的主要功能是溶解细胞膜上的脂类与蛋白质，因而溶解膜蛋白而破坏细胞膜，并解离细胞中的核蛋白，SDS 还能与蛋白质结合而沉淀；蛋白酶 K 能水解消化蛋白质，特别是与 DNA 结合的组蛋白，再用有机溶剂酚与氯仿抽提蛋白质和其他细胞组分，用乙醇或异丙醇沉淀核酸，提取的核酸即可作为模板用于 PCR。一般临床检测标本，可采用快速简便的方法溶解细胞，裂解病原体，消化除去染色体的蛋白质使靶基因游离，直接用于 PCR 扩增。RNA 模板提取一般采用异硫氰酸胍或蛋白酶 K 法，需防止 RNase 降解 RNA。

5. Mg^{2+} Mg^{2+} 对 PCR 扩增的特异性和产量有显著的影响，在一般的 PCR 中，各种 dNTP 浓度为 $200\ \mu mol/L$ 时，Mg^{2+} 浓度以 $1.5 \sim 2.0\ mmol/L$ 为宜。Mg^{2+} 浓度过高，反应特异性降低，出现非特异性扩增；Mg^{2+} 浓度过低会降低 *Taq* DNA 聚合酶的活性，使反应产物减少。

四、PCR 条件的选择

PCR 条件包括温度、时间和循环次数。

1. 温度与时间的设置 基于 PCR 原理三步骤而设置变性、退火、延伸 3 个温度点。在标准反应中采用三温度点法，双链 DNA 在 $90 \sim 95\ ℃$ 变性，再迅速冷却至 $40 \sim 60\ ℃$，引物退火并结合到靶序列上，然后快速升温至 $70 \sim 75\ ℃$，在 *Taq* DNA 聚合酶的作用下，使引物链沿模板延伸。对于较短靶基因（长度为 $100 \sim 300\ bp$ 时）可采用二温度点法，即将退火与延伸温度合二为一，一般采用 $94\ ℃$ 变性，$65\ ℃$ 左右退火与延伸（在此温度下 *Taq* DNA 聚合酶仍有较高的催化活性）。

（1）变性温度与时间。变性温度低，解链不完全是导致 PCR 失败的最主要原因。一般情况下，93~94 ℃ 1 min 足以使模板 DNA 变性，若低于 93 ℃ 则需延长时间，但温度不能过高，高温环境对酶的活性有影响。此步若不能使靶基因模板或 PCR 产物完全变性，则会导致 PCR 失败。

（2）退火（复性）温度与时间。退火温度是影响 PCR 特异性的较重要因素。变性后温度快速冷却至 40~60 ℃，可使引物和模板发生结合。由于模板 DNA 比引物复杂得多，引物和模板之间的碰撞结合机会远远高于模板互补链之间的碰撞。退火温度与时间，取决于引物的长度、碱基组成及其浓度，还有靶基因序列的长度。对于 20 个核苷酸、G+C 含量约为 50% 的引物，选择 55 ℃ 作为最适退火温度的起点较为理想。引物的复性温度可通过以下公式来选择：

$$T_m（解链温度）=4×（G 个数+C 个数）+2×（A 个数+T 个数）$$
$$复性温度=T_m（5~10 ℃）$$

在 T_m 值允许范围内，选择较高的复性温度可大大减少引物和模板间的非特异性结合，提高 PCR 的特异性。复性时间一般为 30~60 s，足以使引物与模板之间完全结合。

（3）延伸温度与时间。Taq DNA 聚合酶的聚合速率：70~80 ℃时，150 个核苷酸/s；70 ℃时，60 个核苷酸/s；55 ℃时，24 个核苷酸/s；高于 90 ℃时，DNA 合成几乎不能进行。

PCR 的延伸温度一般选择 70~75 ℃，常用温度为 72 ℃，过高的延伸温度不利于引物和模板的结合。PCR 延伸反应的时间，可根据待扩增片段的长度而定，一般 1 kb 以内的 DNA 片段，延伸时间一般只需 1 min；3~4 kb 的靶序列需 3~4 min；扩增 10 kb 需延伸 15 min。延伸时间过长会导致非特异性扩增带出现。对低浓度模板的扩增，延伸时间需稍长些。

2. 循环次数 循环次数决定 PCR 扩增程度。PCR 循环次数主要取决于模板 DNA 的浓度，在模板拷贝数为 $10^4~10^5$ 数量级时，循环数通常为 25~35 次。一般的循环次数选在 30~40 次，循环次数越多，非特异性产物的量越多。

五、PCR 特点

1. 特异性强 PCR 的特异性决定因素为：①引物与模板 DNA 特异性结合；②碱基配对原则；③Taq DNA 聚合酶合成反应的忠实性；④靶基因的特异性与保守性。

其中，引物与模板的正确结合是关键。引物与模板的结合及引物链的延伸遵循碱基互补配对原则。聚合酶合成反应的忠实性及 Taq DNA 聚合酶耐高温性，使反应中模板与引物的结合（复性）可以在较高的温度下进行，结合的特异性大大增加，被扩增的靶基因片段则能保持很高的准确度。

2. 灵敏度高 PCR 产物的生成量是以指数方式增加的，能将皮克量级的起始待测模板扩增到微克水平。能从 100 万个细胞中检出一个靶细胞；在病毒的检测中，PCR 的灵敏度可达 3 个 RFU（空斑形成单位）；在细菌中最小检出率为 3 个细胞。

3. 简便、快速 PCR 用耐高温的 Taq DNA 聚合酶，一次性将反应液加好后，即在 DNA 扩增液和水浴锅上进行变性、退火、延伸反应，一般在 2~4 h 完成扩增反应。

4. 对标本的纯度要求低 不需要分离病毒或细菌及培养细胞，DNA 粗制品及总 RNA 均可作为扩增模板。可直接用临床标本如血液、体腔液、洗漱液、毛发、细胞、活组织等粗制的 DNA 进行扩增检测。

六、PCR 扩增产物分析

PCR 产物是否为特异性扩增，其结果是否准确可靠，必须对其进行严格的分析与鉴定，才能得出正确的结论。PCR 产物的分析，可依据研究对象和目的不同而采用不同的方法。

1. 凝胶电泳分析　PCR 产物电泳及染色后应在凝胶成像仪下观察，初步判断产物的特异性。PCR 产物片段的大小应与预计的一致，特别是多重 PCR，应用多对引物，其产物片段都应符合预计的大小。

（1）琼脂糖凝胶电泳。通常应用 1%～2% 的琼脂糖凝胶，供检测用。

（2）聚丙烯酰胺凝胶电泳。6%～10% 聚丙烯酰胺凝胶电泳分离效果比琼脂糖的好，条带比较集中，可用于科研及检测分析。

PCR 产物的电泳检测时间一般为 48 h 以内，有些最好于当日电泳检测，大于 48 h 后电泳条带形状不规则甚至消失。

2. 酶切分析　根据 PCR 产物中限制性内切酶的位点，用相应的酶切、电泳分离后，获得符合理论的片段的方法称为酶切分析。酶切分析既能进行产物的鉴定，又能对靶基因分型，还能进行变异性研究。

3. 分子杂交　分子杂交是检测 PCR 产物特异性的有力证据，也是检测 PCR 产物碱基突变的有效方法。

（1）Southern 印迹杂交。在两引物之间另合成一条寡核苷酸链（内部寡核苷酸）标记后做探针，与 PCR 产物杂交的方法称为 Southern 印迹杂交。此法既可作特异性鉴定，又可以提高检测 PCR 产物的灵敏度，还可知其分子质量及条带形状，主要用于科研。

（2）斑点杂交。将 PCR 产物点在硝酸纤维素薄膜或尼龙薄膜上，用内部寡核苷酸探针杂交，观察有无着色斑点的方法称为斑点杂交。此法主要用于 PCR 产物特异性鉴定及变异分析。

4. 核酸序列分析　对 PCR 产物进行序列分析是检测 PCR 产物特异性的最可靠方法。

第二节　PCR 常见问题总结

PCR 的关键环节有：①模板核酸的制备；②引物的质量与特异性；③酶的质量及活性；④PCR 循环条件。PCR 常见问题如下所示。

一、假阴性，不出现扩增条带

1. 模板的原因　①模板中含有杂蛋白质；②模板中含有 Taq DNA 聚合酶抑制剂；③模板中蛋白质没有消化除净，特别是染色体中的组蛋白；④在提取制备模板时丢失过多，或吸入酚；⑤模板核酸变性不彻底。在酶和引物质量好时，不出现扩增带，最大可能是标本的消化处理和模板核酸提取过程不规范，因而要配制有效而稳定的消化处理液，其程序亦应固定且不宜随意更改。

2. 酶失活　需更换新酶，或新旧两种酶同时使用，以分析是否因酶的活性丧失或不够而导致假阴性。需注意是否忘加 Taq DNA 聚合酶或染料。

3. 引物问题　引物的质量和浓度是 PCR 失败或扩增条带不理想、容易弥散的常见原因。

针对两条引物浓度不对称、造成低效率的不对称扩增，改进对策为：①选定一个好的引物合成单位；②引物的浓度不仅要看吸光度值，更要注重引物原液的琼脂糖凝胶电泳结果，一定要有引物条带出现，且两引物带的亮度应大体一致；③引物应高浓度小量分装保存，防止多次冻融或长期放冰箱冷藏部，导致引物变质降解失效；④引物设计不合理，例如引物长度不够、引物之间形成二聚体等。

4. Mg^{2+} 浓度不合适 Mg^{2+} 浓度对 PCR 扩增效率影响较大，浓度过高可降低 PCR 扩增的特异性，浓度过低则影响 PCR 扩增产量甚至使 PCR 扩增失败。

5. 反应体积的改变 通常进行 PCR 扩增采用的体积为 $20\,\mu L$、$30\,\mu L$、$50\,\mu L$ 或 $100\,\mu L$，应用多大体积进行 PCR 扩增，是根据科研和检测不同目的而设定的，在做小体积实验（如 $20\,\mu L$）后，再做大体积实验时，需再次摸索条件。

6. 物理原因 变性是 PCR 扩增过程中的关键步骤之一，如果变性温度低、变性时间短，易出现假阴性；退火温度过低，可致非特异性扩增；退火温度过高影响引物与模板的结合而降低 PCR 扩增效率。必要时可用标准的温度计校正一下扩增仪或水浴锅内的变性、退火和延伸温度。

7. 靶序列变异 靶序列发生突变或缺失，会影响引物与模板特异性结合，或因靶序列某段缺失使引物与模板失去互补序列，其 PCR 扩增也不会成功。

二、假阳性

出现的 PCR 扩增条带与目的靶序列条带一致，有时其条带更整齐，亮度更高，但进一步检测为非目的序列。产生假阳性的原因如下：

1. 引物设计不妥 选择的扩增序列与非目的扩增序列有同源性，因而在进行 PCR 扩增时，扩增出的 PCR 产物为非目的序列。靶序列太短或引物太短，亦容易出现假阳性，需重新设计引物。

2. 靶序列或扩增产物的交叉污染 交叉污染有两个原因：一是整个基因组或大片段的交叉污染，导致假阳性。这种假阳性可用以下方法解决：①操作时应小心，防止将靶序列吸入加样枪内或溅出离心管外；②除酶和不能耐高温的物质外，所有试剂或器材均应高温消毒。所用离心管及进样枪头等均应使用一次；③必要时，在加标本前，反应管和试剂用紫外线照射，以破坏存在的核酸。二是空气中的小片段核酸污染，这些小片段比靶序列短，但有一定的同源性，可互相拼接，与引物互补后，可扩增出 PCR 产物，而导致假阳性的产生，可用巢式 PCR 方法来减轻或消除。

三、出现非特异性扩增带

PCR 扩增后出现的条带与预计的大小不一致，或者同时出现特异性扩增带与非特异性扩增带。非特异性扩增带出现的原因有三：一是引物与靶序列不完全互补，或引物聚合形成二聚体；二是 Mg^{2+} 浓度过高、退火温度过低，以及 PCR 循环次数过多；三是酶的质和量，有些扩增用酶易出现非特异性扩增，酶量过多有时也易导致非特异性扩增。其对策如下：①必要时重新设计引物；②降低酶量或调换另一来源的酶；③降低引物量，适当增加模板量，减少循环次数；④适当提高退火温度或采用二温度点法（93 ℃变性，65 ℃左右退火与延伸）。

PCR 扩增有时出现涂抹带、片状带或地毯样带，这可能是由于酶量过多或酶的质量差、dNTP 浓度过高、Mg^{2+} 浓度过高、退火温度过低、循环次数过多引起的。其对策有：①减少酶量，或调换另一来源的酶；②减少 dNTP 的浓度；③适当降低 Mg^{2+} 浓度；④增加模板量，减少循环次数。

四、PCR 污染与对策

PCR 的最大特点是具有较强扩增能力与极高的灵敏性，但令人头痛的问题是易污染，极其微量的污染即可造成假阳性的产生。

1. 污染原因

（1）标本间交叉污染。标本污染主要有：①收集标本的容器被污染，或标本放置时，由于密封不严标本溢于容器外，或容器外黏有标本而造成相互间交叉污染；②标本核酸模板在提取过程中，由于加样枪污染导致标本间污染；③有些微生物标本尤其是病毒可随气溶胶或形成气溶胶而扩散，导致彼此间的污染。

（2）PCR 试剂的污染。PCR 试剂的污染主要是由于在 PCR 试剂配制过程中，加样枪、容器、双蒸水及其他溶液被 PCR 核酸模板污染。

（3）PCR 扩增产物污染。这是 PCR 中最常见的污染问题，因为 PCR 产物拷贝量大（一般为 10^{13} 个拷贝/mL），远远高于 PCR 检测数个拷贝的极限，所以极微量的 PCR 产物污染，就可造成假阳性。

（4）气溶胶污染。气溶胶污染是一种容易被忽视、最可能造成 PCR 产物污染的形式。在空气与液体面摩擦时就可形成气溶胶，在操作时比较剧烈地摇动反应管、开盖、吸样时都可形成气溶胶而产生污染。据计算，一个气溶胶颗粒可含 48 000 个拷贝，因而由其造成的污染是一个值得特别重视的问题。

（5）实验室中克隆质粒的污染。在分子生物学实验室及某些用克隆质粒做阳性对照的检验室，克隆质粒的污染问题比较常见。克隆质粒在单位容积内含量相当高，在纯化过程中需用较多的用具及试剂，而且在活细胞内的质粒，由于活细胞的生长繁殖的简便性及具有很强的生命力，其污染可能性很大。

2. 设立对照试验

（1）设立阳性对照。在建立 PCR 实验室及一般的检验单位都应设有 PCR 阳性对照，它是 PCR 是否成功、产物条带位置及大小是否合乎理论要求的一个重要的参考标志。阳性对照要选择扩增度中等、重复性好、经各种鉴定是该产物的标本，如果以重组质粒为阳性对照，其含量宜低不宜高（100 个拷贝以下），但阳性对照尤其是重组质粒及高浓度阳性标本，其对检测或扩增样品污染的可能性很大。

（2）设立阴性对照。每次 PCR 实验务必做阴性对照（包括标本对照和试剂对照）。

标本对照：被检的标本是血清就用鉴定后的正常血清作为对照；被检的标本是组织细胞就用相应的组织细胞作为对照。

试剂对照：在 PCR 试剂中不加模板 DNA 或 RNA，进行 PCR 扩增，以检测试剂是否污染。

（3）进行重复性试验。

（4）选择不同区域的引物进行 PCR 扩增。

3. 防止污染的方法

（1）合理分隔实验室。将样品的处理、配制 PCR 反应液、PCR 循环扩增及 PCR 产物的鉴定等步骤分区或分室进行，特别注意样本处理及 PCR 产物的鉴定应与其他步骤严格分开。最好能划分标本处理区、PCR 反应液制备区、PCR 循环扩增区、PCR 产物鉴定区。其实验用品及加样枪应专用，实验前应将实验室用紫外线消毒以破坏残留的 DNA 或 RNA。

（2）加样枪。加样枪污染是一个值得注意的问题。若操作时不慎将样品或模板核酸吸入枪内，此时加样枪是一个严重的污染源，因而加样或吸取模板核酸时要十分小心，吸样要慢，吸样时尽量一次性完成，忌多次抽吸，以免交叉污染或产生气溶胶污染。

（3）预混合分装 PCR 试剂。所有的 PCR 试剂都应小量分装，如有可能，PCR 反应液应预先配制好，然后小量分装，$-20\ ℃$ 保存，以减少重复加样次数，避免污染。另外，PCR 试剂、PCR 反应液应与样品及 PCR 产物分开保存，不应放于同一冰盒或同一冰箱中。

（4）防止操作人员污染，应使用一次性手套、一次性吸头、一次性小离心管。

（5）设立适当的阳性对照和阴性对照，阳性对照以能出现扩增条带的最低量的标准核酸为宜，并注意交叉污染的可能性，每次反应都应有一管不加模板的试剂对照及相应不含有被扩增核酸的样品作阴性对照。

（6）减少 PCR 循环次数，只要 PCR 产物达到检测水平就停止。

（7）选择质量好的离心管，以避免样本外溢及外来核酸的进入，打开离心管前应先离心，将管壁及管盖上的液体甩至管底部。开管动作要轻，以防管内液体溅出。

第三节 常用 PCR 技术

一、反向 PCR

常规的 PCR 技术只能对两端序列已知的 DNA 片段进行扩增，但在实际工作中常常需要通过基因上一小段已知序列对其邻近序列进行扩增。为了解决这一问题，科学家们对常规 PCR 进行了技术改进，发明了多种获得已知基因两侧序列的方法，包括反向 PCR、锚定 PCR、RACE-cDNA 末端的快速扩增等。反向 PCR（inverse-PCR，IPCR）具有与常规 PCR 方向相反的引物，并且反向 PCR 的扩增方向与普通 PCR 相反。

1. 实验原理 反向 PCR 是将待扩增片段环化，通过一对方向相反的引物实现已知序列两侧基因序列的扩增（图 7-2）。常规 PCR 的方向是相对的，可以扩增一对引物之间的片段，因此想要扩增引物两侧的基因片段，需要设计方向相反的引物。但用方向相反的引物进行 PCR 扩增，是无法得到足够的产物的，因为每个引物只能对各自的模板线性扩增，无法进行指数级增长。为了解决这个问题，需对扩增的 DNA 模板先进行酶切，然后连接环化，使其引物方向相对，而后再进行 PCR 扩增。

2. 实验流程

（1）设计引物。引物的方向与常规 PCR 相反，其设计原则与常规 PCR 相同。

（2）制备模板。取基因组 DNA，先用适宜的限制性内切酶进行切割，随后去除反应中的限制性内切酶，再用连接酶将酶切片段进行自身连接，形成一环状结构（为了提高反向 PCR 效率，有时会将环化模板再次线性化会有利于扩增，即在已知序列的引物之间寻找一

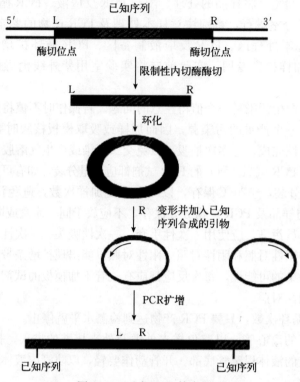

图 7-2 反向 PCR 技术原理

合适的酶切位点，且该位点在待研究的侧翼未知序列上不存在，用相应的限制性内切酶消化，即可获得线性化的模板）。

（3）PCR。根据模板设置合适的条件进行 PCR 扩增。一般来说，在反向 PCR 中只进行一轮 PCR 是不够的，通常会设计不同的引物进行两轮或两轮以上的 PCR。

（4）产物分析。扩增产物可以通过琼脂糖凝胶电泳分析判断其分子质量，也可以进行 TA 克隆（TA cloning）并进行测序获得基因序列。

3. 注意事项

（1）用限制性内切酶酶切基因组 DNA 要彻底（电泳条带弥散）。

（2）在进行连接反应时，反应体系中不能存在乙醇（痕量的乙醇也会对随后的连接产生不利影响）。

（3）对基因组的复杂度有一定的限制，对大于 10^9 bp 的基因组需要构建小片段文库。

（4）扩增片段的长度有一定的限制，尽管现在利用长片段 PCR 可以对长达几万个碱基对的片段进行扩增，但对反向 PCR 来说还是很难达到这种程度。为了增加反应的成功率，最好将反向 PCR 的扩增长度限制在 2～3 kb。

4. 应用 反向 PCR 在分子生物学研究中应用广泛，可以检测病毒、转座子等在基因组中的整合位点，克隆基因的邻接序列以及建立基因组步移文库等。虽然该技术目前存在一定的缺陷（如基因组的复杂度、扩增的长度等有一定的限制），但随着分子生物学技术的发展，必将会得到不断完善。

二、巢式 PCR

常规 PCR 在对模板进行扩增的过程中，引物与模板之间会出现非特异性配对，导致产生非特异性产物。为了提高 PCR 扩增的特异性，人们对常规 PCR 进行技术改良，发明了巢式 PCR（nested PCR）。

巢式 PCR 是指利用两套 PCR 引物进行两轮 PCR 扩增，第二轮的扩增产物才是目的基因片段。巢式 PCR 的原理为根据 DNA 模板序列设计两对引物，利用第一对引物（称为外引物）对靶 DNA 进行 15～30 个循环的标准扩增；第一轮扩增结束后将一小部分起始扩增产物稀释 100～1 000 倍，加入第二轮扩增体系中作为模板，利用第二对引物（称为内引物或巢式引物，结合在第一轮 PCR 产物的内部）进行 15～30 个循环的扩增，第二轮 PCR 的扩增片段短于第一轮（图 7-3）。

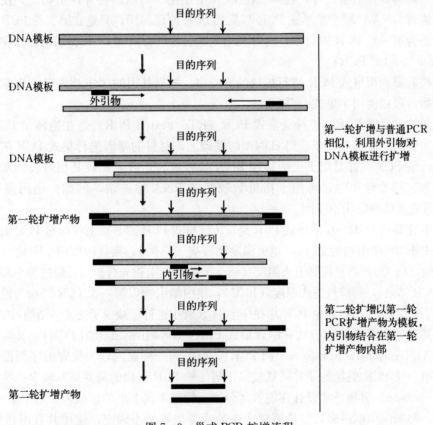

图 7-3 巢式 PCR 扩增流程

与常规 PCR 技术相比，两套引物的使用提高了扩增的特异性，因为和两套引物都互补的靶序列很少。如果第一次扩增产生了错误片段，内引物与错误片段配对扩增的概率极低，因此提高了 PCR 扩增反应的特异性与灵敏度。

1. 巢式 PCR 的特点

（1）克服了单次扩增平台期效应的限制，使扩增倍数提高，从而极大地提高了 PCR 的敏感性。

（2）由于模板和引物的改变，降低了非特异性反应连续放大进行的可能性，保证了反应的特异性。

（3）内引物扩增的模板是外侧扩增的产物，第二阶段反应能否进行也是对第一阶段反应正确性的鉴定。

2. 注意事项　巢式 PCR 的注意事项与常规 PCR 基本相同。除此之外，巢式 PCR 还需要注意两轮扩增引物的比例：如果第一次引物过量，剩余引物第二次 PCR 扩增的时候同样能有一定的产量，这对于第二次 PCR 反应而言就是非特异性的产物。在进行第一次 PCR 时，应尽量摸索引物最低的加入量，同时适当增加循环次数，尽量消耗体系中的残余引物。

3. 常见的巢式 PCR 技术

（1）半巢式 PCR。巢式 PCR 是利用第一轮 PCR 产物作为第二轮 PCR 的模板，除使用第一轮的一对特异性引物之外，在第二轮 PCR 中使用一对新的特异性引物，共使用 4 条特异性引物进行 DNA 扩增。半巢式 PCR 与巢式 PCR 原理相同，只是在第二轮 PCR 中使用的引物有一条为第一轮 PCR 的引物，这种利用 3 条引物进行两次 PCR 扩增的方法称为半巢式 PCR（semi‑nested PCR）。

在一些需要利用巢式 PCR 进行扩增的实验中，如果基因的 3′末端或者 5′末端无法设计出两条引物，可以使用半巢式 PCR。

（2）逆转录巢式 PCR。逆转录巢式 PCR（RT‑nested PCR）是在逆转录 PCR 的基础上发展起来的，在通过逆转录获得 cDNA 的基础上，对目的基因进行巢式 PCR 扩增。它和简单的逆转录 PCR 一样是用于检测某种 RNA 是否被表达或者比较其相对表达水平，但是特异性更高、可靠性更强，可用于拷贝数较低的 RNA 的扩增，例如扩增丙型肝炎病毒（HCV）感染者体内的病毒基因。

（3）单管巢式 PCR。单管巢式 PCR 是在传统巢式 PCR 的基础上将两对 PCR 引物做特殊设计，巢式外侧两个引物为 25 bp，退火温度比较高（68 ℃）；巢式内侧两个引物为 17 bp，退火温度较低（46 ℃）。通过控制退火温度（68 ℃）使外侧引物先行扩增，经过 20～30 次循环后（第一轮 PCR 结束），再降低退火温度（46 ℃），使内侧引物以第一次 PCR 产物为模板进行巢式扩增。单管巢式 PCR 的两轮 PCR 均在一个 PCR 管中进行，减少了交叉污染的可能性。

（4）共有序列巢式 PCR。共有序列巢式 PCR（consensus nested PCR），又称为共有引物巢式 PCR（consensus primer nested PCR），根据同一种属内较为保守的序列设计简并引物，通常第一轮 PCR 引物的简并碱基较多，第二轮 PCR 引物的简并碱基较少一些，扩增长度为 200～300 bp。引物通常设计在能够区分微生物的不同亚型的区域内。对于某一种生物，例如病毒，种属内型别很多，但检测样本中的病毒型别又不确定，使用共有序列巢式 PCR 扩增获得目的序列，进而通过测序获得未知微生物的信息，是一种敏感而又简便易行的检测方法。

共有序列巢式 PCR 引物设计尤为重要，在引物设计之前要搜集可能相关的所有 DNA 序列，利用软件进行严格的序列对比分析，从中找出保守的序列，在这部分序列中可能仍存在一些核苷酸的多样性，则在具有多样性核苷酸的位置上设计为简并碱基，将所出现的所有核苷酸多样性均要考虑，第二轮 PCR 扩增产物长度控制在 200～300 bp。由于引物中简并碱基较多，要摸索适合的退火温度。

4. 巢式 PCR 应用 当模板 DNA 含量较低，用一次 PCR 难以得到满意的结果时，用巢式 PCR 的两轮扩增可以得到很好的效果。

巢式 PCR 操作简单，所需条件与常规 PCR 相同，但与常规 PCR 相比进一步提高了反应的特异性与灵敏性，在微生物学、生物信息学、生物医学等方面有着极其广泛的应用。例如巢式 PCR 技术与限制性片段长度多态性（RFLP）技术结合，通过设计高度保守序列的引物对待检物种 DNA 进行 PCR 扩增，对 PCR 产物进行 RFLP 分析，从而完成 DNA 分子水平上的多态性检测，该法常用于流行病学的调查和临床常规检测。

三、RACE 技术

cDNA 末端快速扩增（rapid amplification of cDNA end，RACE）技术是一种基于逆转录 PCR 从样本中快速扩增 cDNA 的 5′端及 3′端的技术，由 Frohman 等于 1988 年发明。利用 RACE 技术可以通过已知的部分 cDNA 序列来得到完整的 cDNA 的 5′端和 3′端。RACE 技术的特点是在仅已知单侧序列可供设计特异性引物时，应用 RACE 技术仍能完成扩增，因此 RACE 技术也称为单侧 PCR。

1. RACE 技术原理 RACE 技术包括 3′RACE 技术和 5′RACE 技术，分别用于 cDNA 3′端和 5′端的扩增。根据已知序列设计特异性引物，利用 3′RACE 技术获得 3′端序列（基因特异性引物→3′末端），利用 5′RACE 技术获得 5′端序列（基因特异性引物→5′末端），最终获得完整的 cDNA 序列。3′RACE 技术与 5′RACE 技术原理有所不同，下面分别介绍。

（1）3′RACE 技术。RACE 技术的实验样本包括总 RNA、poly（A）＋RNA 等。首先根据 mRNA 3′末端天然存在的 poly（A）尾设计逆转录引物，逆转录获得第一条 cDNA 链。根据已知的 cDNA 序列设计基因特异性引物（gene specific primer，GSP）合成第二条cDNA链。随后以基因特异性引物（GSP）及有义链 3′末端引物作为一对引物，对得到的 cDNA 链进行 PCR 扩增，从而得到 cDNA 的 3′端序列（基因特异性引物→3′末端）（图 7 - 4）。

（2）5′RACE 技术。根据已知的 cDNA 序列设计基因特异性引物，逆转录获得第一条 cDNA 链，同时用末端脱氧核苷酸转移酶（terminal deoxynucleotidyl transferase，TdT）在 cDNA 3′端加 poly（C）尾。依据 poly（C）尾设计特定引物合成第二条 cDNA 链。随后以第二条 cDNA 链为模板利用基因特异性引物合成双链 cDNA。最后以基因特异性引物及反义链 3′末端引物为一对引物进行 PCR 扩增，获得 cDNA 5′端序列

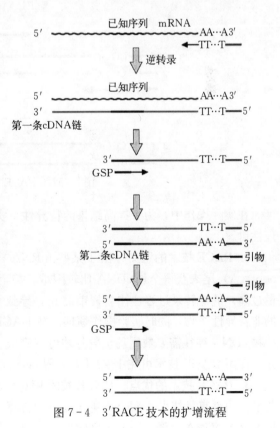

图 7 - 4　3′RACE 技术的扩增流程

（基因特异性引物→5′末端）（图 7 - 5）。

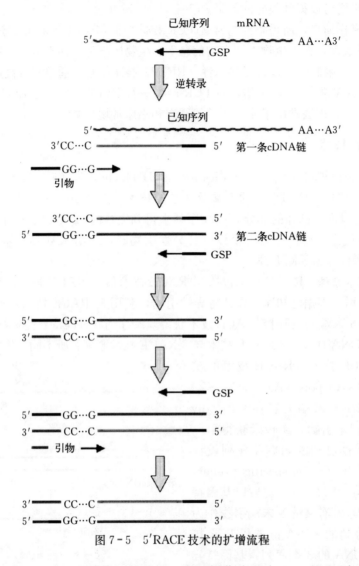

图 7 - 5 5′RACE 技术的扩增流程

在实际操作中，为了提高结果的特异性，实际操作步骤会比上述原理复杂，此处只做原理性讲解。

2. RACE 技术的意义 由于某些 mRNA 模板过长或模板二级结构含量过高，仅利用 poly（A）尾来获得全长 cDNA 比较困难，甚至无法实现。因为长的 mRNA（或二级结构含量过高）的逆转录过程往往会提前终止，导致合成的 cDNA 第一链不完整，最终产生大量的非特异性产物，同时实验操作烦琐。在 RACE 技术出现之前，获得 mRNA 的全长逆转录产物 cDNA 往往需要数周甚至数月才可以完成。RACE 技术为 cDNA 克隆方法开辟了新纪元，使用 RACE 技术可在 1～2 d 内获得 cDNA 全长序列，同时特异性大大提高。

3. RACE 技术的优点 RACE 技术相对于其他克隆全长 cDNA 的方法（如转座子标签技术、图谱克隆技术、mRNA 差异显示技术等）具有价廉、简单和快速等特点。用 RACE 技术获得 cDNA 克隆只需几天的时间，而且对低丰度的起始反应物质也能迅速反馈是否有目的产物生成。RACE 技术所使用的起始总 RNA 或 mRNA 仅需纳克级别，可扩增出丰度低于 0.000 01% 的 RNA 样本，甚至仅有几个 RNA 分子亦可被检测出来。

4. RACE 技术的局限性 尽管 RACE 技术的方法很有实用价值，但是要成功地应用该技术还是比较困难的，尤其是 5′ RACE 技术，逆转录、加尾、PCR 这三个连续的酶促反应中任何一个步骤的操作失误都会引起实验的失败，即使酶促反应步骤能顺利进行，也有可能会产生大量非特异性产物。要做好 RACE 实验并不容易，实际操作中存在不少困难，需要采取多种措施以提高产物的特异性。

5. 提高 RACE 技术特异性方法 传统 RACE 技术存在诸多缺点，其特异性低，产物可能是单一产物、多个产物，甚至是不能分辨的连续条带。为了提高扩增的特异性，需要在传统 RACE 技术基础上进行改进。RACE 技术的改进主要涉及引物的设计及 PCR 技术的改进两个方面。

（1）引物设计的改进。

① 使用锁定引物（lock docking primer）。在 oligo（dT）引物的 3′ 端引入两个简并的核苷酸 MN［结构为 5′- oligo（dT）16-30MN-3′，M＝A/G/C；N＝A/T/C/G］。使用锁定引物可使引物定位在 poly（A）起始位点，消除了在合成第一条cDNA 链时 oligo（dT）与 poly（A）尾的任何部位结合所带来的影响。

② 3′ RACE 技术以 3′ 末端的 poly（A）序列设计逆转录引物时，使用 oligo（dT）和一段接头序列作为引物，这样就在 cDNA 末端接上了一段特殊的接头序列，在得到第一条 cDNA链之后，依据接头序列设计基因特异性引物，则后续的 PCR 扩增中一对引物均为基因特异性引物，可以有效提高扩增的特异性。

③ 5′ RACE 技术在以第一条 cDNA 链 3′ 末端的 poly（C）设计扩增引物时，使用 poly（G）和一段接头序列作为引物，在第二条 cDNA 链后接入一段特殊的接头序列。依据接头序列设计基因特异性引物，并用此引物与根据已知 cDNA 序列设计的基因特异性引物作为一对引物进行 PCR 扩增。

（2）PCR 技术的改进。

① 提高逆转录的温度。mRNA 逆转录成第一条 cDNA 链决定了 5′ RACE 技术的成败。由于靠近 mRNA 的 5′ 端 G＋C 与 A＋U 的比值较高，可能形成稳定的二级结构，从而导致在逆转录时产生切短的 cDNA 片段，这些片段不但可以与完整的 cDNA 片段进行同样的加尾反应，而且在后面的 PCR 中还会被优先扩增，从而产生大量的非特异性产物。因此，可以采用提高逆转录温度的方式降低逆转录过程中 mRNA 二级结构的稳定性。

② 采用巢式 PCR。巢式 PCR 是指使用两对或两对以上的引物进行 DNA 扩增的技术，即先设计一对基因特异性引物（GSP1、GSP2）进行第一轮扩增，随后使用在第一对引物内部的第二对基因特异性引物（GSP3、GSP4）进行第二轮扩增（根据需要也可设计第三对引物 GSP5、GSP6，进行第三轮扩增）。利用巢式 PCR 可提高 PCR 扩增的特异性。

6. 常见的 RACE 技术 随着分子生物学技术的发展，科学家结合其他的分子生物学技术对最初的 RACE 技术进行了改进，从而丰富了 RACE 技术的类型。目前使用的 RACE 技术包括经典 RACE 技术、适体连接的 cDNA 末端快速扩增（Adapter - Ligated RACE）技术、RNA 连接酶介导的 cDNA 末端快速扩增（RLM - RACE）技术、帽子结构转换的 cDNA 末端快速扩增（Cap - switching RACE）技术和环形 RACE 技术等。

（1）Adapter - Ligated RACE 技术。Adapter - Ligated RACE 技术是 Adapter - Ligated PCR 技术与 RACE 技术的结合。利用 T_4 连接酶将接头与 cDNA 两末端连接，在 PCR 循环的退火步骤中，由于短 cDNA 退火温度低，两端接头容易发生退火，形成锅柄状结构，两端接头结合阻止引物与模板结合，终止 PCR。长 cDNA 的退火温度高，不易形成锅柄状结构，因此引物可以与接头结合，实现延伸。Adapter - Ligated RACE 技术可以让长 cDNA 的克隆在扩增反应中占主导，从而尽可能多地得到目的基因的序列信息。

（2）RLM - RACE 技术。利用断裂的 mRNA 5′端没有帽子结构的特点，事先加入牛小肠碱性磷酸酶（CAP）将断裂 mRNA 5′末端暴露的磷酸基团切除。再加入烟草酸焦磷酸酶（TAP），TAP 具有切除 mRNA 帽子结构的催化活性，能够使 mRNA 5′端暴露一个磷酸基团，接着在 T_4 连接酶的催化下将衔接头与经过活化的 mRNA 5′端链接。经过钝化的mRNA 是不能与衔接头连接的。经过这样处理后，便可以扩增目的 mRNA 5′端片段。

（3）Cap - switching RACE 技术。第一步以 poly（T）作为引物对 mRNA 3′端克隆。当新合成 cDNA 延伸到 mRNA 5′帽子结构时，加入莫洛尼鼠白血病病毒逆转录酶（M - MuLV - RT），在 cDNA 3′端加入若干胞嘧啶 poly（C）。M - MuLV RT 所催化的加尾反应需要依赖模板和帽子结构的存在，因此只有完整的 cDNA 末端才会加上胞嘧啶残基，接着加入特异性引物，该引物在 3′末端含有多聚鸟嘌呤核苷酸 poly（G），可与 cDNA 末端新添加的多聚胞嘧啶核苷酸 poly（C）退火，在 DNA 聚合酶的催化下以新添加的引物为模板实现接头转化，从而向 cDNA 3′端引入特异性序列，最后再进行 PCR。

（4）环形 RACE 技术。环形 RACE 技术利用 poly（T）引物进行逆转录 PCR 扩增第一条 cDNA。经 RNase H 降解模板后加入 T_4 连接酶，加入 T_4 连接酶时会发生环化反应和串联反应。无论是环化反应还是串联反应的产物都可以根据已知序列设计新引物来补充第二条 cDNA 链。环状分子或串联分子产生第二条 cDNA 链后，在未知区域的两侧设计一对引物将未知区域置换到已知序列中间，进行普通 PCR。

需要说明的是，RACE 技术种类繁多，但目前没有任何一种 RACE 技术能完美地扩增多种类型的 RNA，每一种 RACE 技术都有其适合扩增的 RNA 种类，比如经典 RACE 适合扩增有 poly（A）尾结构的 RNA，Cap - switching RACE 技术适合于扩增具有 5′端帽子结构的 RNA。

四、实时荧光定量 PCR

实时荧光定量 PCR（real - time fluorescence quantitative PCR，qPCR）也称为荧光定量 PCR。它是指在 PCR 体系中加入荧光基团，利用荧光信号累积实时检测整个 PCR 进程，最后通过标准曲线对初始模板进行定量分析的方法。该技术于 1996 年由美国 Applied Biosystems 公司推出，它的出现解决了传统 PCR 不能对初始模板定量分析的问题。实时荧光定量 PCR 具有准确性高、灵敏度高、特异性强等优点，目前已广泛应用于分子生物学研究和医学研究等领域。

1. 实时荧光定量 PCR 原理 在 PCR 体系中加入荧光基团，随着 PCR 的进行，PCR 产物不断累积，荧光信号强度也等比例增加。每经过一个循环收集一个荧光强度信号，通过荧光强度变化检测产物量的变化，最终得到一条荧光扩增曲线（图 7 - 6），扩增曲线横坐标表示循环数，纵坐标表示荧光强度。

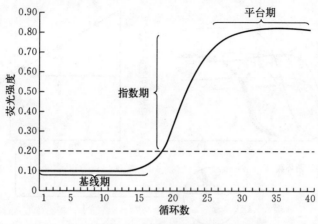

图 7-6 荧光扩增曲线

一般而言，荧光扩增曲线可以分为 3 个阶段：荧光背景信号阶段（基线期）、荧光信号指数扩增阶段（指数期）和平台期。在荧光背景信号阶段，扩增的荧光信号被荧光背景信号所掩盖，无法判断产物量的变化；在平台期，扩增产物已不再呈指数级的增加，PCR 的终产物量与起始模板量之间没有线性关系，根据最终的 PCR 产物量也不能计算出起始 DNA 拷贝数；只有在荧光信号指数扩增阶段，PCR 产物量的对数值与起始模板量之间存在线性关系。

2. 实时荧光定量 PCR 常用术语 在了解实时荧光定量 PCR 如何对初始模板进行定量之前，需要了解几个在实时荧光定量 PCR 分析中常用的术语。

① C_t 值。C_t 值指的是 PCR 扩增过程中扩增产物的荧光信号达到设定的阈值时所经过的扩增循环数。

② 基线。实时荧光定量 PCR 的基线是指在 PCR 的最初几个循环中（一般为 3～15 个循环）的信号水平。此阶段的荧光信号变化量极小。低水平的基线信号相当于反应的背景或噪声。每个实时荧光定量 PCR 的基线应通过用户分析或扩增曲线自动分析，根据经验确定。基线的设置，会影响到荧光阈值及 C_t 值。

③ 荧光阈值。荧光阈值是在荧光扩增曲线上人为设定的一个值，它可以设定在荧光信号指数扩增阶段的任意位置上，但一般荧光阈值的缺省值是 PCR 前 3～15 个循环荧光信号标准偏差的 10 倍。

④ 标准曲线。标准曲线是标准物质的物理/化学属性跟仪器响应之间的函数关系。对已知拷贝数的标准样品做系列稀释，对不同稀释度的标准样品进行荧光定量 PCR 并记录 C_t 值，根据 C_t 值及拷贝数的对数绘制标准曲线，标准曲线的纵坐标代表起始拷贝数的对数，横坐标代表 C_t 值。

3. 实现对初始模板定量的措施 利用实时荧光定量 PCR 对样品的初始模板量进行定量分析，需要利用已知起始拷贝数的标准品绘出标准曲线，再通过实时荧光定量 PCR 获得未知样品的 C_t 值，最后从标准曲线上计算出该样品的起始拷贝数（图 7-7）。

① 标准曲线的绘制。

A. 标准品的制备。设计特定引物，利用 PCR 对目的基因片段进行扩增，随后将目的

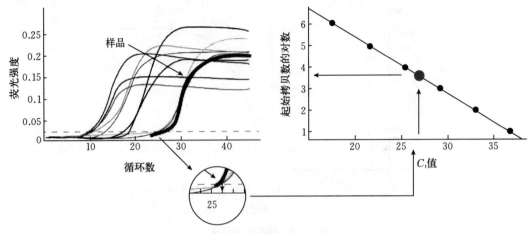

图 7-7　对初始模板进行定量分析

基因片段克隆至载体中，测序验证是否为阳性重组质粒，最后收集阳性克隆质粒作为标准品。

B. 绘制标准曲线。测定质粒的浓度，计算出质粒的拷贝数。对质粒进行系列稀释，分别作为模板进行实时荧光定量 PCR 并记录 C_t 值。最后依据起始拷贝数的对数及 C_t 值绘制标准曲线，得到标准方程。当需要对起始模板进行定量时，只需要得到扩增曲线，读得 C_t 值，带入标准方程即可确定初始模板定量。

② 荧光标记方法。实时荧光定量 PCR 的荧光标记方法可分为荧光染料和荧光探针两类，染料类实时荧光定量 PCR 是利用荧光染料与双链 DNA 小沟结合发光的理化特征指示扩增产物的增加；探针类实时荧光定量 PCR 是利用荧光探针与靶序列特异性杂交的探针来指示扩增产物的增加。两种方法的对比见表 7-1。

表 7-1　探针类实时荧光定量 PCR 与染料类实时荧光定量 PCR 对比

项目	探针类实时荧光定量 PCR	染料类实时荧光定量 PCR
优点	特异性高、重复性好	对 DNA 模板没有选择性，适用于任何 DNA；使用方便，不必设计复杂探针；成本低
缺点	只适合一个特定的目标，探针价格较高	容易与非特异性双链 DNA 结合，产生假阳性；对引物特异性要求高

A. 荧光染料。现以最常用的 SYBR Green Ⅰ 为例，介绍染料类实时荧光定量 PCR 的工作原理。SYBR Green Ⅰ 是一种荧光染料，可与双链 DNA 非特异性结合。SYBR Green Ⅰ 工作原理见图 7-8。在游离状态下，SYBR Green Ⅰ 发出微弱的荧光，一旦与双链 DNA 结合，其荧光增加 1 000 倍。一个反应发出的全部荧光信号与出现的双链 DNA 量成比例，且会随扩增产物的增加而增加，可通过荧光信号的增加来记录产物的增加。

B. 荧光探针。荧光探针为一段寡核苷酸，可与 DNA 序列特异性结合，一个模板结合一个探针。探针 5′ 端具有报告基团（R），可发荧光；3′ 端有荧光猝灭基团（Q），能吸收荧光。探针完整时 R 基团所发射的荧光能量被 Q 基团吸收，PCR 仪检测不到荧光信号。探针

图 7-8　SYBR Green Ⅰ工作原理

被酶水解后，R 与 Q 分开，PCR 仪可检测到荧光信号。*Taq* 酶有 5′→3′外切核酸酶活性，可水解探针，在 PCR 延伸阶段探针被 *Taq* 酶酶切降解，报告基团（R）与猝灭基团（Q）分离，荧光监测系统可接收荧光信号。每扩增一条 DNA 分子，释放一个荧光信号，实现了荧光信号的累积与 PCR 产物形成完全同步。目前已经开发出来的探针有 *Taq* Man 探针（其工作原理见图 7-9）、*Taq* Man MGB 探针、双杂交探针、分子信标、Lux 杂交探针、simple proble 探针等。

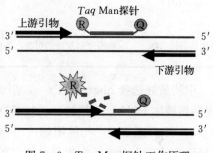

图 7-9　*Taq* Man 探针工作原理

五、逆转录 PCR

逆转录是指以 RNA 为模板，合成与其互补的 cDNA 的过程。逆转录 PCR（RT-PCR）是将 RNA 的逆转录和 cDNA 的聚合酶链式反应（PCR）相结合的技术。逆转录 PCR 的原理为：提取组织或细胞中的总 RNA，以 RNA 为模板，首先利用逆转录酶逆转录 RNA 成 cDNA，再以 cDNA 链为模板进行 PCR 扩增，从而获得大量拷贝。逆转录 PCR 的出现使 RNA 检测的灵敏性提高了几个数量级，使一些极为微量的 RNA 样品分析成为可能。

1. 逆转录 PCR 的应用　逆转录 PCR 的用途广泛，可用于分析基因的转录产物、检测细胞中 RNA 病毒的含量、合成 cDNA 探针、直接克隆特定基因的 cDNA 序列等。例如在临床上，逆转录 PCR 可以用于遗传病诊断、癌症检测、检测病人标本中的 RNA 病毒等。在植物方面，逆转录 PCR 常用于研究环境胁迫对植物基因表达的影响，以及在特定的环境或生长阶段中植物体不同部位基因表达的差异性。使用逆转录 PCR 检测分析 RNA 转录产物具有以下突出的优点：①理论上可以检测所有基因的转录产物；②可以实现极为微量 RNA 样品（纳克级别）的检测；③样品耐受性好，未经纯化的粗制生物样品也可以用于检测。

2. 逆转录 PCR 体系

（1）模板。逆转录 PCR 的模板是 RNA，可以是总 RNA、mRNA 或体外转录的 RNA 产物。无论使用何种 RNA，都需确保 RNA 中无 RNase 和基因组 DNA 的污染。

（2）RNA。可以利用试剂盒从细胞（或组织）中提取得到 RNA。模板 RNA 的纯度和完整性对于扩增的结果有很大影响，从细胞中分离 RNA 应注意尽量减少 RNase 的污染（RNase 分布广泛，除细胞内源性 RNase 外，环境中也存在大量 RNase），在提取 RNA 时，应尽量创造一个无 RNase 的环境：避免 RNase 污染包括去除外源性 RNase 污染和抑制内源性 RNase 活性，主要是采用焦碳酸二乙酯（DEPC）去除外源性 RNase，通过 RNase 的阻抑蛋白 RNasin 和强力的蛋白质变性剂抑制内源性 RNase。

（3）引物。用于逆转录的引物有随机引物、通用引物［oligo（dT）］及基因特异性引物

3 种（表 7 - 2）。

表 7 - 2　逆转录 PCR 的 3 种引物

引物	适用范围
随机引物	适用于长的或具有发卡结构的 RNA。适用于 rRNA、mRNA、tRNA 等所有 RNA 的逆转录反应。主要用于单一模板的 RT - PCR 反应
oligo（dT）	适用于具有 poly（A）尾巴的 RNA〔原核生物的 RNA、真核生物的 rRNA 和 tRNA 不具有 poly（A）尾巴〕
基因特异性引物	与模板序列互补的引物，适用于目的序列已知的情况

引物最好选择 oligo（dT）或基因特异性引物，因为随机引物会从 RNA 的多个位点（包括核糖体 RNA）开始转录，特异性低。oligo（dT）引物同大多数真核细胞 mRNA 3′端的 poly（A）尾杂交，与使用随机引物相比特异性高。但是 oligo（dT）引物对 RNA 样品的质量要求较高，对于从福尔马林固定的组织中提取的劣质 RNA 不适合用 oligo（dT）引物。

（4）逆转录酶。逆转录酶是存在于 RNA 病毒体内依赖 RNA 的 DNA 聚合酶。逆转录 PCR 中的逆转录酶需要具有以下 3 种活性：①依赖 RNA 的 DNA 聚合酶活性，以 RNA 为模板合成 cDNA 的第一条链；②RNase 水解活性，水解 RNase 杂合体中的 RNA；③依赖 DNA 的 DNA 聚合酶活性，以一条 DNA 链为模板合成互补的双链 DNA。

在选择逆转录酶时，建议选择无 RNase H 活性的逆转录酶。具有 RNase H 活性的逆转录酶会与聚合酶竞争 RNA 模板与 DNA 引物（或 cDNA 延伸链）形成的杂合链，并降解杂合链中的 RNA 链。被 RNase H 活性所降解的 RNA 模板不能再作为合成 cDNA 的有效底物，降低了 cDNA 合成的产量与长度。

3. 逆转录 PCR 流程　从细胞材料中提取 RNA→RNA 加入含有逆转录酶、引物、dNTP 的反应体系中→退火，引物与 RNA 链配对→延伸，逆转录酶合成互补 cDNA 链，变性→常规 PCR（变性、退火、延伸，如此多次循环）。

逆转录 PCR 的操作分为"一步法"与"两步法"两种。一步法逆转录 PCR 能克隆微量 mRNA 而不需构建 cDNA 文库（即 cDNA 合成与 PCR 在同一缓冲液及酶中进行，一步完成），省略了 cDNA 合成与 PCR 之间的过程。两步法逆转录 PCR 首先用逆转录酶合成 cDNA，然后以 cDNA 为模板进行 PCR，即 RNA 逆转录与 PCR 扩增分两步进行。一步法逆转录 PCR 和两步法逆转录 PCR 见图 7 - 10。一步法逆转录 PCR 与两步法逆转录 PCR 相比，快速、简便，减少了污染机会，减少了 RNA 二级结构，减少了 PCR 的错配率。两步法逆转录 PCR 的优势在于存在中间产物 cDNA，便于保存，且第二步 PCR 只取逆转录反应产物的 1/10 进行反应，有利于 PCR 条件的调整，重现性强；两步法可以在第二步 PCR 体系中加入特异性引物，其灵敏度比一步法高；两步法的预算要低于一步法。但是由于两步法包括第一链 cDNA 合成和随后的 PCR，容易产生污染。

4. 操作注意事项

（1）RNA 提取一定要迅速，样本要新鲜，组织尽量在液氮中研磨。

（2）RNA 提取完马上进行逆转录，不要拖延，新提取的 RNA 很容易降解。

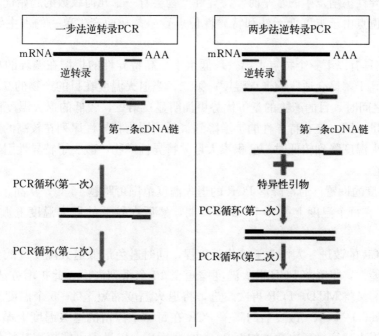

图 7-10　一步法逆转录 PCR 与两步法逆转录 PCR

（3）逆转录反应过程需建立无 RNase 环境，以避免模板 RNA 降解。

5. 定量逆转录 PCR　定量逆转录 PCR（quantitative reverse transcription PCR，RT-qPCR）是应用于以 RNA 作为起始材料的 PCR 技术。在该技术中，总 RNA 或信使 RNA（mRNA）首先通过逆转录酶转录成互补 DNA（cDNA）。随后，以 cDNA 为模板进行 qPCR。RT-qPCR 已被广泛用于分子生物学中，其中包括基因表达分析、RNA 干扰验证、微阵列验证、病原体检测、基因测试和疾病研究。

六、降落 PCR

尽管目前 PCR 技术已相当普遍和成熟，但由于 PCR 中许多条件（如 Mg^{2+} 浓度、dNTP、引物、模板、循环中的参数等）仍然会影响实验结果，特别对于一些复杂的基因组 DNA 模板，普通 PCR 往往存在非特异性扩增，得不到理想的产物。为了解决 PCR 非特异性扩增的问题，Don 等于 1991 年发明了降落 PCR（touchdown PCR，TD-PCR）技术。

1. 降落 PCR 技术原理　降落 PCR 是通过对反应体系中退火温度进行优化来提高反应的特异性，其基本原理为：根据引物的 T_m 值，设置一系列从高到低的退火温度，开始选择的退火温度高于估计的 T_m 值，每一个（或 n 个）循环降低 1 ℃（或 n ℃）退火温度，随着循环的进行，退火温度逐渐降低至 T_m 值，最终低于 T_m 值，达到一个较低的退火温度。最后以此退火温度进行 10 个左右的循环。

PCR 退火温度会对扩增结果产生影响，随着退火温度的升高，特异性扩增会变多，同时扩增效率会变低。退火温度过高会使 PCR 效率过低，退火温度过低则会使非特异性扩增过多。降落 PCR 一开始先用高温扩增，保证扩增的严谨性（在较高的退火温度下通常得到特异性扩增产物），待目的基因的丰度上升后，降低扩增的温度，提高扩增的效率。当退火温度降到非特异性扩增发生的水平时，特异性产物会有一个几何级数的起始优势，在剩余反应中非特异性位点由于丰度低无法和特异性位点竞争，从而产生单一的占主导地位的扩增产物。

降落 PCR 具有以下三个特点：第一，低水平、高特异性的扩增在循环的早期开始，此时的退火温度高于"最合适"的退火温度；第二，当退火温度在目的产物的 T_m 值与假阳性产物的 T_m 值之间时，目的产物的竞争优势更加明显；第三，较低的退火温度能有效地增加目的产物的产量，同时使非特异性的扩增降到最低，因为特异性序列在较高的退火温度时得到扩增，等退火温度降到较低时，已积累大量的特异性产物，减少了特异性引物与非特异性序列结合的机会。

2. 退火温度的设置　通常降落 PCR 的退火温度范围可跨越 15 ℃，从高于 T_m 值到低于其 10 ℃左右，在每个温度上循环 1～2 个周期，然后在较低的退火温度上循环 10 个周期左右。

3. 降落 PCR 的改进　人们为了简化其流程，同时避免最低退火温度过低会有非特异性产物出现的可能性，将降落 PCR 退火温度缩短至 10 个系列温度，此扩增方法称为 MTD - PCR。后来人们又将 MTD - PCR 再次改进，将退火温度缩短至 4～5 个温度范围，并将这种方法称为 SMTD - PCR。改良后的降落 PCR 在每一个停留的退火温度上循环 4 次或者 5 次，最后一个退火温度循环次数增加至 20～30 个循环，以最大可能提高其特异性产物与非特异性产物的比率。但改良后的降落 PCR 需要从较低的退火温度开始降落，因为尽管 *Taq* DNA 聚合酶等耐热，但经过太长时间的高温后其活性也会下降，会由于 *Taq* DNA 聚合酶活性丧失过多而得不到足量的 PCR 产物。

4. 注意事项

（1）由于降落 PCR 在较早的循环中需避免低 T_m 值配对，在降落 PCR 中最好应用热启动技术。

（2）降落 PCR 虽然有一定的优势，但它并非万能。降落 PCR 只能做到"锦上添花"，即在能看见主带，但是存在杂带时，可以利用降落 PCR 进行优化，如果连主带也看不见，只有杂带，那么用了降落 PCR 也不会有很好的效果。

（3）如果扩增后电泳观察到许多产物带或高分子质量成片产物，可采取以下措施：①提高降落 PCR 的最高退火温度和最低退火温度，使其范围上移；②减少最低退火温度条件的循环次数；③使各退火温度下的循环数增加 1 个；④用嵌套式引物重新扩增第一次 PCR 产物的稀释物（巢式 PCR）；⑤放弃此套引物，重新设计引物扩增。

5. 降落 PCR 与温度梯度 PCR 比较　降落 PCR 与温度梯度 PCR 都是对反应体系中的退火温度进行优化，但两者在原理上有所不同。

降落 PCR 是为了提高反应的特异性，通过设计一系列不断降低的退火温度，在同一 PCR 管内进行 PCR 扩增，最终获得大量的特异性扩增产物。

温度梯度 PCR 是指在退火温度不太明确时，为了找到最优退火温度，在一台 PCR 仪上同时做多管 PCR，每一管放在仪器内不同列（有的是不同行）上，分别进行 PCR（如 50～60 ℃可以分 6 管，温度分别为 50 ℃、52 ℃、54 ℃、56 ℃、58 ℃、60 ℃），最终找到最合适的退火温度，并进一步以此退火温度进行普通 PCR 扩增的技术。

与温度梯度 PCR 相比，降落 PCR 更有优势，因为采用温度梯度 PCR 选择合适的退火温度时需要进行多次试验或多管反应，并且即使通过多次试验找到最佳的退火温度后，在更换其他的 PCR 仪进行同样的扩增时，最适的退火温度也有可能发生改变，需要重新进行最佳温度的摸索，而降落 PCR 只需一次反应就可以获得很好的扩增效果，避免了对每对引物进行最佳复性温度的优化和测定工作，并且降落 PCR 在很大程度上削弱了仪器性能对扩增效果的制约。

6. 降落 PCR 的应用　　降落 PCR 适用于经常更换引物的实验，在不知道 T_m 值，同时不想很麻烦地找出最佳退火温度的情况下，使用降落 PCR 可以快速、特异地得到目的扩增片段。现在很多 PCR 仪具有设置降落 PCR 的程序，降落 PCR 在研究领域中已得到了广泛的应用。根据各种不同工作的需要，降落 PCR 还可与其他 PCR 方法同时使用，如实时定量降落 PCR、竞争降落 PCR 等，这些联合 PCR 的反应体系，所需材料均与实时定量 PCR 和竞争定量 PCR 相同，所不同的是在 PCR 的循环过程中使用退火温度渐低的降落 PCR 方法，检测 PCR 产物的方法与硬件也均同于实时定量 PCR 和竞争定量 PCR。

第八章　分子杂交

分子杂交（molecular hybridization）技术又称为核酸杂交技术，是 Hall 于 1961 年发现的，它是一种常用的分子生物学技术，其原理是核酸的变性和复性理论。双链的核酸分子在某些理化因素作用下双链解开形成单链，当理化因素消除后，具有一定同源性的两条单链在适宜的温度及离子强度条件下，可按碱基互补配对原则特异性地复性形成双链。这两条单链分子既可以是 DNA - DNA、DNA - RNA，也可以是 RNA - RNA。分子杂交极大地促进了分子生物学的发展，并随着分子生物学的飞速发展已经广泛应用于生命科学基础研究的各个领域。

本章详细介绍了目前分子杂交技术中的几种常用类型，包括原位杂交、Southern 印迹杂交、Northern 印迹杂交、基因芯片和反义核酸分子杂交。在介绍各种分子杂交技术时，尽量做到深入浅出、通俗易懂，只概括介绍技术的基本原理，重点论述一些主要的技术环节、具体操作步骤，以及影响实验结果甚至决定实验成败的关键因素，以使初学者能够快速、准确地把握核酸杂交技术。

第一节　分子杂交的类型及其原理

根据分子杂交中两条单链核酸所处的状态，可将分子杂交分为固相杂交和液相杂交两大类。

1. 固相杂交　固相杂交中，一种核酸分子被固定在不溶性的介质（常用的有硝酸纤维素滤膜、羟基磷灰石柱、琼脂和聚丙烯酰胺凝胶等）上，另一种核酸分子处在溶液中，两种介质中的核酸分子可以自由接触。由于固相杂交中未杂交的游离片段容易去除，且膜上留下的杂交物具有易检测和能防止靶 DNA 自我复性等优点，所以最为常用。常用的固相杂交类型有菌落原位杂交（colony *in situ* hybridization）、斑点杂交（dot hybridization）、Southern 印迹杂交（Southern blot）、Northern 印迹杂交（Northern blot）、组织原位杂交（tissue *in situ* hybridization）等。

2. 液相杂交　液相杂交是一种研究最早的且操作复杂的杂交类型。在液相杂交中，参加反应的两条核酸链均游离在溶液中，可以自由运动。在过去的 30 年里，液相杂交虽然也有应用，但远不如固相杂交普遍。液相杂交的主要缺点是液相杂交后过量的未杂交探针的去除较为困难，并且误差较高。近几年，由于杂交检测技术的不断改进及商业化基因探针诊断盒的实际应用，液相杂交技术得到迅速发展。

第二节　核酸探针

一、核酸探针的种类

许多小分子化合物如生物素、荧光素、地高辛等在检测、纯化目的物等方面有很大的作用，核苷酸链上一旦添加了这些小分子或者用放射性同位素标记，可以使实验更为简单和有效。这种标记物就是核酸探针。根据探针的来源，可以将其分为 DNA 探针、cDNA 探针、RNA 探针和寡核苷酸探针 4 类。

1. DNA 探针 DNA 探针是最常用的核酸探针，是指长度在几百个碱基对以上的双链 DNA 或单链 DNA 探针。现已获得的 DNA 探针种类很多，有细菌、病毒、真菌、动物和人类细胞 DNA 探针，这类探针多为某一基因的全部或部分序列，或某一非编码序列。

DNA 探针有三大优点：①这类探针多克隆在质粒载体中，可以无限繁殖，且制备方法简便；②与 RNA 探针相比，DNA 探针不易降解；③DNA 探针的标记方法比较成熟，有多种方法可供选择，如缺口平移法、随机引物法、PCR 标记法等。

2. cDNA 探针 cDNA 是指与 mRNA 互补的 DNA 分子。以 RNA 为模板，在逆转录酶作用下，根据碱基互补配对原则产生第一条单链 cDNA，之后又以第一条单链 cDNA 为模板，合成第二条 cDNA 链。此种探针不包含内含子序列，故适用于基因表达的检测。

3. RNA 探针 RNA 探针是一类很有前途的核酸探针，由于 RNA 是单链分子，因此它与靶序列的杂交反应效率极高。早期采用的 RNA 探针是细胞 mRNA 探针和病毒 RNA 探针，这些 RNA 是在细胞基因转录或病毒复制过程中得到标记的，标记效率往往不高，且受多种因素的制约。这类 RNA 探针主要用于研究目的，而不是用于检测。与其他探针相比，使用标记 RNA 探针进行杂交具有以下几个优点：① RNA 与 DNA 或 RNA 杂交体的稳定性比 DNA 和 DNA 杂交体好，因而可以使用更加严谨的实验条件，减轻背景噪声；②单 RNA 探针不会发生自动退火，所有 RNA 探针都可用于杂交；③对于标记的 RNA 探针而言，只有插入序列被转录，而质粒不被转录，因此增加了探针的特异性；④杂交完成后，可利用 RNase 除去未杂交的 RNA 探针，从而降低杂交反应的本底；⑤探针不需变性，可直接用于杂交；⑥RNA 探针适用于原位杂交。尽管 RNA 杂交具有以上优点，但是 RNA 探针具有易污染、易降解等缺点，因此在使用 RNA 探针时，必须保证全程操作无 RNase 的污染。

4. 寡核苷酸探针 前述 3 种探针均是可克隆的，一般情况下，只要有克隆的探针，就不用寡核苷酸探针。但是寡核苷酸探针也具有自己的优点：①由于链短，其序列复杂度低，分子质量小，所以和等量靶位点完全杂交的时间比克隆探针短；②寡核苷酸探针可识别靶序列内一个碱基的变化，因为短探针中碱基错配能大幅度降低杂交体的 T_m 值；③一次可大量合成寡核苷酸探针，使得这种探针价格低廉；④与克隆探针一样，寡核苷酸探针能够用酶学或化学方法修饰以进行非放射性标记物的标记。最常用的寡核苷酸探针长 18～40 个碱基，目前可有效地合成至少 50 个碱基的探针。

二、核酸探针的标记物

1. 放射性标记物 放射性标记探针用放射性同位素作为标记物。放射性同位素是最早使用，也是目前应用最广泛的探针标记物。常用的同位素有 ^{32}P、^3H、^{35}S。其中，以 ^{32}P 应用最普遍。放射性标记的优点是灵敏度高，可以检测到皮克（pg）级；缺点是易造成放射性污染，且同位素半衰期短、不稳定、成本高。因此，放射性标记的探针不能实现商品化。目前，许多实验室都致力于发展非放射性标记的探针。

2. 非放射性标记物 目前应用较多的非放射性标记物是生物素（biotin）和地高辛（digoxigenin, DIG），二者都是半抗原。生物素是一种小分子水溶性维生素，对亲和素有独特的亲和力，二者能形成稳定的复合物，通过连接在亲和素或抗生物素蛋白上的显色物质（如酶、荧光素等）进行检测。地高辛是一种类固醇半抗原分子，可利用其抗体进行免疫检测，其原理类似于生物素的检测。操作时可将生物素、地高辛连接在 dNTP 上，然后像放射性标记一样用酶促聚合法掺入到核酸链中制备标记探针。也可让生物素、地高辛等直接与核酸进行化学反应而连接在核酸链上。地高辛标记核酸探针的检测灵敏度可与放射性标记的相当，而特异性优于生物素标记，其应用日趋广泛。

三、核酸探针的标记方法

1. 切口转移法 使用 DNase Ⅰ 将待标记的双链 DNA 分子打开若干切口，然后利用 DNA 聚合酶Ⅰ的 $5'\rightarrow3'$ 外切酶活性从切口的 $5'$ 端去除核苷酸，$5'\rightarrow3'$ 的聚合酶活性将反应体系中的核苷酸底物连接到切口的 $3'$ 羟基末端。此时若反应体系中含有标记的核苷酸，它们就会掺入新合成的链中，获得带有标记的 DNA 探针。本法适用于环形 DNA 或大于 1 kb DNA 片段的标记。用于原位杂交的核酸探针，通过切口平移法标记最为有效。

2. 随机引物法 随机引物法的原理是使被称为随机引物（random primer）的 6~9 个核苷酸的寡核苷酸片段与单链 DNA 或变性的双链 DNA 随机互补结合（退火），以提供 $3'$ 羟基端，在无 $5'\rightarrow3'$ 外切酶活性的 DNA 聚合酶大片段（如 Klenow 片段）作用下，在引物的 $3'$ 羟基末端逐个加上核苷酸直至下一个引物。当反应液中含有标记的核苷酸时，即形成标记的 DNA 探针。引物与模板的结合以一种随机的方式发生，标记均匀跨越 DNA 全长。

3. 光敏生物素标记法 光敏生物素是一种化学合成的生物素衍生物。其分子中含有可光照活化的叠氮代硝苯基。在水溶液中光敏生物素醋酸盐与待标记核酸混合，在强可见光短暂照射下即能与核酸的碱基反应，生成光敏生物素标记核酸探针。此法可适用于单、双链 DNA 及 RNA 的标记，探针可在 $-20\,\mathrm{℃}$ 下保存 8 个月以上。

4. 末端标记法 在大肠杆菌 T_4 噬菌体多聚核苷酸激酶的催化下，将 $\gamma-^{32}P-ATP$ 上的磷酸连接到寡核苷酸的末端上。要求标记的寡核苷酸 $5'$ 端必须带羟基。此法适用于标记合成的寡核苷酸探针。

除上述标记法外，探针的制备和标记还可通过 PCR 直接完成。

第三节 常见的分子杂交技术

一、原位杂交

原位杂交是一种应用标记探针与组织细胞中的待测核酸杂交，再应用标记物相关的检测系统，在核酸原有的位置上将其显示出来的一种检测技术。原位杂交的本质就是在一定的温度和离子浓度下，使具有特异性序列的单链探针通过碱基互补原则与组织细胞内待测的核酸复性结合而使得组织细胞中的特异性核酸得到定位，并通过探针上所标记的检测系统将其在核酸的原有位置上显示出来。

下面介绍几种常见的原位杂交：

1. 菌落原位杂交 菌落原位杂交（colony *in situ* hybridization）是将细菌从培养平板转移到硝酸纤维素滤膜上，然后将滤膜上的菌落裂菌以释出 DNA。将 DNA 烘干固定于膜上，与 ^{32}P 标记的探针杂交，放射自显影检测菌落杂交信号，并与平板上的菌落对位。

2. 组织原位杂交 组织原位杂交（tissue *in situ* hybridization），是指组织或细胞的原位杂交，是利用核酸分子单链之间有互补的碱基序列，将有放射性或非放射性的外源核酸（即探针）与组织、细胞或染色体上待测 DNA 或 RNA 互补配对，结合成专一的核酸杂交分子，经一定的检测手段将待测核酸在组织、细胞或染色体上的位置显示出来。组织原位杂交与菌落原位杂交不同，菌落原位杂交必须裂解细菌释放出 DNA，然后进行杂交，而原位杂交是经适当处理后，使细胞通透性增加，让探针进入细胞内与 DNA 或 RNA 杂交，因此原位杂交可以确定探针互补序列在胞内的空间位置，这一点具有重要的生物学和病理学意义。

3. 荧光原位杂交 荧光原位杂交（fluorescence *in situ* hybridization，FISH）是 20 世纪 80 年代末在放射性原位杂交技术基础上发展起来的一种非放射性的、以荧光标记取代同位素标记而形成的一种新的原位杂交方法。其原理是利用报告分子（如生物素、地高辛等）标记核酸探针，然后将探针与染色体或 DNA 纤维切片上的靶 DNA 杂交，若两者同源互补，即可形成靶 DNA 与核酸探针的杂交体。此时可利用该报告分子与荧光素标记的特异亲和素之间的免疫化学反应，经荧光检测体系在显微镜下对 DNA 进行定性、定量或相对定位分析。

二、Southern 印迹杂交

Southern 印迹杂交是由 Southern 于 1975 年创建的，其基本原理是将待检测的 DNA 样品固定在固相载体上，使用标记的核酸探针进行杂交，与探针有同源序列的固相 DNA 的位置上显示出杂交信号。通过 Southern 印迹杂交可以判断被检测的 DNA 样品中是否有与探针同源的片段以及该片段的长度。该项技术被广泛应用在遗传病检测、DNA 指纹分析和 PCR 产物判断等研究中。由于该技术的操作比较烦琐、费时，所以现在有一些其他的方法可以代替 Southern 印迹杂交。但该技术也有它的独特之处，是目前其他方法所不能替代的，如限制性酶切片段多态性（restriction fragment length polymorphism，RFLP）的检测等。

Southern 印迹杂交的基本步骤如下：

1. 制备基因组 DNA 及其酶切 DNA 的质量是整个实验的关键。在目标限制酶切位点获得完整的 DNA 片段是 Southern 印迹杂交中的关键步骤。

2. 凝胶电泳分离待测的 DNA 样品 DNA 片段通常用琼脂糖凝胶电泳利用片段分子质量不同来进行分离。这一过程也可以使用聚丙烯酰胺凝胶电泳，其对小片段 DNA（＜800 bp）的分辨率较好。为了获得较好的杂交结果，通常需要将电泳凝胶浸泡在 0.25 mol/L 的 HCl 溶液中进行短暂的脱嘌呤处理，然后移至碱性溶液中浸泡，使 DNA 变性并断裂形成较短的单链 DNA 片段，用中性 pH 的缓冲液中和凝胶中的缓冲液。这样，DNA 片段经过碱变性作用，亦会使之保持单链状态而易于与探针分子发生杂交作用。

3. 转膜 电泳结束后，将 DNA 转移到带正电的尼龙膜上。此过程中最重要的是保持各 DNA 片段的相对位置不变。传统方法是利用正向转印法将 DNA 转印过夜。为获得可靠和一致的转印结果并最小化背景，强烈建议使用 BrightStar®-Plus 带正电尼龙膜。该膜适合与放射性标记和非放射性探针一起使用，可获得最强的杂交信号。

4. 探针标记 进行 Southern 印迹杂交的探针一般用放射性标记或用地高辛标记。放射性标记灵敏度高，效果好；地高辛标记没有半衰期，安全性好。对于具有与目标序列同源序列的核酸探针，使用放射性物质、荧光染料或酶（与相应底物孵育可产生化学发光信号）进行标记。人工合成的短寡核苷酸可以用 T_4 多聚核苷酸激酶进行末端标记。探针标记的方法有随机引物法、切口平移法和末端标记法。标记物的选择取决于多种因素，如探针或探针模板的性质、所需的灵敏度、定量要求、易用性和实验时间等。

5. 杂交　杂交反应包括预杂交、杂交和漂洗几步操作。预杂交的目的是将待测核酸分子中的非特异性位点完全封闭，以避免这些位点与探针的非特异性结合。杂交反应是单链核酸探针与固定在膜上的待测核酸单链在一定温度和条件下进行复性反应的过程。杂交反应结束后，应进行洗膜处理以洗去非特异性杂交以及未杂交的标记探针，以避免干扰特异性杂交信号的检测。膜洗净后，将继续进行杂交信号的检测。Southern 印迹杂交一般采取的是液-固杂交方式，即探针为液相，被杂交 DNA 为固相。杂交是在相对高离子强度的缓冲液中进行。杂交过夜，然后在较高温度下用缓冲液洗膜。离子强度越低，温度越高，杂交的严格程度越高。杂交后，用缓冲液洗涤多次，除去未杂交的探针。低严格度洗涤可除去杂交溶液和未杂交的探针。高严格度洗涤可除去部分杂交的分子探针。结果是只有完全杂交的标记探针分子与目标区域的互补序列保持结合。

6. 检测　在检测步骤中，使用所用标记物对应的方法检测结合的标记探针。例如，可以使用 X 射线胶片或磷光成像仪器检测放射性标记探针，通过孵育化学发光底物并将印迹曝光到 X 射线胶片来检测酶标记探针。

三、Northern 印迹杂交

Northern 印迹杂交（Northern blot）是一项用于检测特异性 RNA 的技术，RNA 按照大小通过变性琼脂糖凝胶电泳加以分离，凝胶分离后的 RNA 通过印迹转移到尼龙膜或硝酸纤维素滤膜上，再与标记的探针进行杂交反应，通过杂交结果分析可以知道基因表达的丰度，从而对其进行定性或者定量分析。

Northern 印迹的方法与 Southern 印迹方法基本相同，可参照进行。但 RNA 的变性方法与 DNA 不同。DNA 样品可先通过凝胶电泳进行分离，再用碱处理凝胶使 DNA 变性。而RNA 不能用碱变性，因为碱会导致 RNA 水解。因此，在进行 Northern 印迹杂交前，须进行 RNA 变性电泳，在电泳过程中使 RNA 解离形成单链分布在凝胶上，再进行印迹转移。

四、基因芯片

1991 年 Fordor 利用其所研发的光蚀刻技术制备了首个以玻片为载体的微阵列，标志着生物芯片正式成为可实际应用的分子生物学技术。根据其制备方法，基因芯片可以分为DNA 芯片（DNA chip）和微点阵（microarray）两种。

DNA 芯片技术，是通过微加工技术，将数以万计乃至百万计的特定序列的 DNA 片段（基因探针），有规律地排列固定在 $2\ cm^2$ 的硅片、玻片等支持物上，构成一个二维的 DNA探针阵列，与由荧光素等发光物质标记的样品 DNA 或 RNA 分子进行杂交，通过检测每个探针分子的杂交信号强度进而获取样品分子的数量和序列信息，从而对基因表达的量及其特性进行分析。

基因芯片主要用于基因检测，可以一次性对样品大量序列进行检测和分析，从而解决了传统核酸印迹杂交（Southern blot 或 Northern blot 等）技术操作繁杂、自动化程度低、操作序列数量少、检测效率低等不足。此外，通过设计不同的探针阵列、使用特定的分析方法可使该技术具有多种不同的应用价值，如基因表达谱测定、实变检测、多态性分析、基因组文库作图及杂交测序等。

五、反义核酸分子

中心法则中，把 DNA 双链中能合成蛋白质的链称为有义链，而另一条链称为反义链。反义核酸（antisense nucleic acid）是根据核酸杂交原理设计的专门针对特定靶序列的短核苷酸，能与其精确互补，从而阻断了遗传信息从 DNA 向蛋白质的传递，具有高度序列特异性、作用靶点的广泛多样性等优点。反义核酸主要包括反义 RNA、反义 DNA 和核酶（ribozyme）三大类。

反义 RNA 是与 mRNA 互补的小分子 RNA，其调控功能主要体现在翻译水平上，即从 mRNA 水平上进行阻断。反义 DNA 的原理是合成的特定的寡聚核苷酸可以与双链 DNA 分子形成三链 DNA，在转录水平上调控基因的表达。核酶是具有催化功能的小分子 RNA，属于生物催化剂，可降解特异的 mRNA 序列，阻断基因表达，使阻断有害基因的表达成为可能。

反义核酸药物为一类基因精准靶向治疗药物，具有抑制效率高、特异性好等特点，可用于多种类型的肿瘤、病毒感染性疾病、代谢性疾病及血管性疾病的治疗。迄今为止，国外已有 4 个反义核酸药物被批准上市。2018 年 4 月，国家市场监督管理总局批准了我国首个反义核酸药物"射用 CT102"进入临床试验研究，有望为肝癌患者提供一种全新的基因靶向治疗手段。

第九章 生化成分制备技术

生物体内的生化成分主要是指动物、植物及微生物在进行新陈代谢时所产生的蛋白质（包括酶）、核酸、多糖、脂类以及各种次生代谢物等生物分子的总称。作为生命科学研究中的主要对象，这些物质与生物、化学、医学、食品、物理以及数学等学科密切相关。随着基因组学（包括宏基因组学）、转录组学、蛋白质组学、脂质组学、糖组学以及代谢组学等各种组学研究的深入，生命科学的研究已经进入一个全新的时期——生命组学时代。生物体内各种生化成分结构和功能的研究也进入一个空前活跃的时期。因此，对各种生化成分进行分离、提取、纯化、鉴定及保存等各方面相关工作的研究就显得十分重要。本章将以蛋白质和核酸为主线来详细探讨各种生化成分的制备技术。

第一节 生物材料的培养、选择与预处理

一、生物材料的培养、选择

有效成分一词在生物材料的培养与选择过程中时常提到，所谓有效成分是指欲纯化具有相同生理功能的一类生化成分。有效成分以外的其他成分则统称为杂质。在各种生物材料中，有效成分的含量一般都较少，只有万分之一、几十万分之一甚至百万分之一。而且，有效成分的稳定性也比较差，大多数对酸、碱、高温、重金属离子或高浓度有机溶剂等因子较敏感，易被破坏变性。因此，有效成分制备的成功与否，与培养及选用的材料关系十分密切。培养及选用的材料不同，有效成分的含量也不同。培养选用的材料即使相同，如果条件、部位或生长期不同，有效成分的含量也存在着差异。此外，培养基质的成分、pH、温度、诱导物及抑制剂等都能影响有效成分的含量。菌种的筛选、诱变以及利用 DNA 重组技术创建基因工程菌等都成为人们提高有效成分含量的常用方法。总的来说，材料的培养和选择需遵循以下原则：来源丰富、成本低；有效成分含量高、稳定性好，或者尽管有效成分含量低，但组成单一，易被浓缩、富集，提取工艺简单；综合利用价值高等。在实际操作过程中，需根据具体情况，抓住主要矛盾，全面考虑，综合权衡，以决定取舍。例如在进行磷酸单酯酶的研究时，从含量上看，虽然其在胰、肝和脾中较丰富，但其与磷酸二酯酶共存，在进行提取纯化时，很难将这两种酶分开，所以在实践中常选用含磷酸单酯酶少，而几乎不含磷酸二酯酶的前列腺作为材料。

二、生物材料的预处理

实验的生物材料选定后，需及时使用，否则所需的有效成分将会部分甚至全部被破坏，从而影响其回收率。例如从猪肠黏膜提取肝素时，如果将材料置于 25 ℃以上室温环境中放置约 1 h，肝素的含量将会显著下降，这是因为猪小肠内的大量微生物能产生降解肝素的酶系。如果选择的材料不能立即使用，常常需要进行预处理以防止有效成分被破坏。因为动

物、植物和微生物材料的生物学特异性各异，所以进行预处理的要求和方法也不尽相同。

1. 动物材料 对于动物材料而言，常选择有效成分含量高的脏器为原材料，而脏器中常含有较多的脂肪，易被氧化发生酸败，另外还会影响纯化操作和制品得率。因此，动物脏器在获得之后需马上剥去脂肪和筋皮等结缔组织，冲洗干净。若不马上进行提取纯化，应在最短的时间内骤冷（-45 ℃）后将其置于-10 ℃冰库（短期保存）或-70 ℃低温冰箱（数月保存）中贮存。常用的脱脂方法主要有：人工剥离脏器外的脂肪组织；浸泡在脂溶性有机溶剂（如丙酮、乙醚等）中脱脂；快速加热（50 ℃左右）和快速冷却的方法脱脂；利用油脂分离器使油脂与水溶液分离等。另外，对于像脑下垂体一类的小组织，可经丙酮脱水干燥后，制成丙酮粉贮存备用；对于含耐高温有效成分（如肝素）的材料，可经沸水蒸煮处理，烘干后长期保存。

2. 植物材料 植物叶片（如菠菜、水稻的叶片）用水洗净即可使用，或在 10 h 内置于-30～-4 ℃冰箱中贮藏备用；种子则需要吸涨、去壳或粉碎后才可使用。如果材料富含油脂，还要进行脱脂处理。

3. 微生物材料 由于微生物具有种类多、繁殖快、大多数易培养、诱变简单和不受季节影响等许多特点，它已成为制备生化成分的主要材料之一。一般用离心法就可分离菌体和上清液，细胞外酶和某些代谢物可以从上清液中获得，它们可以置于低温下进行短期保存。而胞内有效成分必须破碎菌体后进行分离提纯，湿菌体可在低温下进行短期保存，制成冻干粉后则可在 4 ℃条件下保存数月。

第二节 细胞破碎、细胞器分离及目的物抽提

一、细胞破碎

人们所需的多数生化成分都存在于细胞内，或游离在细胞质中，或与细胞器紧密结合（如氧化还原酶），或分布在细胞核中。这些胞内生化成分在进行提取时，必须先把细胞破碎。而某些生物成分则分布于细胞表面，例如从黄杆菌 P3-2 中提取一种水解酶时，就可在不破碎细胞的情况下，用含 0.15 mol/L $MgCl_2$ 的 0.01 mol/L Tris-HCl 缓冲液（pH 7.5）进行抽提。一般动物细胞的细胞膜较脆弱易破损，经常在组织绞碎或提取时就被破坏了。而植物和微生物细胞的细胞壁较牢固，在提取前需要进行专门的细胞破碎操作。

1. 机械破碎

（1）研磨法。将剪碎的生物材料直接置于研钵中，用研杵研碎。通常在研磨时加入一定量的石英砂以提高研磨效果，这时需要注意石英砂对有效成分的吸附作用。用匀浆器处理也能破碎动物细胞，该方法较温和，适宜实验室用。如果要进行大规模生产，则可采用电动研磨法。

（2）组织捣碎器法。用捣碎器（转速 8 000～10 000 r/min）处理 30～45 s 就可将植物细胞和动物细胞完全破碎。破碎微生物细胞时，加入石英砂效果更好。该方法是一种剧烈的细胞破碎法，捣碎期间需保持低温，并且时间不能太长，以防止温度升高引起有效成分变性。

（3）超声波法。此法多用于微生物细胞的破碎，破碎时间一般为 3～15 min。在细胞悬浮液中如加入石英砂则可缩短处理时间。另外，该法常采用间歇处理和降低温度的方法进行，以防止电器长时间运转而产生过多的热量。

（4）压榨法。该法是一种温和、彻底的细胞破碎方法。用 30 MPa 左右的压力迫使几十毫升细胞悬浮液通过一个小于细胞直径的小孔，致使其挤破、压碎。

（5）反复冻融法。先将材料置于 $-20\sim-15\ ℃$ 低温下冰冻一定时间，再将其置于室温下（或 40 ℃ 左右）迅速融化。如此反复冻融多次，可以将大部分细胞破碎。此法多适用于含对温度不敏感的有效成分的动物材料。

（6）急热骤冷法。先将样品材料投入沸水中，维持 $85\sim90\ ℃$ 15 min 后，再置于冰浴中急速冷却，使细胞迅速破碎。这种方法常用于含对热不敏感的有效成分的细菌或病毒材料。

（7）微波法。微波是指频率在 $0.3\sim300\ GHz$ 的电磁波，在微波破碎过程中，高频电磁波穿透萃取介质，到达被萃取物料的内部，微波能迅速转化为热能而使细胞内部的温度快速上升。当细胞内部的压力超过细胞的承受能力时，细胞就会被破裂，有效成分即从胞内流出，并在较低的温度下溶于萃取介质中。

2. 溶胀和自溶

（1）溶胀。溶胀是由于在低渗溶液中细胞内外存在着渗透压差，致使溶剂分子大量进入细胞从而使细胞膜发生胀破的一种现象。例如，将红细胞置于清水中，它会迅速溶胀破裂释放出血红蛋白。

（2）自溶。自溶是指细胞结构在一定的 pH 和适当的温度下，利用其自身所具有的各种酶系（如蛋白水解酶等多种水解酶）使其自身发生溶解的现象。该法所需时间较长，操作时需特别小心，以防止有效成分在细胞自溶时分解。

3. 化学处理法 用脂溶性溶剂（如丙酮、氯仿）或表面活性剂（如十二烷基磺酸钠或十二烷基硫酸钠）处理细胞时，可以破坏细胞壁和细胞膜的结构，进而使细胞释放出各种酶类等物质，最后导致整个细胞破碎。

4. 生物酶解法 许多生物酶（如溶菌酶、纤维素酶、蜗牛酶等）都具有专一性降解细菌细胞壁的作用。用这种方法处理细菌细胞时，先是使细胞壁被破坏，然后由渗透压差引起细胞膜破裂，最后导致整个细胞完全破碎。

二、细胞器分离

细胞器的分离一般采用差速离心法。该方法主要利用细胞器各组分质量大小不同，沉降于离心管内不同区域，分离后即得到所需组分。差速离心法具体见第三章离心技术中的相关内容。

三、目的物抽提

1. 抽提的含义 抽提是指用适当的溶剂和方法，从原材料中把有效成分分离出来的过程。经过预处理、细胞破碎和（或）细胞器分离的原材料中，所含有效成分可用缓冲液、稀酸、稀碱或有机溶剂（如丙酮）等进行抽提，有时候还可以用蒸馏水进行抽提。一般理想的抽提液需要具备下述条件：对有效成分溶解度大而破坏性小；对杂质不溶解或溶解度很小；来源广泛、价格低廉、操作安全等。抽提的原则是"少量多次"，即对于等量的用于抽提的溶液，分多次抽提比一次抽提效果要好得多。

2. 影响有效成分抽提的因素

（1）pH。对于蛋白质或酶等具有等电点的两性电解质，抽提液的 pH 一般选在等电点两侧的稳定范围内。通常碱性蛋白质选取低 pH 的溶液进行抽提，而酸性蛋白质选用高 pH 的溶液进行抽提，或者用一定 pH 的有机溶剂进行抽提。在抽提过程中如果需要用弱碱或弱酸调节溶液的 pH，则要不断地进行搅拌，以防止溶液局部出现过高或过低的 pH 导致有效成分变性。另外需要注意的一点是，抽提过程中溶液的 pH 与使有效成分活性稳定的 pH 有时候并不一致。

（2）溶剂的极性和离子强度。有些生化成分在极性大、离子强度高的溶液中稳定；有些则在极性小、离子强度低的溶液中稳定。因此，在进行抽提时，需要根据目的物的稳定性来选择不同极性和离子强度的溶剂。

降低溶液极性的一般方法是在水溶液中增加蔗糖或甘油的浓度，也可以用二甲基亚砜（dimethyl sulfoxide，DMSO）或二甲基甲酰胺代替。在水溶液中加入中性盐如 NaCl、$(NH_4)_2SO_4$ 等则能提高溶液的离子强度。一般来说，应采用离子强度较低的中性盐溶液来保护蛋白质的活性，因为离子强度过高将会引起蛋白质发生盐析。但是在提取核蛋白或细胞器中的蛋白质时，就宜采用高离子强度的盐溶液，使蛋白质与核酸或细胞器分离。另外，黏多糖类物质也溶于高离子强度的盐溶液。高浓度盐溶液的抽提物在上层析柱前一定要进行脱盐处理。

（3）温度。一般认为蛋白质或酶制品在低温（0 ℃左右）时最稳定，这是因为高温会使其受到微生物和（或）酶的作用而破坏。但是也有相反的情况存在，如鸟肝丙酮酸羧化酶对低温敏感，在 25 ℃时才稳定。因此，什么温度对提取相应生化成分有利，需要从实践中摸索和探讨。

（4）氧化。由于蛋白质或酶中大多含有易被氧化的巯基，当它被氧化时，将会使分子内或分子间形成二硫键，导致蛋白质或酶变性失活。当在抽提液中加入 β-巯基乙醇（1～5 mmol/L）、半胱氨酸（5～20 mmol/L）、还原型谷胱甘肽或巯基乙酸盐（1～5 mmol/L）等还原剂时，可以防止巯基发生氧化作用，或延缓某些酶活性的丧失。另外，有些植物材料中含有较多的酚类化合物，它们易被氧化成醌类物质然后使抽提液的颜色发生变化，影响有效成分的提取，在抽提液中加入 10% 苯基硫脲或 $3×10^{-3}$ mmol/L 聚乙烯吡咯烷酮（polyvinyl pyrrolidone，PVP）就可以防止上述现象的发生。

（5）金属离子。蛋白质的巯基不但容易受氧化剂作用，还可以和金属离子如铁等作用，产生沉淀化合物。解决的办法主要有：①用无离子水或重蒸水配制试剂；②配制试剂时加入一定量的金属离子螯合剂如乙二胺四乙酸（ethylenediaminetetraacetic acid，EDTA）等。

（6）水解酶。在抽提纯化蛋白质或核酸时，由于其经常受到自身水解酶的作用，导致有效成分被分解破坏，因此，在进行抽提时，必须采取加入酶抑制剂［如苯甲基磺酰氟（phenylmethylsulfonyl fluoride，PMSF）］或通过调节抽提液的 pH、离子强度、溶液的极性等方法，使这些水解酶变性失活。

（7）搅拌。搅拌可以促使有效成分与抽提液之间相互接触，增加其溶解度。但是，如果搅拌速度太快，则容易产生泡沫，导致有效成分（如蛋白质、酶）变性失活。因此，一般宜采用温和的搅拌方法。

（8）抽提液与抽提物的比例。在进行抽提时，抽提液与抽提物的比例一般以 5：1 为宜。如果抽提液过多，虽然有利于有效成分的提取，但是不利于以后的纯化工序。

第三节　目的物的初级分离

为获得所需要的有效成分，采取适当的方法除去混杂在生化成分提取液中杂质的过程称为目的物的初级分离。常用的方法主要有沉淀法、超滤法和透析法等，沉淀法具体见第二章，本节主要介绍超滤法和透析法。

一、超滤法

超滤法是指通过在溶液的表面加上一定的压力并使用一种特别的薄膜对溶液中各种溶质分子进行选择性过滤的一种纯化方法。当溶液在一定的压力（氮气压或真空泵压）下时，溶剂和小分子可透过选择性薄膜，而大分子则受阻保留。该方法最适于生物大分子如蛋白质等的浓缩和脱盐，具有操作简便、成本低廉、分辨效率高、条件温和且不引起温度和离子状态及相的变化等优点。

影响超滤的因素主要有：膜的选择性；水的流速；溶质的成分、性质及浓度；膜的吸附作用以及所选用的缓冲液、pH 等。应用该方法的关键还是在于膜的选择，不同类型和规格的膜，水的流速、膜的相对分子质量截止值（即大体上能被膜保留的分子最小相对分子质量数值）等参数均不相同，因此必须根据提取纯化的实际需要来进行选用。另外，所使用的超滤系统应能够避免极化，而且要尽量降低变性作用等。

二、透析法

透析法是指将待处理的溶液放于具有半透膜性质的玻璃纸袋中，然后将此袋放于水中或适当低离子强度的缓冲液中，无机盐及一些小分子的代谢产物由于扩散作用通过半透膜而被除去，而目的大分子物质则仍然保留在袋中。该法多用于提取制备生物大分子时除去或更换小分子物质、脱盐及改变溶剂成分等。

透析用的透析膜都是由纤维或纤维素衍生物制成的，可以自制（如火棉胶等），也可购买，但有以下几点需要注意：

（1）商品透析膜大多为袋状，各公司采用的大小规格各不相同，容易引起混乱，所以在购买时一定要注意。

（2）透析袋的孔径大小可以经过机械作用和理化处理而改变。如乙酰化作用可以缩小膜的孔径，而用 64% 的 $ZnCl_2$ 溶液处理，则可增大膜的孔径。

（3）实验中多用透析袋，而少用透析膜片。因为各种纤维素透析膜片孔径度一般不如袋状膜易控制，且透析的有效面积也小于袋状膜。

（4）商品透析袋常涂有甘油以防止膜干燥破裂，并含有极其微量的硫化物、重金属和一些具有紫外吸收的杂质，它们对具有生物活性的生化成分有害，在使用前必须除去。通常的处理方法是：用 10 mmol/L $NaHCO_3$ 或 1 mmol/L EDTA 溶液煮沸透析袋 0.5 h，然后用重蒸馏水充分洗涤透析袋。洗毕，在 4 ℃下将其贮存于 1 mmol/L EDTA 溶液中以防止微生物污染。经过这样处理的透析袋只能用干净的镊子或戴医用橡皮手套的手来拿，不能徒手直接拿。

（5）透析袋中的透析液不能装满，常留一半左右的体积，以防止膜外溶剂大量透入袋内时将袋胀破，或因透析袋膨胀而改变膜的孔径。

如果利用超滤膜制成空心的纤维管，将很多根这样的管拢成一束，管的两端与低离子强度的缓冲液相连，使缓冲液不断地在管中流动，然后将其浸入待透析的溶液中。当缓冲液流过纤维管时，则小分子易通过膜而扩散，大分子则不能。这种方法称为纤维过滤透析法。由于其透析的有效表面积增大，因此能使透析的时间缩短至原来的 1/10 左右。

第四节 目的物的精制与纯度鉴定

目的物经过初级分离后，纯度不高，需要做进一步的纯化，这个过程就称为目的物的精制。常用的方法主要有层析法、电泳法、超离心法和结晶法等。究竟选择哪一种方法，则取决于目的物的理化性质等。层析法、电泳法和超离心法已经在前面相应的章节进行了介绍，本节主要介绍结晶法及目的物的纯度鉴定。

一、结晶法

结晶是指物质从液态或气态形成晶体的过程，在生物化学领域内，绝大多数物质的结晶都是从液态通过一定条件形成晶态的过程。结晶是生化成分进行分离纯化的一个古老而又常用的手段，普遍应用于各种生化成分的制备工艺中，制备的结晶物也常作为结构分析之用。

结晶实质上是在特定条件下，通过改变欲结晶物质的溶解度来产生沉淀的一种方法。其具体操作是将欲结晶的物质溶解于适当的溶剂中，然后在此溶液中加入适量的盐（如 20%~40% 饱和度的硫酸铵）或有机溶剂（如乙醇、丙酮），使欲结晶物质的溶解度降低至接近饱和的临界浓度或刚刚出现微弱的浑浊，同时调节 pH 至欲结晶物质的等电点附近，控制温度在 4 ℃ 左右，然后经过一定时间（一般为几小时至数周）的沉化，即可得到结晶沉淀。

1. 生化成分形成结晶的条件 生化成分能不能结晶主要取决于生化成分的本性，但是具有一定结晶能力的物质进行结晶时还必须在一定的条件下才能形成晶体。生化成分在形成结晶时，往往要求一定的样品纯度、溶液的饱和度和溶剂的性质 3 个主要条件，其中纯度和溶液饱和度是决定因素。

（1）样品纯度。样品纯度越高，结晶越容易。混杂成分的存在有时是影响单晶长大的主要障碍，甚至影响到微晶的形成。物质欲在溶液中析出结晶，不论是小分子还是大分子都需要达到一定的纯度才能发生，但究竟需要纯化到什么程度才能结晶，则依各种物质而异，没有一定的标准。对于大多数蛋白质来说，一般要求其纯度达到 50% 以上才能进行结晶。

（2）溶液的饱和度。结晶母液通常需要保持尽可能高的浓度，浓度越高，形成结晶的机会就越大。这主要是因为分子的扩散速度慢，浓度高时相互碰撞聚合的机会就相应增多。如果母液的浓度太低，处于不饱和状态，结晶形成的速率远低于晶体溶解的速率，因此不能形成晶体。但是，如果母液浓度过高达到过饱和状态，结晶物的分子在溶液中聚集析出的速率超过这些分子形成晶核的速率，也会得不到晶体，只能获得一些无定形固体微粒，或虽然得到一些结晶，但杂质或共沉物含量很高，因此只有在稍稍过饱和的状态（或称低过饱状态）下，即形成晶体的速率稍大于晶体溶解的速率情况下才有可能获得大小、形状和纯度都较满意的晶体。对于大多数的蛋白质或酶来说，浓度在 5~30 mg/mL 为好。

（3）溶剂的选择。溶剂对于晶体能否形成和晶体质量的影响都十分显著，因此找出一个合适的溶剂是结晶实验首先需要考虑的问题。对于大多数生化小分子来说，水、乙醇、甲醇、丙酮、氯仿、乙酸乙酯、异丙醇、丁醇、乙醚等溶剂使用较多，尤其是乙醇应用最广。至于蛋白质、核酸和酶等大分子使用得较多的是硫酸铵溶液、氯化钠溶液、磷酸缓冲液、Tris-HCl 缓冲液和丙酮、乙醇等。结晶时选择溶剂常常需要注意以下几个条件：①所用溶剂不能和结晶物质发生任何反应；②选用的溶剂应对结晶物质有较高的温度系数及对杂质有较大的溶解度，或在不同的温度下结晶物质与杂质在溶剂中有溶解度的差别；③要考虑到操作的安全与方便等。如果某种单一试剂不能促使样品进行结晶，则需考虑使用混合溶剂，许多生物小分子结晶使用的常见混合溶剂有水-乙醇、醇-醚、水-丙酮、石油醚-丙酮等。

2. 影响结晶生成的因素 晶体的生成除了与样品纯度和溶液饱和度等因素直接相关外，还受一些控制溶解度的因素的影响，主要有以下几个。

（1）温度。结晶的温度一般选择在 0~40 ℃，一般都是在低温下进行结晶的，这样有利于保护生化成分的活性，尤其是使用有机溶剂进行结晶时，要求的温度更低，一般都需要将有机溶剂进行预冷，否则由于有机溶剂引起生化成分的变性就无法使其形成晶体。而对于一些耐热的生化小分子物质则可利用温度差法对其进行结晶。操作时一般采用高温溶解、缓慢冷却结晶的方法。

（2）pH。调节溶液的 pH 可以使晶体长到最适大小，也可以改变晶形，但是必须要注意保证结晶物的生物活性不受到损害。像核酸、蛋白质等生物大分子结晶时溶液的 pH 一般都应选在该物质的等电点附近。如果结晶所需的时间较长且希望得到较大的结晶时，pH 则可选离等电点稍微远一点。

（3）结晶时间。结晶时间需要视生化成分的具体情况而定。一般蛋白质、核酸等生物大分子形成结晶需要较长的时间（几周甚至几个月）。但也有例外，如牛肝过氧化氢酶从盐溶液中形成大的单晶只需要 12~24 h。一般来说，如果想得到纯净、整齐的大结晶体都需要一定的结晶时间。

（4）金属离子。金属离子能引起或有助于某些生化成分的结晶。另外，有些金属离子（特别是二价金属离子）有促进晶体长大的作用。例如在硫酸铵溶液中的铁蛋白，加入少量镉离子后能形成菱形结晶。

（5）其他。有些生化成分在一般情况下不容易结晶，这时需要通过添加晶种进行诱导，如糜蛋白酶，若加入微量的糜蛋白酶晶体，常可导致大量的结晶出现。有时用玻璃棒轻轻摩擦器壁也能促进结晶的形成。需要晶种进行诱导才能形成结晶的生化成分，其结晶得率一般都不高。

3. 结晶的一般方法 结晶的方法根据其原理一般可分为两大类：第一类是通过除去一部分溶剂，如蒸发浓缩等使溶液产生过饱和状态而析出结晶；第二类是在不除去溶剂的条件下，通过直接加入沉淀剂及降低温度等方法，使溶液达到饱和状态而析出结晶。在实际操作中，通常是将两者结合起来使用。在实验室主要通过下面几种方法来进行生化成分的结晶。

（1）盐析法。该法主要用于生物大分子如蛋白质、酶等物质的结晶。因为这些大分子一般都不耐热，对 pH 的变化及许多有机溶剂的使用都十分敏感，使用中性盐作为沉淀剂，降低这些物质的溶解度而产生结晶，其操作安全方便。盐析结晶法与第二章中所讨论的盐析沉淀法的原理和方法都相同。

（2）有机溶剂结晶法。该法主要用于一些小分子物质（如氨基酸、核苷酸类等）的结晶。固醇类在有机溶剂中也很容易获得结晶。那些具有生物活性的生化成分在使用该方法进行结晶时，需要保持比较低的温度以防止其变性失活。

（3）其他。等电点结晶法多用于一些两性生化成分物质的结晶。葡萄糖-1-磷酸钡盐可利用温度差法进行结晶，而铁蛋白在结晶时需要加入少量的金属镉离子等。

4. 重结晶　重结晶是生化成分制备最后阶段常用的一种精制方法。当获得某种物质的粗结晶后，如果通过重结晶则可得到更纯的产物。在进行重结晶时，宜选用对制备物比较难溶而对杂质较易溶解的溶剂，有时候还需要用两种不同的溶剂分别除去一些彼此性质相近的杂质和共沉组分。

如果粗结晶中含有两种以上的组分，而它们在溶剂系统中溶解度又存在差别，这时常采用分步结晶法进行重结晶。实验操作时，先将粗结晶溶于少量选好的溶剂中，并经过一定操作后，使其达到稍过饱和状态，放置后得到结晶 1，离心或过滤后与母液 1 分开。结晶 1 再在新鲜的溶剂中再结晶，得到结晶 1A 和母液 1A。再把上一步得到的母液 1 浓缩使之析出结晶 2 和母液 2，然后再使结晶 2 与母液 1 合并再结晶，得到结晶 2A 与母液 2A。如此交互进行再结晶，最后在某一溶剂系统中溶解度低的一方得到近似单一成分的结晶物质，而在另一方母液中含有溶解度高的物质，最后通过鉴定可分别获得不同组分的晶体。

二、目的物纯度的鉴定

各种生化成分在分离、提取以及纯化以后，需要对其纯度进行鉴定。目前，各种生化成分纯度的鉴定通常采用物理化学的方法，如电泳、层析、沉降和溶解度分析等，这些方法在前面的章节中都有阐述。另外，还可通过对物质进行结构分析和免疫分析来鉴定目的物纯度。如果所获得的制品是纯的，在这些方法的分析图谱上就只呈现一个峰或一条带。需要注意的是，采用任何单独一种方法鉴定所得到的结果只能作为制品的必要条件而不是充分条件。事实上，只有很少的生化成分能够全部满足以上的严格要求，往往是在一种鉴定方法中表现为均一性的制品，在另一种鉴定方法中又表现出不均一性。

第五节　制品的浓缩、干燥与保存

一、制品的浓缩

浓缩是指从低浓度的溶液中除去溶剂使之变为高浓度溶液的过程。在各种生化成分的制备过程中，浓缩往往是在提取后和结晶前进行。并且一些分离提纯的方法也能起到浓缩的作用，如超滤法、透析法和亲和层析法等，这些方法都已经在相关章节中做了具体的介绍，本节主要介绍蒸发浓缩、吸收浓缩和冰冻浓缩等方法。

1. 蒸发浓缩

（1）常压加温蒸发。即在常压下加热使溶剂蒸发，最后溶液被浓缩。该方法操作简单、方便，但其仅适宜于浓缩耐热的物质。

（2）减压降温蒸发。与常压加温蒸发相比，此法所需温度低而且蒸发速度快，适宜于一些不耐热的生物大分子的浓缩。其原理是通过降低液面压力而使液体的沸点降低。减压的真空度越高，液体沸点就降得越低，蒸发速度也就越快。

（3）空气流动蒸发浓缩。空气的流动可以使液体加速蒸发。将铺成薄层的溶液表面不断通过空气流，可加速蒸发；或将生物大分子溶液装入透析袋内置于冷室中，用电扇对准吹风，使透过膜外的溶剂不断蒸发，而达到浓缩的目的。此方法浓缩速度慢，不适宜于大量溶液的浓缩。

2. 吸收浓缩　吸收浓缩是指通过加入吸收剂从溶液中直接吸收溶剂使溶液达到浓缩的一种方法。所用的吸收剂必须具有不与溶剂起反应、不吸附溶质、容易和溶液分离、除去溶剂后能重新使用等特性。常用的吸收剂有各种凝胶、聚乙二醇、聚乙烯吡咯烷酮和葡聚糖等。吸收的方法有用凝胶直接吸收和在半透膜外吸收两种。

3. 冰冻浓缩　冰冻浓缩是利用溶液在低温下结成冰，盐类及生物大分子不能进入冰内而留在液相中，从而达到浓缩的一种有效方法。操作时先将待浓缩的溶液冷却使之变成固体，然后缓慢溶解，利用溶剂与溶质熔点的差别而达到除去大部分溶剂的目的。例如蛋白质的盐溶液用此法浓缩时，不含蛋白质的纯冰结晶浮于液面，蛋白质则集中于下层溶液中，移去上层冰块，就可得蛋白质的浓缩液。

二、制品的干燥

干燥是将潮湿的固体、膏状物、浓缩液及液体中的溶剂除尽的过程。在生化成分制备过程中，干燥往往是最后一道工序，它能够提高目的物的稳定性，便于对其进行分析、研究、应用和保存。目前常用的干燥方法主要有常压吸收干燥、真空干燥、冷冻真空干燥等。

常压吸收干燥是在密闭空间内用干燥剂吸收溶剂，此法的关键是选用合适的干燥剂，常用的干燥剂主要有五氧化二磷、无水氯化钙等。真空干燥适宜于不耐高温、易于氧化的物质干燥和保存。冷冻真空干燥除利用真空干燥原理外，同时增加了温度因素。在相同压力下，水蒸气压随温度下降而下降，因此，在低温低压下，冰很容易升华为气体。操作时先将待干燥的液体冷冻到冰点以下使之变成固体，然后在低温低压下将溶剂变成气体而除去。通过此法干燥后的制品具有疏松、溶解度好、保持天然结构等优点，适宜于各类生物大分子的干燥。

三、制品的保存

一般情况下，生化成分制备以后，要及时保存，以防止其受到各种因素的影响（如温度、水分、酸碱度等）而变质或被破坏。制品保存的常用方法主要有以下几种。

1. 密闭保存　凡暴露于空气中易发生水解（如含 RCO—、RSO_2—等基团的样品）、潮解（如含有 Br^-、Cl^-、NO_3^-、—COOH 等基团的、易溶于水的有机物）、氧化（如含—SH、—NO 等基团的样品）、聚合（如含—CHO、—CH＝CH—等基团的样品）、吸收CO_2 而碳酸化（含 OH^- 等的样品）、风化（含结晶水的样品）、挥发或霉变乃至所有的样品，都可以采用该方法来保存，以防止空气及水分的侵入。

2. 低温保存　该方法主要适用于对热敏感的生化活性物质及易水解、氧化物质的保存，一般认为温度越低越好。但是由于不同制品具有不同的理化性质，耐热性也不完全相同，因此必须根据制品的具体特性选择保存温度。尤其是一些对低温敏感的制品，保存温度不能太低。

3. 固态干燥保存　液态制品的保存虽然可省去较费时的干燥处理，但由于溶剂的存在，使得样品的稳定性大大降低，而固态干燥保存排除了溶剂导致的不稳定因素，创造了不利于微生物生存的条件。一些在水溶液中容易变性或水解、氧化的制品，在干燥或低温下都比较稳定。如干燥青霉素在完全无水条件下可以长期保持效价不变，但当吸湿或含水量在10%以上时即可分解失效。固态干燥保存是最古老、最普遍采用的方法，在生化成分的保存中占有重要的地位。

4. 避光保存 凡见光容易引起分解、氧化或变色的制品，均应放置在棕色玻璃瓶内避光保存。若没有棕色瓶，也可以用黑色纸包裹或放暗处避光保存，以减弱光化作用。对光特别敏感者（如维生素C等对光极敏感的物质等），则需在棕色瓶外再包一层黑纸保存。

5. 添加稳定剂 液态物质在保存时，常常需要添加一些起稳定作用的辅助成分，如防腐剂、抗氧化剂、酸碱调节剂等，这类物质通称为稳定剂。常用的防腐剂主要有乙醇、酚类（如苯酚、百里酚等）、有机汞化合物（如硝酸苯汞）、对羟基苯甲酸酯类（如对羟基苯甲酸的甲酯、乙酯、苄酯等）。常用的抗氧化剂主要有 Na_2SO_3、硫代硫酸钠、半胱氨酸、硫脲、维生素C、没食子酸丙酯、对（邻）苯二酚、焦性没食子酸等。另外，也可通过填充惰性气体来稳定制品，如细胞色素 c 的充 N_2 保存，维生素C的充 CO_2 保存等。有些样品可以通过制成高稳定性的盐类或衍生物来保存，如青霉素 G 制成钾盐、钠盐，效价不变，但其稳定性大大提高。

制品的保存在选择了正确的方法后，还需要进行定期检查，以便及时进行处理和更换等。

第三篇

生物化学与分子生物学基础性实验

第十章　生物化学基础性实验

实验一　蛋白质的性质实验——蛋白质及氨基酸的呈色反应

一、实验背景

蛋白质由 20 种基本氨基酸所组成，氨基酸以肽键形式互相连接，某些氨基酸和肽键有一些特殊的颜色反应，这些反应非常灵敏，可以用来鉴别蛋白质，而且它们常作为蛋白质定性和定量测定的依据。在这些颜色反应中，有些反应是所有蛋白质都有的，有些反应是含有某种氨基酸的蛋白质所特有的。例如，一切蛋白质都可发生茚三酮反应，含酪氨酸的蛋白质才发生米伦反应。

二、实验目的

1. 了解蛋白质构成的基本结构单位及连接方式。
2. 了解蛋白质及某些氨基酸的颜色反应，学习常用的鉴定蛋白质与氨基酸的原理及方法。

三、实验内容

（一）双缩脲反应

1. 实验原理　尿素加热至 180 ℃，则 2 分子尿素脱去 1 分子氨，缩合成双缩脲，其反应如下：

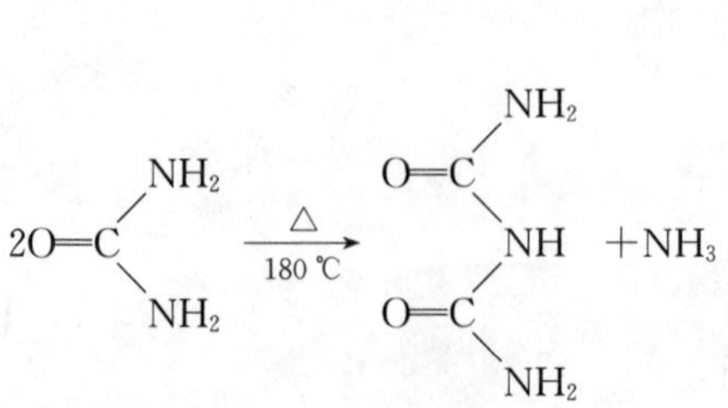

尿素　　　　　　　双缩脲

双缩脲在碱性溶液中能与硫酸铜起作用，生成紫红色的络合物，此反应称为双缩脲反应。蛋白质分子中含有多个与双缩脲结构相似的肽键，也能呈双缩脲颜色反应，形成紫红色或蓝色化合物，此法可以鉴别蛋白质的存在或测定其含量。应当指出，一些含有一个肽键和一个其他氨基团如—CS—NH$_2$、—CHNH$_2$—CH$_2$OH 等的物质也可发生双缩脲反应。因此，蛋白质或三肽以上的多肽都有双缩脲反应，但有双缩脲反应的不一定是多肽或蛋白质。

双缩脲的紫红色反应产物可能是铜离子（Cu^{2+}）与 4 个肽键上的氮原子形成配位复合物的缘故，反应如下：

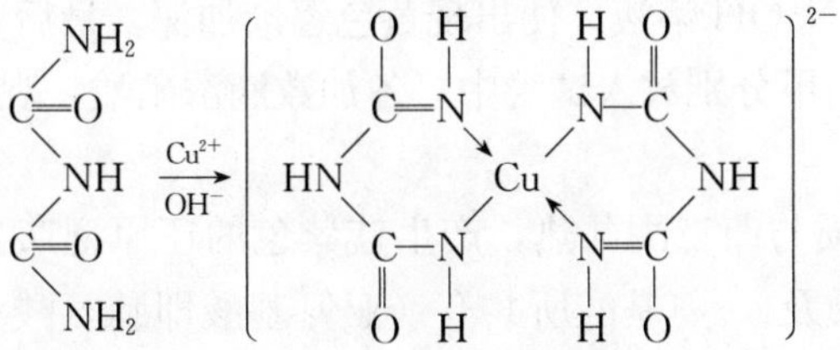

紫红色络合物

2. 实验材料、仪器与试剂

（1）实验材料。5％鸡蛋白溶液（用纱布过滤）。

（2）仪器。试管、酒精灯、试管夹等。

（3）试剂。0.2％硫酸铜溶液、20％NaOH 溶液、固体尿素等。

3. 操作步骤

（1）取干燥的小试管 1 支，加尿素少许，在小火焰上加热，使其熔融后沸腾，随后在管底生成白色固体，这就是双缩脲，停止加热、冷却，然后再加水 2～3 滴于试管中，使其溶解即为双缩脲溶液。

（2）于试管中加入 20％ NaOH 溶液 8 滴，摇匀，再加入 0.2％硫酸铜溶液 2～3 滴，摇匀，观察有何变化。

（3）另取小试管 2 支，其中一支小试管加水 3 滴，另一支小试管加入 5％鸡蛋白溶液 3 滴。每管各加 20％ NaOH 溶液 8 滴及 0.2％硫酸铜 2～3 滴。

比较上述 3 支试管所得的实验结果，并解释。

（二）黄色反应

1. 实验原理 凡含有苯基的化合物都能与浓硝酸作用产生黄色的硝基苯化合物。若苯环上含有羟基，加碱则颜色变深，这是由于硝醌酸化合物的生成所致。反应如下：

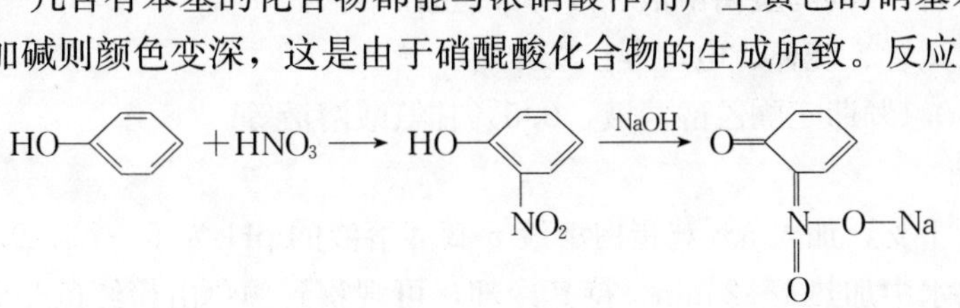

苯酚　　　　　　硝基苯酚（黄色）　　　邻-硝醌酸钠（橙色）

在蛋白质分子中，这种特殊复合物的生成与酪氨酸及色氨酸有关。苯丙氨酸不易硝化，一般情况下几乎无黄色反应，若同时加入少量浓硫酸，则能得到明显的阳性反应。绝大多数蛋白质都有带苯环的氨基酸，因此有黄色反应。皮肤、指甲和毛发等遇浓硝酸变黄就是发生了这种反应。

2. 实验材料、仪器与试剂

（1）实验材料。5％鸡蛋白溶液、指甲、毛发。

（2）仪器。试管、试管夹、酒精灯、三脚架、石棉网等。

（3）试剂。浓硝酸、20％ NaOH 溶液等。

3. 操作步骤

（1）取5％鸡蛋白溶液1 mL（约10滴）于试管中，加入浓硝酸5～6滴。由于强酸作用，出现蛋白质沉淀。用微火小心加热，沉淀变黄色，最后溶解，溶液变黄色。冷却后，逐滴加入稍为过量的20％ NaOH 溶液，便出现黄色逐渐加深，最后变为橙色的现象。

（2）剪一些头发和指甲分别放入试管中，各加数滴浓硝酸，观察颜色的变化。

（三）茚三酮反应

1. 实验原理 蛋白质与茚三酮共热，产生蓝紫色的还原型茚三酮、茚三酮和氨的缩合物。此反应为一切蛋白质及α-氨基酸所共有（亚氨基酸即脯氨酸和羟脯氨酸与茚三酮反应产生黄色产物）。含有氨基的其他物质亦有此反应。茚三酮反应如下：

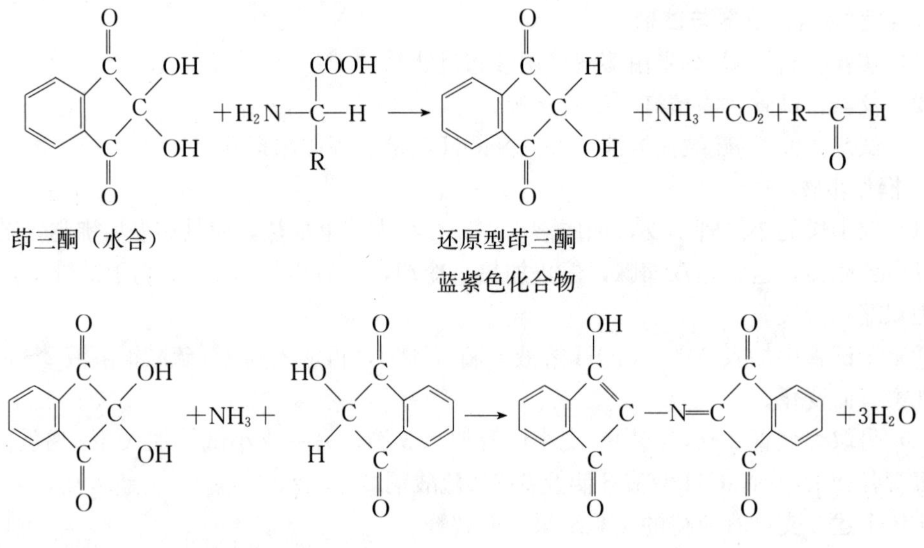

茚三酮（水合）　　　　　　　还原型茚三酮

蓝紫色化合物

2. 实验材料、仪器与试剂

（1）实验材料。5％鸡蛋白溶液、0.5％酪蛋白溶液。

（2）仪器。试管、烧杯、电炉等。

（3）试剂。0.1％茚三酮乙醇溶液、0.5％甘氨酸溶液等。

3. 操作步骤

（1）取试管1支，加入5％鸡蛋白溶液5滴（溶液的 pH 为5～7）、0.1％茚三酮溶液5滴，摇匀后在沸水中加热1～2 min，待其冷却，可观察到颜色由粉红色变成紫红色，直到蓝紫色。

（2）另取2支试管，用0.5％酪蛋白溶液和0.5％甘氨酸溶液分别进行茚三酮反应，注意观察溶液颜色发生的变化。

（3）在一片滤纸上滴加1滴0.5％甘氨酸溶液，风干后，加1滴0.1％茚三酮溶液，烘干，观察出现的紫红色斑点。

(四) 米伦反应

1. 实验原理 米伦试剂是用硝酸汞、亚硝酸汞和硝酸制成的试剂，能与苯酚及某些二羟苯衍生物起颜色反应，这类反应称为米伦反应。含有酪氨酸（Tyr）的蛋白质溶液中加入米伦试剂会发生沉淀，加热则变为红色沉淀。此反应为酪氨酸的酚基所特有的反应，因此含有酪氨酸的蛋白质均会发生米伦反应。米伦反应如下：

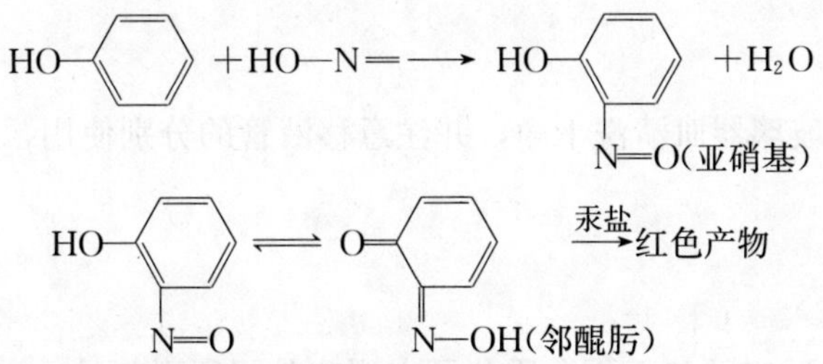

最初产生的有色物质可能为羟苯基亚硝基衍生物，经变位作用变成颜色更深的邻醌肟，最终得到具有稳定性的红色产物，此红色产物的结构尚不了解。组成蛋白质的氨基酸只有酪氨酸为羟苯衍生物，因此具有该反应者即为酪氨酸存在的确证。

2. 实验材料、仪器与试剂

（1）实验材料。5%鸡蛋白溶液。

（2）仪器。试管、烧杯、电炉等。

（3）试剂。米伦试剂、0.1%苯酚溶液、0.2%酪氨酸溶液、0.1%白明胶溶液等。

米伦（Millon）试剂：在 60 mL 浓硝酸（相对密度为 1.42）中溶解 40 g 汞（水浴加温可助溶），溶解后加入两倍体积的蒸馏水稀释，静置澄清后，取上层的清液备用。这种试剂可长期保存。

3. 操作步骤

（1）取小试管 1 支，加入 0.1%苯酚溶液 5 滴、米伦试剂 1 滴，在水浴中加热至沸腾，观察有无沉淀生成及颜色变化。

（2）另取小试管 1 支，加入 0.2%酪氨酸溶液 5 滴代替苯酚溶液，按同样步骤进行实验。

（3）再取小试管 2 支，分别用鸡蛋白溶液和白明胶溶液做上述试验，比较结果，并加以解释。

(五) 乙醛酸反应

1. 实验原理 含有吲哚环的物质，例如色氨酸，在浓硫酸溶液中，两个分子中的吲哚与乙醛酸（CHOCOOH）缩合，产物呈紫色，若小心勿使溶液混匀，则在两层溶液接触处产生紫红色环。凡含有色氨酸的蛋白质均可发生此反应。

2. 实验材料、仪器与试剂

（1）实验材料。5%鸡蛋白溶液。

（2）仪器。试管、试管夹等。

（3）试剂。乙醛酸试剂、浓硫酸、0.2%色氨酸溶液、0.1%白明胶溶液等。

3. 操作步骤

（1）取小试管 1 支，加入 0.2%色氨酸溶液 5 滴、乙醛酸试剂 5 滴，摇匀，斜执试管，沿管壁徐徐加入浓硫酸 20 滴，使成上、下两层，静置片刻，观察两层溶液接触处是否有紫红色环出现。

（2）另取小试管 1 支，加入 5％鸡蛋白溶液 5 滴代替色氨酸，按同样步骤进行实验。

（3）再取小试管 1 支，改用 0.1％白明胶溶液代替色氨酸溶液进行实验，观察结果，分析原因。

四、注意事项

实验前应将所用玻璃器皿清洗干净，并注意移液管的分别使用，以避免试剂混乱造成实验结果错误。

五、思考题

1. 本实验的颜色反应是基于蛋白质分子中哪些基团所引起的？

2. 在双缩脲反应中，氢氧化钠或硫酸铜分别添加过量会对实验结果产生什么影响？为什么？

3. 茚三酮反应的阳性结果是否经常同一色调？为什么？

4. 能否区分蛋白质茚三酮反应及其他氨基酸化合物茚三酮反应的结果？为什么？

5. 添加过量的米伦试剂对实验结果会产生什么影响？为什么？

实验二 蛋白质的性质实验——蛋白质的
等电点测定和沉淀反应

一、蛋白质的等电点测定

（一）实验背景

蛋白质是由氨基酸组成的，在其分子表面带有很多个解离基团，如羧基、氨基、酚羟基、咪唑基、胍基等。此外，在肽链两端还有游离的 α-氨基和 α-羧基，因此蛋白质是两性电解质。溶液中蛋白质带电荷的性质和数量由蛋白质分子中可解离基团的解离性质和所处环境的 pH 所决定。当溶液的 pH 达到一定数值时，蛋白质分子解离所带的正电荷和负电荷数目相等，净电荷为零，此时的溶液 pH 为该蛋白质的等电点（isoelectric point，pI）。在等电点时，蛋白质在电场中保持静止状态，蛋白质胶体溶液的稳定性最差，溶解度最低，蛋白质容易聚集沉淀，可利用这些性质测定蛋白质的等电点。

（二）实验目的

1. 通过实验了解蛋白质的两性解离性质及等电点。

2. 学习测定蛋白质等电点的方法。

（三）实验原理

蛋白质是两性电解质，在酸性溶液中做碱性解离，成为带正电荷的阳离子；在碱性溶液中做酸性解离，成为带负电荷的阴离子。

在一定的 pH 时，蛋白质分子的酸性解离与碱性解离相平衡，所带正负电荷相等，净电荷为零，以兼性的状态存在，在电场内该蛋白质分子既不向阴极移动，也不向阳极移动，这时溶液的 pH，就是该蛋白质的等电点（pI）。蛋白质等电点见图 10-1。

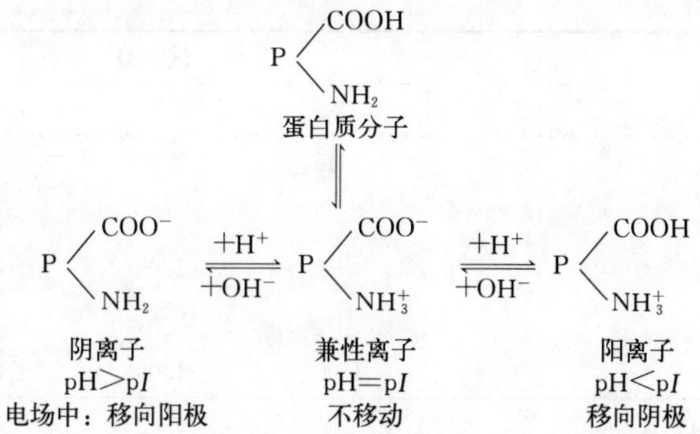

图 10-1 蛋白质等电点

在等电点时蛋白质溶解度最小，容易沉淀析出。本实验采用酪蛋白在不同 pH 溶液中形成的浑浊度来确定其等电点，沉淀量最多即浑浊度最大的溶液的 pH 为酪蛋白的等电点。

（四）实验材料、仪器与试剂

1. 材料　5％酪蛋白。

2. 仪器　试管及试管架、移液管及移液管架、容量瓶（500 mL）、烧杯（100 mL）、玻璃棒、滴管、pH 3～6 精密试纸、天平等。

3. 试剂　1 mol/L 乙酸溶液、0.1 mol/L 乙酸溶液、0.01 mol/L 乙酸溶液、1 mol/L NaOH 溶液、0.2 mol/L NaOH 溶液、0.2 mol/L HCl 溶液、0.1％溴甲酚绿指示剂、0.5％酪蛋白的 0.1 mol/L 乙酸溶液等。

注意：

（1）NaOH 溶液和乙酸溶液的浓度需要标定。

（2）0.5％酪蛋白的 0.1 mol/L 乙酸溶液的配制。称取纯酪蛋白 0.25 g，盛于 100 mL 烧杯中，加水约 20 mL 及 1 mol/L NaOH 溶液 5 mL（必须准确），酪蛋白完全溶解后加入 1 mol/L 乙酸 5 mL（必须准确且边加边搅拌），把溶液转入 50 mL 容量瓶中，用蒸馏水定容并充分摇匀。

（五）操作步骤

1. 蛋白质的两性性质

（1）取两支试管，加入 0.5％酪蛋白 2 mL，再加入 0.1％溴甲酚绿指示剂 4～5 滴，摇匀。此时溶液呈蓝色，无沉淀生成。这说明了什么？

（2）用滴管慢慢加入 0.2 mol/L HCl 溶液，随加随摇动直至有明显的沉淀生成，此时溶液 pH 接近酪蛋白的等电点，观察溶液颜色有何变化。

（3）继续滴加 0.2 mol/L HCl 溶液，沉淀会逐渐减少至消失。此时溶液的颜色有何变化？说明什么？

（4）滴加 0.2 mol/L NaOH 进行中和，沉淀又出现。继续滴加 0.2 mol/L NaOH 溶液，沉淀又逐渐消失。溶液的颜色变化说明什么？

注：溴甲酚绿的变色范围 pH 3.8～5.4。

2. 蛋白质等电点的测定

（1）取 5 支粗细相近的干燥试管，依次标号，按表 10-1 进行试剂添加，立即摇匀。

表 10 - 1

项目	试管编号				
	1	2	3	4	5
蒸馏水/mL	3.38	1.50	3.00	—	2.40
0.01 mol/L 乙酸/mL	0.62	2.50	—	—	—
0.1 mol/L 乙酸/mL	—	—	1.00	4.00	—
1.0 mol/L 乙酸/mL	—	—	—	—	1.60
0.5%酪蛋白/mL	1.00	1.00	1.00	1.00	1.00
各管 pH　蛋白质溶液 pH　pH 验证值					
沉淀情况　0 min　15 min 后					

（2）静置约 15 min，观察各支试管内溶液的浑浊度，以"一、±、＋、＋＋、＋＋＋"表示沉淀从无至多。根据观察结果，指出酪蛋白的大概等电点。

注：该实验要求各种试剂的浓度和加入量必须相当准确。除了要精心配制试剂外，实验中应严格按照定量分析的操作进行。

二、蛋白质的沉淀反应

（一）实验背景

蛋白质溶液是胶体溶液。在水溶液中，蛋白质分子表面由于形成水化层，同时蛋白质表面的可解离基团带有相同的净电荷而形成表面电荷。蛋白质溶液由于具有水化膜和表面电荷两方面的稳定因素而成为稳定的胶体系统。蛋白质溶液的稳定性是有条件的、相对的。在多种物理因素和化学因素影响下，蛋白质颗粒脱水或中和表面电荷，甚至变性而丧失其稳定因素，以固体形式从溶液中析出，这便是蛋白质的沉淀反应。该反应可分为两种类型：可逆沉淀反应和不可逆沉淀反应。

（二）实验目的

1. 通过学习蛋白质沉淀反应，加深对蛋白质胶体分子稳定因素的认识。

2. 了解蛋白质沉淀的方法及其实用意义，区分可逆沉淀反应及不可逆沉淀反应。

3. 了解蛋白质沉淀与蛋白质变性的关系。

（三）实验原理

可逆沉淀反应：在发生沉淀反应时，只要影响因素不强烈，蛋白质分子结构就不会发生显著的变化，基本上可以保持原来的性质，如果除去造成沉淀的因素，蛋白质沉淀可以再度溶于原来的溶剂中。这种沉淀反应称为可逆沉淀反应或不变性沉淀反应。在生产上，经常用中性盐盐析蛋白质和低温下用乙醇或丙酮短时间处理蛋白质使其沉淀的反应，以及利用等电点的沉淀，均为可逆沉淀。

不可逆沉淀反应：蛋白质由于物理因素或化学因素破坏了分子结构（特别是空间结构）而产生沉淀，成为变性蛋白质，不再溶于原来的溶剂，这种沉淀反应称为蛋白质的不可逆沉淀反应。一些重金属盐、植物碱试剂、无机酸、光照、超声波和加热均能使蛋白质内部结构发生改变，从而暴露出大量疏水基团，蛋白质变为疏水物质而析出，成为不可逆沉淀。

蛋白质变性后，有时由于维持溶液稳定的条件仍然存在（如电荷并未析出）。因此，变性蛋白质不一定都表现为沉淀，而沉淀的蛋白质也未必都已变性。

（四）实验材料、仪器与试剂

1. 实验材料 未经稀释的鸡蛋清及 15％的鸡蛋清。

2. 仪器 试管及试管架、玻璃漏斗、滤纸、玻璃棒、烧杯、量筒、滴管、酒精灯、三脚架、石棉网等。

3. 试剂 饱和硫酸铵溶液、固体硫酸铵粉末、无水乙醇、丙酮、1％氯化汞、1％硝酸银、1％乙酸铅、1％乙酸铜、饱和硫酸铜溶液、15％三氯醋酸、0.5％磺基水杨酸、浓盐酸、浓硫酸、浓硝酸、饱和鞣酸（单宁）溶液、饱和苦味酸溶液、0.1％乙酸、1％乙酸、10％乙酸、饱和氯化钠溶液、10％氢氧化钠、蛋白质的氯化钠溶液等。

蛋白质的氯化钠溶液：取 20 mL 鸡蛋清，加蒸馏水 200 mL 和饱和氯化钠溶液 100 mL，充分搅匀后用纱布滤去不溶物。加 NaCl 的目的是溶解球蛋白。

（五）操作步骤

1. 蛋白质的盐析

［原理］ 用大量中性盐使蛋白质从溶液中析出的过程称为蛋白质的盐析。盐析的机制可能是中性盐中和了蛋白质所带的电荷，也可能是蛋白质分子被中性盐脱去水化层，这时蛋白质沉淀析出而化学性质未变，当降低盐浓度时蛋白质仍能溶解。

用同一种盐进行盐析时，不同蛋白质所需要的浓度不同，这样可以进行蛋白质的分级盐析。

［操作］ 取试管 1 支，加入 3 mL 蛋白质的氯化钠溶液和 3 mL 饱和硫酸铵溶液，混匀，静置约 10 min（沉淀待稀释），球蛋白沉淀析出。过滤后向滤液中加入硫酸铵粉末，边加边用玻璃棒搅拌，直到粉末不再溶解达到饱和为止，析出的沉淀为清蛋白（固体硫酸铵若加到过饱和则有结晶析出，勿与清蛋白沉淀混淆）。沉淀的球蛋白和清蛋白再加水稀释，观察其能否再溶解。

2. 乙醇沉淀蛋白质

［原理］ 由于乙醇和丙酮等有机溶剂能使蛋白质胶体颗粒脱水，因而降低蛋白质在溶液中的稳定性，当乙醇增加到一定浓度时蛋白质即沉淀析出。如果溶液中有少量中性盐如氯化钠，则沉淀迅速而完全。如将所得的蛋白质沉淀和乙醇迅速分离，蛋白质仍能在水中溶解。

［操作］ 取 2 支试管，各加入 1 mL（约 20 滴）未稀释鸡蛋清和 2 mL 水，观察有什么现象。加入饱和硫酸铵溶液各 2 mL 溶液又变清亮（为什么?），然后再各加入 1 mL 无水乙醇，摇匀；在其中一支试管立刻加入 10 mL 蒸馏水，摇匀；另一支试管放 0.5 h 后加入 10 mL 蒸馏水，摇匀。比较 2 支试管的浑浊度有何差异（说明原因）。以丙酮代替乙醇，重复这一实验。

3. 重金属沉淀蛋白质

［原理］ 重金属盐类易与蛋白质结合成稳定的沉淀而析出。蛋白质在水溶液中是两性电解质，在碱性溶液中（对蛋白质的等电点而言），蛋白质分子带负电荷，能与带正电荷的

金属离子结合成蛋白质盐。在有机体内，蛋白质常以其可溶性的钠盐或钾盐的形式存在。当加入汞、铅、铜、银等重金属盐时，蛋白质则形成不溶性的盐类而沉淀。经过这种处理后的蛋白质沉淀不再溶解于水中。

重金属盐类（特别是在碱金属盐类存在时）沉淀蛋白质的反应通常很完全，因此，生化分析中常用重金属盐除去液体中的蛋白质，临床上则用蛋白质解除重金属盐食物中毒。但应注意，使用乙酸铅或硫酸铜沉淀蛋白质时不可过量，否则会引起沉淀的再溶解。

［操作］　取 4 支试管，分别加入 15％鸡蛋白溶液约 1 mL，再分别向 4 支试管中加入 1 滴 1％氯化汞溶液、1％硝酸银溶液、1％乙酸铅溶液及 1％硫酸铜溶液，观察沉淀生成。

对第 3 支、第 4 支试管分别再加入过量的乙酸铅溶液及饱和硫酸铜溶液，观察沉淀的再溶解。向第 1 支、第 2 支试管中分别加水，观察所生成的沉淀能否再溶解。

4. 有机酸沉淀蛋白质

［原理］　有机酸能使蛋白质沉淀。三氯乙酸和磺基水杨酸最有效，可将血清等生物体液中的蛋白质完全除去，因此该法得到广泛的使用。

［操作］　取 2 支试管，各加入 15％鸡蛋白溶液约 0.5 mL，然后分别滴加 15％三氯乙酸和 0.5％磺基水杨酸溶液数滴，观察沉淀的生成。加水稀释，观察沉淀能否再溶解。

5. 无机酸沉淀蛋白质

［原理］　浓无机酸（磷酸除外）都能使蛋白质发生不可逆的沉淀反应。这类沉淀作用可能是蛋白质颗粒脱水的结果。过量的无机酸（硝酸除外），可使沉淀的蛋白质重新溶解。临床诊断上常利用硝酸沉淀蛋白质的反应检查尿中蛋白质的存在。

［操作］　取 3 支试管，各加入 6 滴 15％鸡蛋白溶液，再分别滴加浓盐酸、浓硫酸和浓硝酸，不要摇动，观察各管中沉淀的出现。然后再滴加浓盐酸或浓硫酸，蛋白质沉淀应在过剩的盐酸及硫酸中溶解。含硝酸的试管，即使振荡，其中的蛋白质沉淀也不溶解，加水稀释，蛋白质沉淀也不溶解。

6. 生物碱试剂沉淀蛋白质

［原理］　生物碱是植物中具有显著生理作用的一类含氮的碱性物质。凡能使生物碱沉淀或能与生物碱作用生成颜色产物的物质（如鞣酸、苦味酸、磷钨酸等），称为生物碱试剂。生物碱试剂与蛋白质作用能产生沉淀，可能是蛋白质含有与生物碱相似的含氮基团。

［操作］　取试管 2 支，各加入 2 mL 15％鸡蛋白溶液及 1％乙酸 4~5 滴，向一支试管中加入饱和鞣酸溶液数滴，另一支试管加入饱和苦味酸溶液数滴，观察结果。以水稀释，观察沉淀是否再溶解。

7. 加热沉淀蛋白质

［原理］　几乎所有的蛋白质都因加热变性而凝固，变成不可逆的不溶状态。盐类和 pH 对蛋白质加热凝固有重要影响，少数盐类促进蛋白质的加热凝固。当蛋白质处于等电点时，热凝固最完全、最迅速。在酸性或碱性溶液中，蛋白质分子因带有正电荷或负电荷，即使给蛋白质加热也不致凝固，若同时有足量的中性盐存在，则蛋白质可因加热而凝固。

［操作］　取 5 支试管编号，按表 10-2 加入有关试剂，混匀，观察记录各试管中的情况。然后放入沸水中加热 10 min。注意观察比较各试管沉淀的情况。最后，将 3、4、5 号试管分别用 10％氢氧化钠或 10％乙酸溶液中和，观察并解释实验结果。将 1 号试管用水稀释，观察沉淀能否再溶解并解释。

表 10 - 2

项 目	试管编号				
	1	2	3	4	5
15％鸡蛋白溶液/滴	10	10	10	10	10
0.1％乙酸/滴	—	5	—	—	—
10％乙酸/滴	—	—	5	5	—
饱和 NaCl/滴	—	—	—	2	—
10％NaOH/mL	—	—	—	—	2
蒸馏水/滴	7	2	2	—	5
实验现象					

三、思考题

1. 在等电点时蛋白质的溶解度为何最低？

2. 根据各管溶液中乙酸的浓度计算出各管的 pH。为什么在分离蛋白质（包括酶）时，要在调整溶液的 pH 后再加入沉淀剂？

3. 举例说明本实验原理在工业上的应用。

4. 低浓度和高浓度的硫酸铵对蛋白质的溶解度有何影响？为什么？

实验三　蛋白质浓度测定——考马斯亮蓝 G - 250 显色法

一、实验背景

蛋白质浓度测定的方法有很多，考马斯亮蓝 G - 250 显色法测定蛋白质浓度是实验室最常见的一种方法。考马斯亮蓝 G - 250 显色法测定蛋白质浓度，是利用蛋白质与染料结合的原理，定量地测定微量蛋白质浓度的一种快速、灵敏的方法。

二、实验目的

学习考马斯亮蓝 G - 250 显色法测定蛋白质浓度的原理和方法。

三、实验原理

用考马斯亮蓝 G - 250 显色法测定蛋白质浓度属于染料结合法的一种。考马斯亮蓝 G - 250 在游离状态下呈棕红色，其最大光吸收在 488 nm；当它与蛋白质结合后变为蓝色，蛋白质-染料结合物在595 nm 波长下有最大光吸收。其吸光度值与蛋白质含量成正比，因此可用于蛋白质的定量测定。蛋白质与考马斯亮蓝 G - 250 结合在 2 min 左右的时间内显色达到平衡，反应十分迅速；其结合物在室温下 1 h 内保持稳定。该法试剂配制简单，操作简便快捷，反应非常灵敏，灵敏度比 Lowry 法还高 4 倍，可测定微克级蛋白质含量。

四、实验材料、仪器与试剂

1. 材料　未知蛋白质溶液。

2. 仪器 试管及试管架、吸量管（0.1 mL 及 5 mL）、722 型分光光度计等。

3. 试剂

（1）考马斯亮蓝试剂。考马斯亮蓝 G-250 100 mg 溶于 50 mL 95％乙醇中，加入 100 mL 85％磷酸，用蒸馏水稀释至 1 000 mL，用滤纸过滤。最终试剂中含 0.01％考马斯亮蓝 G-250（体积分数）、4.7％乙醇（体积分数）、8.5％磷酸（体积分数）。

（2）标准蛋白质溶液。结晶牛血清清蛋白，预先经微量凯氏定氮法测定蛋白氮含量，根据其纯度用 0.15 mol/L NaCl 配制成 1 mg/mL、0.1 mg/mL 蛋白溶液。

五、操作步骤

1. 标准法制定标准曲线 取 14 支试管，分两组按表 10-3 平行操作。

表 10-3

项 目	试管编号						
	0	1	2	3	4	5	6
1 mg/mL 标准蛋白质溶液/mL	0	0.01	0.02	0.03	0.04	0.05	0.06
0.15 mol/L NaCl/mL	0.10	0.09	0.08	0.07	0.06	0.05	0.04
考马斯亮蓝试剂/mL	5						
摇匀，1 h 内以 0 号试管为空白对照，在 595 nm 处比色							
A_{595}							

以 A_{595} 为纵坐标、标准蛋白含量为横坐标，绘制标准曲线。

2. 微量法制定标准曲线 取 12 支试管，分两组按表 10-4 平行操作。

表 10-4

项 目	试管编号					
	0	1	2	3	4	5
0.10 mg/mL 标准蛋白质溶液 /mL	0	0.01	0.03	0.05	0.07	0.09
0.15 mol/L NaCl /mL	0.10	0.09	0.07	0.05	0.03	0.01
考马斯亮蓝试剂 /mL	1					
摇匀，1 h 内以 0 号试管为空白对照，在 595 nm 处比色						
A_{595}						

以 A_{595} 为纵坐标、标准蛋白含量为横坐标，绘制标准曲线。

3. 测定未知样品蛋白质浓度 取合适的未知样品体积，测定方法同上，使其测定值在标准曲线的范围内。根据所测定的 A_{595} 值，在标准曲线上查出其相当于标准蛋白的量，从而计算出未知样品的蛋白质浓度（mg/mL）。

六、注意事项

（1）如果测定要求很严格，可以在试剂加入后的 5～20 min 内测定吸光度，因为在这段时间内颜色最稳定。

（2）测定中，蛋白质-染料结合物会有少部分吸附于比色皿壁上，实验证明此结合物的吸附量是可以忽略的。测定完后可用乙醇将比色皿洗干净。

七、思考题

简述考马斯亮蓝 G-250 法测定蛋白质浓度的原理和基本步骤。

蛋白质浓度测定
——双缩脲法

实验四　蛋白质浓度测定——微量凯氏定氮法

一、实验背景

衡量食品的营养成分时，往往需要测定蛋白质含量。但由于蛋白质组成及

改良双缩脲试剂
测定种子蛋白质
含量

其性质的复杂性，在食品分析中，通常用食品的总氮量来表示蛋白质含量。蛋白质是食品含氮物质的主要形式，每一种蛋白质都有其恒定的含氮量。因此，测定样品中氮含量，通过一定的换算系数，即可计算出该样品中的蛋白质含量。

二、实验目的

学习微量凯氏定氮法测定蛋白质浓度的原理和操作技术。

三、实验原理

天然有机物（如蛋白质和氨基酸等化合物）的含氮总量通常用微量凯氏定氮法来测定。

含氮的有机化合物与浓硫酸共热时，其中的碳、氢两种元素分别被氧化成 CO_2 和 H_2O，而氮则转变成 NH_3，并进一步与硫酸化合生成硫酸铵，此过程称为消化。该反应进行较慢，通常需要加入硫酸钾（或硫酸钠）和硫酸铜来促进，硫酸钾（或硫酸钠）可提高消化液的沸点，硫酸铜作为催化剂，以促进反应的进行。

浓碱可使消化液中的硫酸铵分解，游离出氨，可借助水蒸气将产生的氨蒸馏到一定量及一定浓度的硼酸溶液中，氨与溶液中氢离子结合生成铵根离子，硼酸吸收氨后，使溶液中氢离子浓度降低，然后再用标准无机酸滴定，直到恢复溶液中原来氢离子浓度为止。最后根据所用无机酸的物质的量（mol）[即相当于被测样品中氨的物质的量（mol）] 计算出被测样品中的总氮量。

本法适用范围为 0.2~1.0 mg 氮。

四、实验材料、仪器与试剂

1. 材料　市售标准面粉或富强粉。

2. 仪器　凯氏烧瓶、凯氏蒸馏仪、容量瓶、蒸馏烧瓶、锥形瓶、微量滴定管、吸量管、量筒、玻璃珠、表面皿、烘箱、电炉（或远红外消煮炉）等。

3. 试剂

（1）混合指示剂贮备液。取 50 mL 0.1％亚甲蓝-无水乙醇溶液与 200 mL 0.1％甲基红-无水乙醇溶液混合，贮于棕色瓶中，备用。本指示剂在 pH 5.2 时为紫红色，在 pH 5.4 时为暗蓝色（或灰色），在 pH 5.6 时为绿色，所以指示剂的变色范围很窄，极其灵敏。

（2）硼酸指示剂混合液。取 100 mL 2％硼酸溶液，滴加混合指示剂贮备液（约 1 mL），摇匀，溶液呈紫红色即可。

（3）其他试剂。浓硫酸（化学纯）、30％氢氧化钠溶液、2％硼酸溶液、0.010 0 mol/L 标准盐酸溶液、粉末硫酸钾-硫酸铜混合物（K_2SO_4：$CuSO_4 \cdot 5H_2O$=5：1，质量比）等。

五、操作步骤

1. 凯氏蒸馏仪的构造和安装 凯氏蒸馏仪由蒸汽发生器、反应管及冷凝器三部分组成（图 10-2）。

蒸汽发生器包括电炉及一个 1～2 L 容积的烧瓶。蒸汽发生器借橡皮管与反应管相连，反应管上端有一个玻璃杯，样品和碱液可由此加入反应室中，反应室中心有一长玻璃管，其上端通过反应室外层与蒸汽发生器相连，下端靠近反应室的底部。反应室外层下端有一开口，上有一皮管夹，由此可放出冷凝水及反应废液。反应产生的氨可通过反应室上端细管及冷凝器通到吸收瓶中，反应管及冷凝器之间借磨口连接起来，防止漏气。

安装仪器时，先将冷凝器垂直地固定在铁支台上，冷凝器下端不要距离实验台太近，以免放不下吸收瓶。然后将反应管通过磨口与冷凝器相连，根据仪器本身的角度将反应管固定在另一铁支台上。这一点必须注意，否则容易引起氨的散失及反应室上端弯管折断。将蒸汽发生器放在电炉上，并用橡皮管把蒸汽发生器与反应管连接起来，安装完毕后，不得轻易移动，以免仪器损坏。

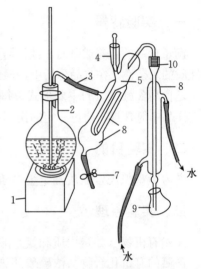

图 10-2 凯氏蒸馏仪

1. 电炉 2. 烧瓶 3. 橡皮管 4. 玻璃杯
5. 反应室 6. 反应室外层 7. 皮管夹
8. 冷凝器 9. 吸收瓶 10. 磨口

2. 样品处理 某一固体样品中的含氮量是用 100 g 该物质（干重）中所含氮的质量（以克计）来表示（％）。因此在定氮前，应先将固体样品中的水分除掉。一般样品烘干的温度都采用 105 ℃，因为非游离的水在 100 ℃ 以下不能烘干。

若样品为液体（如血清等），可取一定体积样品直接消化测定。若样品为固体，则在称量瓶中称入一定量磨细的样品，然后置于 105 ℃ 的烘箱内干燥 4 h。用坩埚钳将称量瓶放入干燥器内，待降至室温后称量，按上述操作继续烘干样品。每干燥 1 h 后，称量一次，直到两次称量数值不变，即达恒量。

精确称取 0.1 g 左右的干燥面粉作为本实验的样品。

3. 消化 取 4 个 100 mL 凯氏烧瓶并标号，各加 1 颗玻璃珠。在 1 号瓶及 2 号瓶中各加样品 0.1 g、粉末硫酸钾-硫酸铜混合物 200 mg、浓硫酸 5 mL，注意加样品时应直接送入瓶底，而不要沾在瓶口和瓶颈上。在 3 号瓶及 4 号瓶中各加蒸馏水 0.1 mL、粉末硫酸钾-硫酸铜混合物 200 mg 和浓硫酸 5 mL，作为对照，用以测定试剂中可能含有的微量含氮物质。每个瓶口放一漏斗，在通风橱内的电炉上消化（也可在远红外消煮炉内进行消化）。

在消化开始时应控制火力，不要使液体冲到瓶颈。待瓶内水汽蒸完，硫酸开始分解并放出 SO_2 白烟后，适当加大火力，继续消化，直至消化液呈透明淡绿色为止。消化完毕，等烧瓶内容物冷却后，加蒸馏水 10 mL（注意慢加，随加随摇）。冷却后将瓶内容物倾入

50 mL 的容量瓶中，并以蒸馏水洗烧瓶数次，将洗液并入容量瓶中，用蒸馏水稀释到刻度，混匀备用。

4. 蒸馏

（1）蒸馏器的洗涤。蒸汽发生器中盛有几滴硫酸酸化的蒸馏水。关闭皮管夹，将蒸汽发生器中的水烧开，让蒸汽通过整个仪器。约 15 min 后，在冷凝器下端放一个盛有 5 mL 2% 硼酸溶液和 1～2 滴混合指示剂贮备液的锥形瓶。冷凝器下端应完全浸没在液体中，继续蒸汽洗涤 1～2 min，观察锥形瓶内的溶液是否变色，如不变色则证明蒸馏装置内部已洗涤干净。向下移动锥形瓶，使硼酸液面离开冷凝管口约 1 cm，继续通蒸汽 1 min。最后用水冲洗冷凝管口，用手捏紧橡皮管，由于反应室外层蒸汽冷缩，压力降低，反应室内凝结的水可自动吸出进入反应室外层，打开皮管夹，将废水排出。

（2）蒸馏。取 50 mL 锥形瓶数个，各加 5 mL 硼酸指示剂混合液，溶液呈紫红色，用表面皿覆盖备用。

用吸管取 10 mL 消化液，小心地由蒸馏器小玻璃杯注入反应室，塞紧棒状玻璃塞。将一个含有硼酸指示剂混合液的锥形瓶放在冷凝器下，使冷凝器下端浸没在液体内。

用量筒取 10 mL 30% 氢氧化钠溶液放入小玻璃杯中，轻提棒状玻璃塞使之流入反应室（为了防止冷凝器倒吸，液体流入反应室必须缓慢）。尚未完全流入时，将玻璃塞盖紧，向玻璃杯中加入蒸馏水约 5 mL。再轻提玻璃塞，使一半蒸馏水慢慢流入反应室，一半蒸馏水留在玻璃杯中作水封。加热蒸汽发生器，沸腾后夹紧皮管夹开始蒸馏。此时锥形瓶中的酸溶液由紫色变成绿色。自变色时起计时，蒸馏 3～5 min。移动锥形瓶，使硼酸液面离开冷凝器约 1 cm，移开锥形瓶，用表面皿覆盖锥形瓶。

蒸馏完毕后，须将反应室洗涤干净。在小玻璃杯中倒入蒸馏水，待蒸汽很足、反应室外层温度很高时，一手轻提棒状玻璃塞使冷水流入反应室，同时立即用另一只手捏紧橡皮管，则反应室外层内的蒸汽冷缩，可将反应室中残液自动吸出，再将蒸馏水自玻璃杯倒入反应器，重复上述操作。如此冲洗几次后，将皮管夹打开，将反应室外层中的废液排出。再继续下一个蒸馏操作。

待样品和空白消化液均蒸馏完毕后，同时进行滴定。

（3）滴定。全部蒸馏完毕后，用标准盐酸溶液滴定各锥形瓶中收集的氨量，硼酸指示剂混合液由绿色变为淡紫色为滴定终点。

（4）计算。

$$总氮含量=\frac{(V_1-V_2)\times0.014}{m}\times\frac{P_1}{P_2}\times100\%$$

式中，V_1 为滴定样品用去的盐酸溶液平均体积（mL）；V_2 为滴定空白消化液用去的盐酸溶液平均体积（mL）；m 为样品质量（g）；0.014 为 1 mol/L 盐酸标准溶液 1 mL 相当于氮克数（g）；P_1 为消化液总体积（mL）；P_2 为测定所用消化液体积（mL）。

若测定的样品含氮部分只是蛋白质，则样品中蛋白质含量=总氮量×6.25。

若样品中除有蛋白质外，尚有其他含氮物质，则需向样品中加入三氯乙酸，然后测定未加三氯乙酸的样品及加入三氯乙酸后样品上清液中的含氮量，得出非蛋白氮含量及总氮含量，从而计算出蛋白氮，再进一步算出蛋白质含量。

$$蛋白氮含量=总氮含量-非蛋白氮含量$$

$$蛋白质含量＝蛋白氮含量×6.25$$

六、注意事项

（1）必须仔细检查凯氏蒸馏仪的各个连接处，保证不漏气。所用橡皮管、橡皮塞必须浸在 10% NaOH 溶液中，煮约 10 min，水洗、水煮，再水洗数次，保证洁净。

（2）凯氏蒸馏仪必须事先反复清洗，保证洁净。

（3）小心加样，切勿使样品污染凯氏烧瓶口部、颈部。

（4）使用消化架进行消化时，必须斜放凯氏烧瓶（45°左右）。火力先小后大，避免黑色消化物溅到瓶口、瓶颈壁上，以免影响测定结果。

酪蛋白的制备

（5）蒸馏时，小心、准确地加入消化液。加样时最好将火拧小或撤离。蒸馏时，切忌火力不稳，否则将发生倒吸现象。

（6）滴定前，仔细检查滴定管是否洁净、是否漏液。

（7）蒸馏后应及时清洗蒸馏仪。

七、思考题

1. 写出以下各步的化学反应式。

（1）蛋白质的消化　（2）氨的蒸馏　（3）氨的吸收　（4）氨的滴定

蛋白质的透析

2. 消化时加硫酸钾-硫酸铜混合物的作用是什么？

实验五　氨基酸的分离鉴定——纸层析法

一、实验背景

层析法，又称为色谱法、色谱分析法，是一种重要的分离和分析方法，在分析化学、有机化学、生物化学等领域有着非常广泛的应用。层析法主要是利用混合物中各组分理化性质（如分子形状和大小、带电状态、溶解度、吸附能力、分配系数、分子极性以及分子的亲和力等）的差别，使各组分以不同程度分布在固定相和流动相中，流动相对固定相做单向相对运动并推动样品中各组分经固定相向前迁移，由于各组分迁移速度不同，故可以对物质进行分离。其中固定相可以是固体、液体或一种固体和一种液体的混合物，而流动相可以是一种液体或一种气体。根据支持介质及使用形式，可将层析法分为纸层析法、柱层析法和薄层层析法。本实验利用纸层析法分离氨基酸。

二、实验目的

1. 学习纸层析法的基本原理及操作方法。
2. 掌握影响比移值的各种因素。

三、实验原理

纸层析法是用滤纸作为惰性支持物的分配层析法。样本点在滤纸上，作为展开剂的有机溶剂（流动相）自下而上移动，样品混合物中各组分在水（固定相）或有机溶剂中的溶解能力各不相同，因此，各组分会在水和有机溶剂中发生溶解分配，并随有机溶剂的移动而展开,从而达到分离的目的。物质被分离后在纸层析图谱上的位置是用比移值(R_f 值)来表示的,在一定的条件下某种物质的 R_f 值是常数。R_f 值的大小与物质的结构、性质、溶剂系统、层析滤纸的质量和层析温度等因素有关。本实验中氨基酸通过在滤纸上移动、展开,形成距原点不等的色谱斑。由于氨基酸无色,可用茚三酮反应使氨基酸色谱斑显色,从而定性和定量。

$$R_f = \frac{\text{原点到层析点中心的距离}}{\text{原点到溶剂前沿的距离}}$$

四、实验材料、仪器与试剂

1. 材料 氨基酸溶液。赖氨酸(Lys)、脯氨酸(Pro)、缬氨酸(Val)、苯丙氨酸(Phe)、亮氨酸(Leu)溶液及它们的混合液(各组分浓度均为 0.5 %)。各种试剂各 5 mL。

2. 仪器 培养皿、层析滤纸、直尺、铅笔、镊子、胶带纸、层析缸、毛细管、喷雾器等。

3. 试剂

(1)展开剂。饱和正丁醇∶冰醋酸＝4∶1(体积比)。具体配制方法如下:40 mL 正丁醇＋10 mL 冰醋酸＋30 mL 蒸馏水→置分液漏斗中充分混合→弃下层水→平均分成 3 份→取 5 mL 于小烧杯中,其余置于培养皿中→置于密闭层析缸中。

(2)显色剂。0.1%水合茚三酮正丁醇溶液。

五、操作步骤

(1)戴手套,取层析滤纸一张。在纸的一端距边缘 2 cm 处用铅笔画一条直线(直线要与滤纸边缘平行),在此直线上间隔 2 cm 作一个记号,为点样位置,共 6 个点样位置。一定要注意不能用手直接接触滤纸,因为手上含有其他物质,会对实验结果产生影响。

(2)点样。用毛细管将各氨基酸样品(5 种标样,1 种混样)分别点在这 6 个位置上,干后再点一次。每点在纸上扩散的直径最大不超过 5 mm。

(3)扩展。将点好样品的层析滤纸卷成圆筒状,使基线吻合,两边不搭接(中间留一个 1～2 cm 的缝隙),用棉线将滤纸缝合成筒形,置于放有展开剂的培养皿中,加盖层析缸,密闭。待溶剂上升 12～15 cm 时取出,剪开,沿溶剂前沿画一直线,置于烘干箱中 70～90 ℃烘干。

(4)显色。用喷雾器均匀喷上 0.1%茚三酮正丁醇溶液,然后置于烘箱中烘烤 5 min(100 ℃)或用热风吹干即可显出各层析斑点。

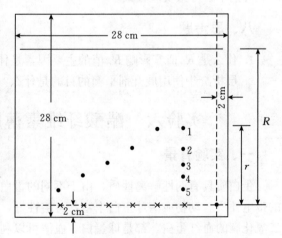

图 10-3 R_f 值测定示意

(注:r 为原点到层析中心点的距离,

R 为原点到溶剂前沿的距离)

(5)用铅笔画出斑点范围和中心点,计算各种氨基酸的 R_f 值。R_f 值测定示意见图 10-3。

六、结果与计算

列表计算各种氨基酸的 R_f 值（表 10-5）。

表 10-5　氨基酸的 R_f 值

氨基酸		R	r	R_f
Lys	标样			
	混样			
Pro	标样			
	混样			
Val	标样			
	混样			
Phe	标样			
	混样			
Leu	标样			
	混样			

七、注意事项

（1）点样一定要适中，过少斑点不清晰，过多斑点不容易分开。

（2）重复点样时一定要注意与上次样品保持一致。

（3）点样点一定要位于展开剂上方，否则样品中的色素还有离子就会进入展开剂中，导致实验失败。

植物组织中
氨基酸含量的
测定

八、思考题

1. 什么是 R_f 值？影响 R_f 值的主要因素是什么？
2. 层析缸中使用展开剂平衡的目的是什么？

实验六　醋酸纤维素薄膜电泳分离血清蛋白

一、实验背景

蛋白质具有两性解离性质，由于不同的蛋白质等电点不同，在不同的 pH 下显示出不同的带电性质。动物血清球蛋白丰富，可溶性好，例如作为抗体的免疫球蛋白及作为运输氧和二氧化碳的血红蛋白，都是球蛋白。血清可以利用电泳方法将血清蛋白分离，电泳载体的选择和染色方法对分离效果非常重要，常用聚丙烯酰胺凝胶、琼脂糖凝胶、醋酸纤维素薄膜作为电泳载体。聚丙烯酰胺凝胶电泳分离效果显著，血清蛋白分离染色可至少见到 30 条清晰的蛋白带，用醋酸纤维素薄膜电泳分离染色只能见到 5 条清晰的蛋白带。醋酸纤维素薄膜电泳方法简单、快速。

二、实验目的

1. 理解蛋白质电泳的一般原理。
2. 掌握用醋酸纤维素薄膜电泳分离蛋白质的操作技术。

三、实验原理

带电颗粒在电场的作用下，向与其电性相反的电极移动，这种现象称为电泳。由于受带电颗粒本身性质、电场强度、溶液的 pH、离子强度及电渗等因素的影响，不同的带电颗粒都具有一定的移动速率。每种蛋白质颗粒的等电点不同，当溶液的 pH>pI 时，蛋白质带负电荷，电泳时向正极移动。当溶液的 pH<pI 时，蛋白质带正电荷，电泳时向负极移动。其电泳的方向和速率主要决定于所带电荷的性质、数量，以及颗粒大小和形状。

不同的带电颗粒在同一电场中移动速率不同，常用迁移率来表示。迁移率是指带电颗粒在单位电场强度下的移动速率。

人血清中各种蛋白质的等电点、相对分子质量各不相同，在某一指定的 pH 溶液中，各种蛋白质所带的电荷不同，因而在电场中迁移的方向和速度不同。根据此原理，可以从蛋白质混合物中将各种蛋白质分离出来。人血清中 5 种蛋白质的等电点及相对分子质量见表10-6。

表 10-6 人血清中 5 种蛋白质的等电点及相对分子质量

蛋白质名称	等电点（pI）	相对分子质量
清蛋白	4.88	69 000
α 球蛋白	5.06	α_1 球蛋白：200 000
		α_2 球蛋白：300 000
β 球蛋白	5.12	90 000～150 000
γ 球蛋白	6.85～7.5	156 000～300 000

本实验以醋酸纤维素薄膜为电泳支持物，分离各种血清蛋白。血清中含有清蛋白、α 球蛋白、β 球蛋白、γ 球蛋白和各种脂蛋白等。各种蛋白质由于氨基酸组分、立体构象、相对分子质量、等电点及形状不同，在电场中迁移率不同。在相同碱性 pH 缓冲体系中，相对分子质量小、等电点低、带负电荷多的蛋白质颗粒在电场中迁移率快。例如，正常人血清在 pH 8.6 的缓冲体系中电泳 1 h 左右，染色后可显示 5 条区带（图 10-4）。

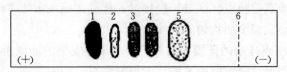

图 10-4 正常人血清醋酸纤维素薄膜电泳结果示意
1. 清蛋白 2.α_1 球蛋白 3.α_2 球蛋白 4.β 球蛋白 5.γ 球蛋白 6. 点样位置

四、实验材料、仪器与试剂

1. 材料 健康人或动物血清。

2. 仪器　醋酸纤维素薄膜［（1～2）cm×8 cm］、培养皿（直径 9 cm、15 cm）、镊子、载玻片、盖玻片、玻璃板（12 cm×12 cm）、直尺、铅笔、普通滤纸、电泳槽、电泳仪、电吹风等。

3. 试剂

（1）巴比妥-巴比妥钠缓冲液（pH 8.6，0.07 mol/L）。称取 1.66 g 巴比妥和 12.76 g 巴比妥钠，置于三角瓶中，加蒸馏水约 600 mL，稍加热溶解，冷却后用蒸馏水定容至 1 000 mL。置于 4 ℃保存，备用。

（2）染色液（5 g/L 氨基黑 10B）。称取 0.5 g 氨基黑 10B，加蒸馏水 40 mL、甲醇 50 mL、冰乙酸 10 mL，混匀溶解后置于具塞试剂瓶内储存。

（3）漂洗液。取 95% 乙醇溶液 4.5 mL、冰乙酸 5 mL 和蒸馏水 50 mL，混匀，置于具塞试剂瓶内储存。

（4）透明液（临用前制备）。

甲液：取冰乙酸 15 mL、无水乙醇 85 mL，混匀，置于试剂瓶内，塞紧瓶塞，备用。

乙液：取冰乙酸 25 mL、无水乙醇 75 mL，混匀，置于试剂瓶内，塞紧瓶塞，备用。

五、操作步骤

1. 薄膜与仪器的准备

（1）醋酸纤维素薄膜的润湿与选择。将切割整齐的薄膜（2.5 cm×6 cm）完全浸泡于巴比妥-巴比妥钠缓冲液中，约 30 min 后方可用于电泳。

（2）电泳槽的准备。根据电泳槽膜支架的宽度裁剪尺寸合适的滤纸条。在两个电极槽中各倒入等体积的电极缓冲液即巴比妥-巴比妥钠缓冲液，在电泳槽的两个膜支架上各放两层滤纸条，使滤纸一端的长边与支架前沿对齐，另一端浸入电极缓冲液内。滤纸条全部润湿后，用玻璃棒轻轻挤压在膜支架上的滤纸以驱赶气泡，使滤纸的一端能紧贴在膜支架上。滤纸条是两个电极槽联系醋酸纤维素薄膜的桥梁，因而称为滤纸桥。

（3）电极槽的平衡。用平衡装置（或自制平衡管）连接两个电泳槽，使两个电极槽内的缓冲液彼此处于同一水平状态，一般平衡 5～10 min（注意：取出平衡装置时应将活塞关紧）。

2. 点样　用镊子取出浸透的薄膜，夹在两层滤纸间轻轻按压，吸去多余的缓冲液。辨认光滑面和粗糙面（无光泽面）。在粗糙面距离薄膜一端 1.5 cm 处，用铅笔轻轻画一条直线（点样处）。用玻璃棒蘸上适量血清样品，涂于盖玻片边缘。盖玻片边缘宽度应小于薄膜宽度。将涂有血清的盖玻片边缘按压在点样处用铅笔画好的直线上。注意，样品应点在粗糙面上。垂直地与醋酸纤维素薄膜点样区处轻轻接触，样品即成一条线"印"在薄膜上，使血清完全渗透至薄膜内，形成细窄而均匀的直线。

3. 电泳　用镊子将点样端的薄膜平贴在负极电泳槽支架的滤纸桥上（点样面朝下），另一端平贴在正极端支架上，要求薄膜紧贴滤纸桥并绷直，中间不能下垂。如果一电泳槽中同时安放几张薄膜，则薄膜之间应相隔几毫米。盖上电泳槽盖，使薄膜平衡 10 min。醋酸纤维素薄膜电泳分离血清蛋白装置剖视示意如图 10-5 所示。

用导线将电泳槽的正、负极分别连接，注意不要接错。打开电源开关，用电泳仪上细调节旋钮，调到每厘米膜宽电流强度为 0.3 mA（8 片薄膜共 6 mA）。通电 10～15 min 后，将电流调节到每厘米膜宽电流强度为 0.5 mA（8 片薄膜共 10 mA），电泳时间约 60 min。电泳后调节旋钮使电流为零，关闭电泳仪，切断电源。

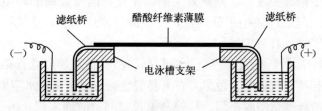

图 10 - 5　醋酸纤维素薄膜电泳分离血清蛋白装置剖视示意

4. 染色与漂洗　用镊子取出电泳后的薄膜，放在含 5 g/L 氨基黑 10B 染色液的培养皿中，浸染 5 min。取出后，先用自来水冲洗，再用漂洗液浸洗、脱色，每隔 10 min 换漂洗液一次，连续 2～3 次，直至背景色脱尽。取出薄膜放在滤纸上，用吹风机的冷风将薄膜吹干。

5. 透明　将脱色吹干后的薄膜浸入透明液甲液中 2 min，立即放入透明液乙液中浸泡 1 min，取出后立即紧贴于干净玻璃板上，两者间不能有气泡。经 2～3 min 薄膜完全透明。

六、注意事项

1. 醋酸纤维素薄膜的预处理　市售醋酸纤维素薄膜均为干膜片，薄膜的浸润与选膜是电泳成败的关键之一。将干膜浮于电极缓冲液表面，其目的是查看膜片厚薄是否均匀，当其漂浮 15～30 s 时，膜片吸水不均匀，有白色斑点或条纹，这提示膜片厚薄不均匀，应弃去不用，以免造成电泳后区带出界、界限不清、背景脱色困难、结果难以重复。由于醋酸纤维素薄膜亲水性比纸小，浸泡 30 min 以上以保证膜片上有一定量的缓冲液，并使其恢复到原来多孔的网状结构。最好是让漂浮于缓冲液的薄膜吸满缓冲液后自然下沉，这样可将膜片上聚集的小气泡赶走。点样时，应将膜片表面多余的缓冲液用滤纸吸去，以免缓冲液太多引起样品扩散；也不能吸得太干，太干则样品不易进入薄膜的网孔内，而造成电泳起始点参差不齐，影响分离效果。吸干的程度以不干不湿为宜，为防止指纹污染，取膜时，应戴指套、手套或用夹子。

2. 缓冲液的选择　醋酸纤维素薄膜电泳常选用 pH 8.6 巴比妥-巴比妥钠缓冲液，其浓度为 0.05～0.09 mol/L。选择何种浓度与样品及薄膜的厚薄有关。在选择时，先初步确定某一浓度，如电泳槽电极之间的膜长度为 8～10 cm，则需每厘米膜长电压为 25 V，每厘米膜宽电流强度为 0.4～0.5 mA。当电泳时达不到或超过这个值时，则应增加缓冲液浓度或进行稀释。缓冲液浓度过低，则区带电泳速率快；缓冲液浓度过高，则区带电泳速率慢，区带分布过于集中，不易分辨。

3. 加样量　加样量与电泳条件、样品的性质、染色方法、检测手段、检测方法灵敏度密切相关。作为一般原则，检测方法越灵敏，加样量越少，对分离越有利。若加样量过大，则电泳后区带分离不清楚，甚至互相干扰，染色也较费时。当电泳后用洗脱法定量测定时，每厘米加样点上必须加样品 0.1～5 μL，约相当于 51 000 μg 蛋白质。血清蛋白常规电泳分离时，每厘米加样线加样量不超过 1 μL，相当于 6 080 μg 蛋白质。但糖蛋白和脂蛋白电泳时，加样量则应该多些。对于每种样品加样量，应先做预实验加以选择。点样好坏是获得理想图谱的重要环节之一，以印章法加样时，动作应轻、稳，用力不能太重，以免将薄膜弄破或印出凹陷而影响电泳区带的分离效果。

4. 电量的选择 电泳过程中应选择合适的电流强度，一般以每厘米膜宽电流强度为 $0.3\sim0.5$ mA 为宜。电流强度高，则热效应高，尤其在温度较高的环境中，可引起蛋白质变性或由于热效应引起缓冲液中水分蒸发，使缓冲液浓度增加，造成膜片干。电流强度过低，则样品电泳速率慢，且易扩散。

5. 染料的选择 醋酸纤维素薄膜电泳应根据样品的特点加以选择染料。染料的选择原则是染料对被分离样品有较强的着色力，背景易脱色；应尽量采用水溶染料，不宜选择醇溶染料，以免引起醋酸纤维素薄膜溶解。应控制染色时间：时间太长，薄膜底色深不易脱去；时间太短，着色浅，不易区分，或造成条带染色不均匀，必要时可进行复染。

七、思考题

1. 根据人血清中血清蛋白各组分的等电点，如何估计它们在 pH 8.6 的巴比妥-巴比妥钠电极缓冲液中移动的相对位置？

2. 作为电泳支持物，醋酸纤维素薄膜与滤纸相比较，有哪些优点？

实验七　聚丙烯酰胺凝胶电泳分离水稻幼苗过氧化物酶同工酶

一、实验背景

同工酶（isoenzyme）是指催化同一化学反应而化学组成不同的一组酶。产生同工酶的主要原因是在进化过程中基因发生变异，而其变异程度尚不足以成为一个新酶。同工酶可用于研究物种进化、遗传变异、杂交育种和个体发育、组织分化等。

过氧化物酶（peroxidase，POD）是利用过氧化氢作为电子受体来催化底物发生氧化作用的酶，也是植物体内广泛而大量存在的、活性较高的一种氧化还原酶，它能催化植物体内多种反应，参与光合作用、呼吸作用、抗逆作用、植物生长等众多生理活动。POD 在植物体内具有多种同工酶，在植物不同的组织器官、不同的生长发育时期、不同的生理状态（如病虫害、逆境胁迫等）和不同品种中，POD 同工酶的活性和数目变化都很大。POD 同工酶能够在很大程度上反映植物生长发育的特点、生物代谢状况、适应外界环境能力以及品种之间的遗传差异等。利用聚丙烯酰胺凝胶电泳法测定同工酶，具有方法简便、灵敏度高、重复性强以及便于观察、记录与保存等优点。

二、实验目的

掌握过氧化物酶同工酶的电泳分析原理以及柱状聚丙烯酰胺凝胶电泳的操作技术。

三、实验原理

聚丙烯酰胺凝胶是由丙烯酰胺（acrylamide，Acr）和交联剂甲叉双丙烯酰胺（bis‐acrylamide，Bis）在催化剂过硫酸铵和加速剂四甲基乙二胺（N,N,N',N'‐tetramethylethylenediamine，TEMED）的催化下，聚合而成的具有三维网状结构的凝胶。通过改变凝胶的浓度和交联度，来控制凝胶孔径的大小；通过改变催化剂的用量，控制凝胶聚合的速度。本实验采用不连续的电泳体系，使样品在不连续的两相之间积聚浓缩成很薄的起始区带（约

10^{-2} cm），然后再根据电荷效应和分子筛效应进行分离。电泳区带用特异性染色法显示出过氧化物酶同工酶的酶谱。

四、实验材料、仪器与试剂

1. 材料 萌发 4～5 d 的水稻幼苗。

2. 仪器 电泳仪、离心机、玻璃注射器、微量进样器、烧杯、研钵、培养皿、冰箱、制胶玻璃管、圆盘电泳槽、滴管等。

3. 试剂

（1）30％丙烯酰胺（Acr）贮液。称取 30 g Acr、0.8 g Bis，加水溶解并定容至 100 mL，过滤后使用，4 ℃下可贮藏 1～2 个月。

（2）10％过硫酸铵溶液。

（3）四甲基乙二胺（TEMED）。

（4）分离胶缓冲液（1.0 mol/L pH 8.8 Tris‐HCl 缓冲液）。将 12.1 g Tris 用蒸馏水溶解后，用 6 mol/L HCl 调 pH 至 8.8，用蒸馏水定容至 100 mL。

（5）浓缩胶缓冲液（1.0 mol/L pH 6.8 Tris‐HCl 缓冲液）。将 12.1 g Tris 用蒸馏水溶解后，用 6 mol/L HCl 调 pH 至 6.8，用蒸馏水定容至 100 mL。

（6）电极缓冲液。将 6 g Tris、28.8 g 甘氨酸用蒸馏水溶解并定容至 1 000 mL，pH 8.3，用时稀释 10 倍。

（7）400 g/L 蔗糖溶液。称取蔗糖 40 g，加蒸馏水溶解并定容至 100 mL。

（8）显色溶液。将 0.25 g 联苯胺溶解在 18 mL 冰醋酸中，用蒸馏水定容至 100 mL。临用时取此溶液 10 mL，加 3％ H_2O_2 5 mL，加蒸馏水稀释至 50 mL。

（9）固定液。7％醋酸溶液。

（10）前沿指示剂。0.1％溴酚蓝溶液。

五、操作步骤

1. 凝胶柱的制备

（1）将洗净、烘干的凝胶电泳玻璃管一端插在疫苗瓶的橡皮帽中，或用其他材料将玻璃管一端封闭，将封闭的一端朝下垂直插入制胶板上。

（2）分离胶的制备。按表 10‐7 配制分离胶于小烧杯中（用量根据玻璃管大小而定），用胶头滴管吸取胶液灌入玻璃管内约 6.5 cm 高（可预先做记号）。然后立即顺管壁（不要滴加）加入 3～5 mm 高的水层，以隔离空气加速凝胶的过程，加水时一定要防止搅动胶面，约 30 min 后凝聚成胶，此时胶与水之间形成一条明显的界限。倒出胶面上的水，并用滤纸条吸干。

表 10‐7 制备分离胶

成分	凝胶浓度				
	5％	7.5％	10％	12％	15％
30％丙烯酰胺贮液/mL	5.0	7.5	10	12	15
1 mol/L Tris‐HCl pH 8.8/mL	11.2	11.2	11.2	11.2	11.2
H_2O/mL	13.4	10.9	8.4	6.4	3.4

（续）

成分	凝胶浓度				
	5%	7.5%	10%	12%	15%
10%过硫酸铵/mL			0.1~0.2		
TEMED/μL			20		

（2）浓缩胶的制备。按表 10-8 配制浓缩胶于小烧杯中（用量根据玻璃管大小而定）。先用部分胶液冲洗分离胶面，倒出，再立即灌入余下的浓缩胶约 1 cm 高，然后按上述方法小心地加一层水。约 30 min 聚合完全，吸去水层，用电极缓冲液洗涤胶面，再用滤纸吸干。将已加好浓缩胶的胶管，轻轻除去下端的皮塞或封闭物，将管插入圆盘电泳槽孔中，记录各管所在编号位置。管要插得垂直，插好后，加电极缓冲液，至少盖过管顶，检查是否漏水，若不漏水，即可在上下电泳槽中加满电极缓冲液，然后点样电泳。

表 10-8　制备浓缩胶

成分	体积
30%丙烯酰胺贮液/mL	1.5
1 mol/L Tris-HCl pH 6.8/mL	1.25
H_2O/mL	7.05
10%过硫酸铵/mL	0.1
TEMED/μL	10

2. 样品的制备及点样　取 2 g 萌发 4~5 d 的水稻幼苗，剪碎后，放在研钵中，加入 5 mL 稀释 5 倍的电极缓冲液，研成匀浆。8 000 r/min 离心 5 min，取上清液 2 mL，加入等体积 400 g/L 蔗糖和 1 mL 0.1%溴酚蓝溶液混匀。用微量进样器吸取 100 μL 样品液，让针头穿过胶面上的缓冲液，慢慢推动进样器，使样品落在胶面上。推动时不宜过猛，以免样品与缓冲液混合。

3. 电泳　接通电源，负极在上，正极在下。电泳初始电压控制在 70~80 V，待样品进入分离胶后，加大电压到 100~120 V，继续电泳。当溴酚蓝指示剂移至距胶管底部 1 cm 处时停止电泳，关闭电源。

倒出电泳槽中的电极缓冲液，取出凝胶玻璃管。用带长注射针头（10 cm）的玻璃注射器吸满蒸馏水。针头插入玻璃管壁与凝胶之间，边插边注水，并使针头沿管壁转动，直到胶条脱离玻璃管滑出。若仍不自动滑出，可用洗耳球轻轻把凝胶柱吹出。但不能用力过大，以免凝胶柱滑出过猛而断裂。整个过程要求动作慢，以保证获得好的实验结果。

4. 染色　将取出的凝胶柱放入培养皿中，加入显色溶液，染色至可见清晰的过氧化物酶同工酶褐色谱带，弃去显色溶液。用蒸馏水清洗凝胶柱，然后将凝胶柱放入 7%醋酸溶液中保存。过氧化物酶同工酶显色后，2~3 d 内可保持清楚。

染色原理是：过氧化物酶分解显色溶液中的 H_2O_2，产生氧自由基，氧自由基与联苯胺发生反应生成褐色化合物。所以，用显色溶液浸泡凝胶时，有过氧化物酶同工酶蛋白质条带的部位便出现褐色的谱带。

5. 结果观察和记录 观察过氧化物酶同工酶的酶谱，并绘出模式图。

六、注意事项

（1）用滴管向玻璃管内加入分离胶时高度大约 6.5 cm，并在液面上小心地加少量蒸馏水进行水封，待分离胶凝固后将蒸馏水吸干再加浓缩胶。

（2）配制分离胶和浓缩胶时，TEMED 和过硫酸铵必须最后加入。

（3）为了缩短胶的凝固时间，可以根据不同的环境温度适当调整 TEMED 和过硫酸铵的用量。

（4）如果室温较高，可适当降低电流，延长电泳时间或采取降温措施，以免温度过高造成酶活性降低。

七、思考题

1. 聚丙烯酰胺凝胶电泳分离蛋白质的原理是什么？

2. 在进行聚丙烯酰胺凝胶电泳分离蛋白质时需要注意哪些事项？如何配制分离胶和浓缩胶？

3. 简述过氧化物同工酶染色的原理。

4. 样品液中加入等体积 400 g/L 蔗糖和 1 mL 0.1‰溴酚蓝的作用分别是什么？

实验八　细胞色素 c 的制备与测定

一、实验背景

细胞色素是包括多种能够传递电子的含铁蛋白质的总称。它广泛存在于各种动物、植物组织和微生物中。细胞色素是呼吸链中极重要的电子传递体，细胞色素 c 是细胞色素的一种，其作用是在生物氧化过程中传递电子，它主要存在于线粒体中。需氧最多的组织如心肌及酵母细胞中，细胞色素 c 含量丰富。

二、实验目的

学习制备细胞色素 c 的操作技术及含量测定方法，了解制备蛋白质制品的一般原理和步骤。

三、实验原理

细胞色素 c 是含铁卟啉的结合蛋白质，相对分子质量约为 13 000。它溶于水，在酸性溶液中溶解度更大，故可自酸性水中提取，制品可分为氧化型和还原型两种，氧化型细胞色素 c 水溶液呈深红色，在 408 nm 与 530 nm 有最大吸收峰；还原型细胞色素 c 水溶液呈桃红色，在 415 nm、520 nm 与 550 nm 有最大吸收峰。细胞色素 c 对热、酸和碱都比较稳定，但三氯乙酸和乙酸可使之变性，致其失活。

本实验以新鲜猪心为材料，经过酸溶液提取、人造沸石吸附、硫酸铵溶液洗脱和三氯乙酸沉淀等步骤制备细胞色素 c，并测定其含量。

四、实验材料、仪器与试剂

1. 材料　新鲜或冰冻猪心。

2. 仪器　绞肉机、电磁搅拌器、电动搅拌器、离心机、pH 计、722 型分光光度计、玻璃柱（2.5 cm×30 cm）、下口瓶、量筒、移液管、玻璃漏斗、玻璃棒、透析纸、纱布、烧杯等。

3. 试剂　2 mol/L H_2SO_4 溶液、1 mol/L NH_4OH（氨水）溶液、0.2% NaCl 溶液、20% 三氯乙酸（TCA）溶液、联二亚硫酸钠（$Na_2S_2O_4 \cdot 2H_2O$）、$BaCl_2$ 溶液（称 $BaCl_2$ 12 g 溶于 100 mL 蒸馏水中）、25%（NH_4）$_2SO_4$ 溶液〔100 mL 溶液中含 25 g（NH_4）$_2SO_4$，25 ℃时的饱和度约为 40%〕、人造沸石（白色颗粒，不溶于水，溶于酸，可过 60～80 目筛）等。

五、操作步骤

1. 材料处理　取新鲜或冰冻猪心，除尽脂肪、血管和韧带，洗尽积血，切成小块，放入绞肉机中绞碎。

2. 提取　称取心肌碎肉 150 g，放入 1 000 mL 烧杯中，加蒸馏水 300 mL。用电动搅拌器搅拌，加入 2 mol/L H_2SO_4，调 pH 至 4.0（此时溶液呈暗紫色），在室温下搅拌提取 2 h，用 1 mol/L NH_4OH 调 pH 至 6.0，停止搅拌。用数层纱布压挤过滤，收集滤液，滤渣加入 750 mL 蒸馏水，按上述条件重复提取 1 h，两次提取液合并（为缩短时间，可只提取一次）。

3. 中和　用 1 mol/L NH_4OH 将上述提取液调 pH 至 7.2，静置适当时间过滤，得到红色滤液。

4. 吸附　人造沸石容易吸附细胞色素 c，吸附后能被 25% 硫酸铵溶液洗脱下来，利用此特性将细胞色素 c 与其他杂蛋白分开。具体操作如下：

（1）称取人造沸石 11 g，放入烧杯中，加水后搅动，用倾泻法除去 12 s 内不下沉的细颗粒。

（2）剪裁大小合适的一块圆形泡沫塑料，将其安装在干净的玻璃柱底部，将柱垂直，柱下端连接乳胶管，用夹子夹住，向柱内加蒸馏水至 2/3 体积，然后将预处理好的人造沸石装填入柱，避免柱内出现气泡。装柱完毕，打开柱下端夹子，使柱内沸石面上剩下一薄层水。将中和好的澄清滤液装入下口瓶，使之沿柱壁缓缓流入柱内，进行吸附，流出液的速度约为 10 mL/min。随着细胞色素 c 的被吸附，人造沸石逐渐由白色变为红色，流出液应为淡黄色或微红色。

5. 洗脱　吸附完毕，将红色人造沸石自柱内取出，放入烧杯中，先用自来水、后用蒸馏水洗涤至水清，再用 100 mL 0.2% NaCl 溶液分 3 次洗涤沸石，再用蒸馏水洗至水清，重新装柱，也可在柱内用同样方法洗涤人造沸石，然后用 25% 硫酸铵溶液洗脱，流速控制在 2 mL/min 以下，收集红色洗脱液（洗脱液一旦变白，立即停止收集），洗脱完毕，人造沸石可再生使用。

6. 盐析　为了进一步提纯细胞色素 c，在洗脱液中继续慢慢加入固体硫酸铵，边加边搅拌，使硫酸铵溶液浓度为 45%（约相当于 67% 的饱和度），放置 30 min 以上（最好过夜），杂蛋白沉淀析出，过滤，收集红色透亮的细胞色素 c 滤液。

7. 三氯乙酸沉淀　在搅拌条件下，每 100 mL 细胞色素 c 溶液加入 2.5～5.0 mL 20% 三氯乙酸，细胞色素 c 沉淀析出，立即以 3 000 r/min 离心 15 min，倾去上清液（如上清液带红色，应再加入适量三氯乙酸，重复离心），收集沉淀的细胞色素 c。

8. 透析 将沉淀的细胞色素 c 溶解于少量蒸馏水后，装入透析袋，放进装有蒸馏水的 500 mL 烧杯中（用电磁搅拌器搅拌）进行透析，15 min 换水一次，换水 3～4 次后，检查 SO_4^{2-} 是否已被除净。检查的方法是，取 2 mL $BaCl_2$ 溶液放入一支普通试管，滴加 2～3 滴透析外液至试管中，若出现白色沉淀，表示 SO_4^{2-} 未除净；如果无沉淀出现，表示透析完全。将透析液过滤，即得清亮的细胞色素 c 粗品溶液。

9. 含量测定 本实验方法制备的细胞色素 c 是还原型和氧化型的混合物，因此在测定含量时，要加入联二亚硫酸钠，使混合物中的氧化型细胞色素 c 变为还原型。还原型细胞色素 c 水溶液在波长 520 nm 处有最大吸收值，根据这一特性，用 722 型分光光度计测标准品吸光度，绘出细胞色素 c 含量和对应的吸光度的标准曲线，然后根据所测溶液的吸光度，由标准曲线的斜率求出所测样品的含量。举例如下：

取 1 mL 标准品（81 mg/mL），用水稀释至 25 mL，从中取 0.2 mL、0.4 mL、0.6 mL、0.8 mL 和 1.0 mL，分别放入 5 支试管中，每管补加蒸馏水至 4 mL，并加少许联二亚硫酸钠作还原剂，然后在 520 nm 波长处测得各管的吸光度分别为 0.179、0.350、0.520、0.700 和 0.870，以上述经稀释 25 倍标准样品的体积（mL）或计算得到的含量（mg）为横坐标，以吸光度值为纵坐标，绘出标准曲线，从而求得斜率为 1/3.745。

取样品 1 mL，稀释适当倍数（本实验稀释 25 倍），再取此稀释液 1 mL，加水 3 mL，再加少许联二亚硫酸钠，然后在波长 520 nm 处测得吸光度值为 0.342 和 0.344，其平均值为 0.343。根据此吸光度值查标准曲线，得细胞色素 c 含量（mg），再计算其样品原液含量，或根据标准曲线斜率计算样品原液含量。

$$细胞色素 c 含量 = 0.343 \div \frac{1}{3.745} \times 25 = 0.343 \times 3.745 \times 25 = 32.11 \text{（mg/mL）}$$

在本实验中，每 500 g 猪心碎肉，应获得 75 mg 以上的细胞色素 c 粗制品，也可以用标准管方法测定粗品液浓度：取已知浓度的细胞色素 c 标准液 1 mL 与样品稀释液 1 mL，按上述方法分别测得吸光度值（调节二者浓度，使吸光度值在 0.2～0.7 范围）。根据标准浓度和吸光度值，计算样品中细胞色素 c 的含量和粗品中细胞色素 c 的总量。

六、注意事项

（1）力争除尽猪心非心肌组织，如脂肪、血管、韧带和积血。

（2）提取、中和要注意调节 pH，吸附、洗脱应严格掌握流速。

（3）盐析时，加入固体硫酸铵，要边加边搅拌，不要一次快速加入。

（4）逐滴加入三氯乙酸，搅匀，加完后，尽快离心。

（5）透析袋要求不漏。

（6）人造沸石的再生方法如下：使用过的沸石先用自来水洗去硫酸铵，再用 0.2～0.3 mol/L 氢氧化钠和 1 mol/L 氯化钠混合液洗涤至沸石成白色，最后用水反复洗至 pH 为 7～8，即可重新使用。

七、思考题

1. 做好本实验应注意哪些关键环节？为什么？

2. 试以细胞色素 c 的制备为例，总结出蛋白质制备的步骤和方法。

实验九　阳离子交换树脂摄取氯化钠

一、实验背景

柱层析技术也称柱色谱技术。根据填充基质和样品分配交换原理不同，柱层析可以分为离子交换层析（ion exchange chromatography，IEC）、凝胶过滤层析和亲和层析。

离子交换层析是以离子交换剂为固定相，依据流动相中的组分离子与交换剂上的平衡离子进行可逆交换时的结合力大小的差别而进行分离的一种层析方法。根据固定相的不同，可分为阳离子交换树脂和阴离子交换树脂。根据树脂功能基的分类，可以进一步将其分为强酸型离子交换树脂、中等酸型离子交换树脂和弱酸型离子交换树脂 3 种。一般结合磺酸基团（—SO_3H）的为强酸型离子交换剂；结合磷酸基团（—PO_3H_2）和亚磷酸基团（—PO_2H）的为中等酸型离子交换剂；结合酚羟基（—OH）或羧基（—COOH）的为弱酸型离子交换剂。一般情况下，强酸型离子交换剂对 H^+ 的结合力比 Na^+ 的小，弱酸型离子交换剂对 H^+ 的结合力比 Na^+ 的大。

离子交换层析现已成为分离纯化生化制品、蛋白质、多肽等物质中使用最频繁的纯化技术之一，主要是利用各种分子的可解离性、离子的净电荷、表面电荷分布的电性差异而进行选择分离的，是目前生物化学领域中常用的一种层析方法，被广泛应用于各种生化物质如氨基酸、蛋白质、糖类、核苷酸等的分离纯化中。

二、实验目的

1. 掌握离子交换层析法的基本原理。
2. 掌握离子交换层析的实验操作。

三、实验原理

本实验采用的是离子交换层析法中的阳离子交换树脂（强酸型）。离子交换剂的总交换容量可以用滴定法来测定，通常以每毫克或每毫升交换剂含有可解离基团的物质的量（mol/mg 或 mol/mL）来表示。首先将阳离子交换剂用 HCl 处理，使其平衡离子为 H^+，用水洗至中性后，用 NaCl 充分置换出 H^+，再用标准浓度的 NaOH 滴定生成的 HCl，就可以计算出离子交换剂的交换容量。具体反应如下：

$$R-SO_3^- Na^+ \xrightarrow{HCl\ 转型} R-SO_3^- H^+ \xrightarrow{NaCl\ 交换} R-SO_3^- Na^+ + HCl$$

$$HCl \xrightarrow{标准\ NaOH\ 滴定} NaCl + H_2O$$

备注：离子交换剂可分为三部分——高分子聚合物基质、电荷基团和平衡离子。上面反应式中，R 代表离子交换剂的高分子聚合物基质，SO_3^- 代表阳离子交换剂中与高分子聚合物共价结合的电荷基团，Na^+ 代表阳离子交换剂的平衡离子。

四、实验材料、仪器与试剂

1. **材料**　强酸型阳离子交换树脂。
2. **仪器**　玻璃层析柱、碱式滴定管、三角瓶、玻璃棒、烧杯、吸量管、滴管等。
3. **试剂**　2 mol/L 盐酸溶液、2 mol/L 氢氧化钠溶液、0.1 mol/L 标准氢氧化钠溶液、

10 mg/mL 氯化钠溶液、酚酞指示剂等。

五、操作步骤

1. 树脂的预处理

（1）将干树脂用水浸过夜或搅拌 2 h，使之充分溶胀。

（2）用 4×体积的 2 mol/L 盐酸浸泡 1 h 或搅拌 0.5 h，倾掉溶液，洗至中性。

（3）用 2 mol/L 氢氧化钠处理，方法同上。

（4）用 2 mol/L 盐酸处理，方法同上，使之成为 H^+ 型，再洗至中性（pH 6.0 以上）。

2. 装柱

（1）将玻璃层析柱洗净后垂直安装于支架上，用蒸馏水反复冲洗（10 次）至 H_2O 的 pH。

（2）柱底部加入玻璃丝，装上滴嘴和螺纹夹。

（3）向柱内加入 1/4 体积的蒸馏水，打开下嘴阀让水慢慢滴出。

（4）将处理好的树脂放入小烧杯中，一边搅动一边经小漏斗倾入层析柱中，让其自然沉降，当床面至柱顶 4 cm 时停止。装柱时交换剂的悬浮液最好一次倒入；若分次倒入，则须在再次添加之前将界面处的交换剂搅起，以保证树脂床柱不断层。

要求：柱面要平整，柱中无气泡、断层和干柱现象，水面要始终高于床面。

（5）调节水流速度 1 mL/min（20～30 滴/min）。

3. 上样 当水面与床面接近相切时，吸取 10 mg/mL 氯化钠 6 mL，沿柱壁加入柱中，当液面下行至树脂界面时，用蒸馏水冲洗柱壁并不断加入进行洗脱。注意：上样液与洗脱液均沿柱壁加入，不要扰动床面。在收集结束前要一直不断地加入 H_2O。

4. 收集 此步骤与上样同时进行。加样后立即用锥形瓶收集，收集液 40 mL（瓶上标记好 40 mL 的位置）。

5. 中和滴定 锥形瓶对照液中加入 40 mL H_2O、2 滴酚酞指示剂，用标准 0.1 mol/L NaOH 滴定，至溶液呈粉红色（1 min 不褪色）。所用的标准 0.1 mol/L NaOH 体积记为 V_0（mL）。

锥形瓶收集液中加入 2 滴酚酞指示剂，用标准 0.1 mol/L NaOH 滴定，至溶液呈粉红色。所用的标准 0.1 mol/L NaOH 体积记为 V_1（mL）。

六、结果与计算

$$被交换的\ Na^+ = \frac{0.1(mol/L)\ \times(V_1-V_0)\times 58.5(g/mol)}{C\times V_{NaCl}}\times 100\%$$

式中，C 为氯化钠浓度（mg/mL）；V_{NaCl} 为氯化钠加样体积（mL）。

七、注意事项

（1）装柱时要考虑悬浮的树脂，否则很容易造成树脂过多而失败。

（2）装柱开始到实验结束阶段一定要保证液面高于床面。

八、思考题

1. 离子交换层析的基本原理和主要操作步骤是什么？

2. 阳离子交换树脂摄取氯化钠的含义是什么？

实验十 植物基因组 DNA 的提取与检测

一、实验背景

提取植物基因组 DNA 是研究植物基因组学必须掌握的最基本的实验技能。得到高纯度的完整的 DNA 是后续实验的重要保证。DNA 一般溶于水，不溶于醇、氯仿，在高盐溶液中溶解度最大。在细胞核中，DNA 与蛋白质结合形成复合物。一些表面活性剂可作为蛋白质变性剂，在 DNA 提取中去除蛋白质，常用的表面活性剂有阴离子表面活性剂十二烷基硫酸钠（sodium dodecyl sulfate，SDS）、阳离子表面活性剂十六烷基三甲基溴化铵（cetyl trimethyl ammonium bromide，CTAB）。

二、实验目的

掌握利用 CTAB 法从植物叶片中提取 DNA 的原理和方法；熟练掌握分光光度法检测 DNA 纯度和浓度的方法。

三、实验原理

在低离子强度溶液中 CTAB 可沉淀核酸及酸性多聚糖，在高离子强度溶液中，CTAB 则与蛋白质和大多数酸性多聚糖以外的多聚糖形成复合物，但不能沉淀核酸。可以利用 CTAB 与蛋白质及多聚糖形成复合物，再利用有机溶剂抽提，即可去除此复合物，最后经异丙醇或无水乙醇沉淀上清液而获得基因组 DNA。

组成 DNA 的碱基含有共轭双键，具有一定的吸收紫外线的特性，其最大吸收值在波长 $250\sim270$ nm。这些碱基与戊糖、磷酸形成核苷酸后，其吸收紫外线的特性没有改变，核酸的最大吸收波长为 260 nm。在一定范围内，DNA 的吸光度 A_{260} 与其含量成正比。利用 DNA 的这个物理特性，可以测定 DNA 的浓度。同时可以检测 280 nm 处紫外吸收值，来判断样品的纯度。根据经验值，当 A_{260}/A_{280} 的值为 $1.8\sim1.9$ 时，表明 DNA 纯度较好；当 A_{260}/A_{280} 的值大于 1.9，表明样品中有 RNA 污染或 DNA 降解；当 A_{260}/A_{280} 的值小于 1.6，表明有蛋白质污染。

四、实验材料、仪器与试剂

1. 材料 新鲜或 $-80\ ℃$ 冻存的水稻幼苗。

2. 仪器 高速离心机、恒温水浴锅、紫外分光光度计、瓷研钵、不锈钢药匙、离心管、移液器（$20\ \mu L$、$200\ \mu L$、$1\ 000\ \mu L$）、微量移液器及吸头等。

3. 试剂

（1）$2\times$ CTAB 溶液。其中包含 20 g/L CTAB、1.4 mol/L NaCl、20 mmol/L EDTA（pH 8.0）、100 mmol/L Tris‐HCl（pH 8.0）、10 g/L 聚乙烯吡咯烷酮（polyvinyl pyrroli‐done，PVP）溶液。灭菌备用，没灭菌前呈黏稠状，灭菌后变成澄清的溶液。

（2）氯仿‐异戊醇（24∶1，体积比）。

（3）RNase（10 mg/mL）。

（4）无水乙醇或异丙醇。

（5）β‐巯基乙醇。

（6）70％乙醇溶液。

（7）液氮。

五、操作步骤

（1）取水稻幼苗 0.1 g，放入经液氮预冷的研钵中，加入液氮研磨至粉末状，用干净的灭菌不锈钢药匙转移粉末到 1.5 mL 离心管中，加入 500 μL 65 ℃预热的 2×CTAB 溶液和 20 μL β-巯基乙醇，混匀后置于 65 ℃水浴中保温 30 min，并不时轻轻转动离心管。

注意：冻存材料不要化冻，直接研磨，粉末应在化冻前转移，以防内源性 DNase 有可能降解基因组 DNA。

（2）加入等体积的氯仿-异戊醇，轻轻地颠倒混匀，室温下 10 000 r/min 离心 10 min，转移上清液至另一新离心管中。

（3）向离心管中加入上清液 1‰体积的 RNase 溶液，置于 37 ℃恒温水浴锅酶解 RNA 20～30 min。

（4）加入 2 倍体积的无水乙醇，会出现絮状沉淀，于−20 ℃放置 30 min 或−80 ℃放置 10 min，12 000 r/min 离心 10～15 min，回收 DNA 沉淀。

（5）用 70％的乙醇溶液清洗沉淀两次，吹干后溶于适量的灭菌水中。

（6）用紫外分光光度计检测提取样品中 DNA 的 A_{260} 与 A_{280}。根据 $A_{260}=1.0$ 时，双链的 DNA 浓度为 50 μg/mL，计算样品中 DNA 浓度。DNA 浓度（μg/μL）$=A_{260}×50×$稀释倍数/1 000。同时，根据 A_{260}/A_{280} 的值，判断样品中 DNA 纯度。

六、注意事项

（1）吸取 DNA 溶液时，为防止机械剪切力对 DNA 的损伤，微量移液器吸头可以用剪刀剪去尖部。

（2）混匀 DNA 溶液时动作要轻缓，防止造成 DNA 断链降解。

七、思考题

1. CTAB、EDTA、β-巯基乙醇、RNase 在 DNA 提取过程中的作用分别是什么？

2. 提取 DNA 时，吸取样品和抽提时应注意什么？

实验十一　动物肝 DNA 的提取与含量测定

一、实验背景

从动物组织中提取 DNA 是研究动物组织基因组与功能必须掌握的实验技能。不同于植物细胞，动物细胞没有细胞壁，细胞容易破碎，所以其 DNA 较容易提取。一般采用阴离子表面活性剂十二烷基硫酸钠（SDS）作为去除结合 DNA 的蛋白质。实验在低温下进行。

二、实验目的

1. 掌握从动物组织中提取 DNA 的原理与操作方法。

2. 学习掌握二苯胺法测定 DNA 含量的原理和方法。

3. 理解 DNA 提取过程中所用试剂的种类和作用。

4. 了解其他提取 DNA 的方法。

三、实验原理

生物体组织细胞中的脱氧核糖核酸（DNA）和核糖核酸（RNA）大部分与蛋白质结合，以核蛋白——脱氧核糖核蛋白（deoxyribo - nucleoprotein，DNP）和核糖核蛋白（ribo - nucleoprotein，RNP）的形式存在，这两种复合物在不同的电解质溶液中的溶解度有较大差异。在低浓度的 NaCl 溶液中，DNP 的溶解度随 NaCl 浓度的增加逐渐降低，当 NaCl 浓度达到 0.14 mol/L 时，DNP 的溶解度约为纯水中溶解度的 1%（几乎不溶）；当 NaCl 浓度继续升高时，DNP 的溶解度逐渐增大；当 NaCl 浓度增至 0.5 mol/L 时，DNP 的溶解度约等于纯水中的溶解度；当 NaCl 浓度继续增至 1.0 mol/L 时，DNP 的溶解度约为纯水中溶解度的两倍（溶解度很大）。RNP 则不一样，它在浓 NaCl 溶液和稀 NaCl 溶液中的溶解度都很大。因此，可以利用不同浓度的 NaCl 溶液将 DNP 和 RNP 分别抽提出来。

将抽提得到的 DNP 用 SDS 处理，DNA 即与蛋白质分开，可用氯仿-异丙醇将蛋白质沉淀除去，而 DNA 溶于溶液中，加入适量的乙醇，DNA 即析出，进一步脱水干燥，即得白色纤维状的 DNA 粗制品。为了防止 DNA（或 RNA）酶解，提取时加入乙二胺四乙酸（ethylenediaminetetraacetic acid，EDTA）。大部分多糖在用乙醇或异丙醇分级沉淀时即可除去。

在酸性溶液中，DNA 与二苯胺一起加热生成蓝色化合物，该物质在 595 nm 处有最大吸收峰。DNA 浓度在 40～400 mg/mL 范围内，其 A_{595} 与 DNA 含量成正比。

四、实验材料、仪器与试剂

1. 材料 动物新鲜肝。

2. 仪器 离心机、分光光度计、研钵、手术剪、离心管、刻度吸管、烧杯（100 mL）、玻璃棒等。

3. 试剂

（1）5 mol/L NaCl 溶液。称取 NaCl 292.3 g，溶于蒸馏水中，并定容至 1 000 mL。

（2）0.14 mol/L NaCl - 0.15 mol/L EDTA 钠盐溶液。称取 NaCl 8.18 g 及 EDTA 钠盐 255.8 g，溶于蒸馏水中，并定容至 1 000 mL。

（3）250 g/L SDS 溶液。称取 SDS 25 g，溶于 45% 乙醇溶液 100 mL 中。

（4）氯仿-异丙醇。氯仿：异丙醇＝24：1（体积比）。

（5）95% 乙醇溶液。

（6）0.5 mol/L 过氯酸溶液。将过氯酸（70%）10 mL 用蒸馏水稀释至 110 mL，得 1 mol/L 过氯酸；将 1 mol/L 过氯酸 50 mL 用蒸馏水稀释至 100 mL，即得 0.5 mol/L 过氯酸溶液。

（7）二苯胺试剂。称取二苯胺 1.5 g，溶于 100 mL 冰乙酸中，再加浓硫酸 1.5 mL，储于棕色瓶中（临用时配制）。

五、操作步骤

（1）称取动物新鲜肝（如猪肝）约 4 g 于研钵中，在冰浴中剪碎，加两倍体积预冷的 0.14 mol/L NaCl - 0.15 mol/L EDTA 钠盐溶液（约 8 mL）研磨成浆状，得匀浆液。

（2）将匀浆液（除去组织碎片）于 3 000 r/min 离心 10 min，弃去上清液，收集沉淀（内含 DNP），沉淀中加两倍体积预冷的 0.14 mol/L NaCl - 0.15 mol/L EDTA 钠盐溶液，搅匀，如上离心，重复洗涤 2～3 次。所得沉淀为 DNP 粗制品，移至烧杯中。

（3）向沉淀中加入冷的 0.14 mol/L NaCl - 0.15 mol/L EDTA 钠盐溶液，使总体积达到 10 mL，在缓慢搅拌的同时滴加 250 g/L SDS 溶液 0.75 mL，边加边搅拌，此步骤使核酸与蛋白质分离。

（4）加入 5 mol/L NaCl 溶液 2.5 mL，使 NaCl 最终浓度约为 1 mol/L，搅拌 10 min（速度要慢），溶液变得黏稠并略带透明。

（5）加入等体积的冷氯仿-异丙醇，于冰浴中搅拌 20 min，3 000 r/min 离心 10 min。分层后上层为水相（含 DNA 钠盐），中层为变性的蛋白沉淀，下层为氯仿混合液。

（6）用吸管小心地吸取上层水相，弃去沉淀，再在相同条件下重复抽提 2～3 次。上清液用于做相关的实验。

（7）取上清液适量放入干燥小烧杯中，加入两倍体积预冷的 95% 乙醇溶液。加时，用滴管吸取乙醇，边加边用玻璃棒慢慢顺一个方向在烧杯内转动，随着乙醇不断加入，可见溶液出现黏稠状物质，并能逐步缠绕于玻璃棒上，此时玻璃棒搅动的目的在于把黏稠丝状物缠在玻璃棒上，直至再无黏稠丝状物出现，黏稠丝状物即是 DNA。本步骤也可在具塞刻度试管中进行。

（8）用二苯胺法测定 DNA。取上清液 2 mL，加入 0.5 mol/L 过氯酸溶液 5 mL，室温放置 5 min，加入二苯胺试剂 2 mL，于 60 ℃ 水浴保温 1 h，生成蓝色化合物，该物质在 595 nm 处有最大吸收峰，根据这一特性，利用可见分光光度计测定其吸光度，绘制出 DNA 含量和其对应的吸光度的标准曲线，然后根据所测溶液的 A_{595}，通过标准曲线查出所测样品中的 DNA 含量。

（9）实验结果。描述提取出的 DNA 的形态及检测现象。

六、注意事项

（1）DNA 主要集中在细胞核中，因此，通常选用细胞核含量比例大的生物组织作为提取制备 DNA 的材料。本实验用新鲜肝作为实验材料。

（2）为了防止大分子核酸在提取过程中被降解或破坏，保持 DNA 完整，必须采取以下措施：实验在低温下进行；加入某些物质，如柠檬酸钠、EDTA、SDS 等，以抑制核酸酶的活性；避免剧烈振荡。

七、思考题

1. 动物 DNA 提取和植物 DNA 提取有何区别？
2. 在核酸提取过程中，除去杂蛋白的方法主要有哪几种？

实验十二　酵母 RNA 的提取及含量测定

一、实验背景

酵母是单细胞真菌，广泛用于食品、饲料和医药行业。食品加工业中废弃的酵母由于营养丰富，可用于饲料中以加强其蛋白成分。酵母壁坚厚，不容易破碎，可采用强酸、强碱、加热处理。干酵母是提取制备 RNA 理想的来源，酵母中的核酸主要是 RNA（含量为 2.67%～10.0%），DNA 含量很少（含量为 0.03%～0.5%），抽提后残渣仍具有较高的应用价值。

二、实验目的

学习和掌握从酵母中提取制备 RNA 的原理和方法，同时掌握 RNA 含量的测定方法。

三、实验原理

由于酵母细胞壁难以被破坏，需采用强碱、强酸、加热的方法，破坏细胞壁以提取制备 RNA。首先要将 RNA 从细胞中释放出来（采用强碱法、加热法）。再利用核酸在等电点时溶解度最小的性质，调溶液 pH 至 2.0～2.5，使 RNA 沉淀，离心收集。然后利用 RNA 不溶于有机溶剂的性质，用乙醇洗涤 RNA 沉淀以除去能溶于有机试剂的杂质。

根据分析，RNA 含磷量平均为 9.5%，可根据核酸样品中含磷量计算出 RNA 的含量。因此，可以先将有机磷转化为无机磷，通过磷钼酸铵显色反应测定其含磷量。反应如下：

$$2HPO_4^{2-} + 24(NH_4)_2MoO_4 + 23H_2SO_4 \longrightarrow$$
$$2(NH_4)_3PO_4 \cdot 12MoO_3 + 21(NH_4)_2SO_4 + 24H_2O + 2SO_4^{2-}$$

$$抗坏血酸 + 2MoO_3 \longrightarrow 脱氢抗坏血酸 + Mo_2O_5 + H_2O$$

Mo_2O_5 为钼蓝，深蓝色。定磷法测定的是反应体系中无机磷的含量，而无机磷包括来自有机磷通过消化得到的无机磷，以及消化前反应体系中原来有的无机磷。所以将样品消化后测定的磷含量是总磷量（有机磷＋无机磷），不经过消化测定的磷含量仅是无机磷含量。因此，如果要求得到比较准确的 RNA 中的磷含量，必须用总磷量减去无机磷量。

四、实验材料、仪器与试剂

1. 材料　活性干酵母。

2. 仪器　克氏消化瓶、耐高温 10 mL 离心管、分光光度计、恒温水浴锅、50 mL 容量瓶、pH 0.5～5.0 的精密 pH 试纸、三角瓶、量筒、试管夹、烧杯（250 mL、50 mL、10 mL）、木质试管夹、滴管、玻璃棒、吸滤瓶（500 mL）、布氏漏斗（60 mm）、表面皿（8 cm）等。

3. 试剂

（1）38%硫酸溶液。注意稀释浓硫酸时要将浓硫酸缓慢注入水中，并注意搅拌，避免稀释浓硫酸时大量放热而发生危险。

（2）2.5%钼酸铵溶液。称取 7.5 g 钼酸铵，加热溶解于 300 mL 蒸馏水中。

（3）定磷试剂。26%硫酸：蒸馏水：2.5%钼酸铵：10%抗坏血酸＝1∶2∶1∶1（体积比）。该试剂一般现配现用。

（4）标准无机磷溶液。将在 110 ℃烘至恒量的磷酸二氢钾冷却后，称取 1.096 7 g，置于 250 mL 容量瓶中定容，即为 1 mg/mL 的母液。取 1 mL 母液，用蒸馏水定容 100 mL，即为 1 μg/mL 的标准无机磷溶液。

（5）沉淀剂。称取 1 g 钼酸铵，溶于 14 mL 70%过氯酸中，然后加入 386 mL 蒸馏水。

（6）0.05 mol/L NaOH、30% H_2O_2、95%乙醇等。

五、操作步骤

1. 提取酵母 RNA 称取干酵母 1 g 于离心管中，加入 6 mL 0.05 mol/L 的 NaOH，沸水浴加热 30 min，不断搅拌，冷却至室温后，4 000 r/min 离心 10 min。取上清液转移至另一离心管中，加入冰醋酸数滴，调至提取液 pH 在 4 以下。缓慢加入 95% 乙醇 4 mL，边加边搅拌，待 RNA 完全沉淀后，以 3 000 r/min 离心 5 min，去除上清液，用 95% 的乙醇洗涤沉淀 2 次，每次加 95% 乙醇约 10 mL，2 500 r/min 离心 5 min。将盛有沉淀的离心管置于 80 ℃ 烘干，得到 RNA 酵母粗制品。将 RNA 酵母粗制品溶解于 10 mL 0.05 mol/L NaOH 中，并用蒸馏水转入 50 mL 容量瓶中，定容至刻度，即为 RNA 酵母提取液。

2. 制作标准曲线 取 6 支试管，编号，按表 10-9 加入试剂。摇匀之后，在 45 ℃ 水浴中保温 20 min，取出冷却至室温后，在 660 nm 波长下测定吸光度。以各管含磷量为横坐标，吸光度值为纵坐标，绘制标准曲线。

表 10-9

项 目	试管编号					
	1	2	3	4	5	6
标准无机磷溶液/mL	0	0.02	0.04	0.06	0.08	0.10
蒸馏水/mL	3.0	2.8	2.6	2.4	2.2	2.0
定磷试剂/mL	3.0	3.0	3.0	3.0	3.0	3.0
无机磷含量/μg	0	2	4	6	8	10

3. 核酸总磷量的测定

（1）样品消化。吸取 RNA 酵母提取液 3 mL，放入克氏消化瓶中，加入 1 mL 38% 硫酸。将克氏消化瓶放在电炉上加热，待产生白烟，并且溶液变黑后取下。置室温冷却后，小心滴加 3 滴 30% 过氧化氢促进氧化，并继续加热消化，直至样品溶液呈无色透明为止。样品消化完后，冷却至室温，用蒸馏水移至 50 mL 容量瓶中，定容至 50 mL，用于测定总磷量。

（2）样品有机物沉淀。吸取 3 mL RNA 酵母提取液于离心管中，加入 3 mL 沉淀剂，摇匀后以 3 500 r/min 离心 10 min。上清液用于测定无机磷含量。

（3）测定。取 3 支试管，1 支加 3 mL 消化液（测定总磷量），1 支加 3 mL 经沉淀处理的未消化样品液（测定无机磷含量），1 支加 3 mL 蒸馏水作为空白，然后各支试管加定磷试剂 3 mL，摇匀后于 45 ℃ 保温 20 min，在 660 nm 波长下测定吸光度，查标准曲线得到含磷量（g）。

六、结果与计算

$$有机磷含量（\mu g）＝总磷量（\mu g）－无机磷含量（\mu g）$$

$$RNA 含量（\mu g/mg）＝\frac{有机磷含量（\mu g）\times RNA 酵母提取液总体积（mL）}{样品质量（mg）\times 比色测定取样体积（mL）}\times\frac{100}{9.5}$$

七、注意事项

（1）避开核酸酶作用的温度范围 20～70 ℃，防止 RNA 降解。

（2）调 pH 时，一定要缓慢小心，边滴加盐酸边搅拌，而且要在低温下进行。

（3）在抽滤洗涤时，要用乙醇洗涤，而且不可用水洗，否则会导致 RNA 因部分溶解而造成损失，降低 RNA 提取率。

八、思考题

实验中所使用的水、钼酸铵的质量和显色时酸的浓度对测定结果有何影响？

实验十三 植物组织中可溶性糖的提取及定量测定

一、实验背景

可溶性糖是植物种子萌发和生长必需的营养组成。当水稻、玉米等富含淀粉的作物种子萌发时，淀粉酶活性增加，淀粉降解为可溶性糖；当油料作物种子萌发时，通过 β 氧化和乙醛酸循环，脂肪酸可以转化为可溶性糖，为幼苗成长提供能量。幼苗叶片中叶绿体形成后，可以进行光合作用，其产物可溶性糖可以被运输，为植物生长提供能量。

二、实验目的

1. 掌握可见分光光度计的原理和操作方法。
2. 学习蒽酮法测定糖含量的原理和方法。
3. 了解其他糖含量的测定方法。

三、实验原理

糖类遇浓硫酸将脱水生成糠醛或其衍生物，反应如下：

$$糖 \xrightarrow{\text{浓 } H_2SO_4} HOH_2C \underset{O}{\diagup\!\!\diagdown} CHO$$

糠醛

糠醛进一步与蒽酮试剂缩合产生蓝绿色物质，其在可见光区 620 nm 波长处有最大吸收，且其吸光度值在一定范围内与糖的含量成正比。

此法可用于单糖、寡糖等可溶性糖的含量测定，并具有灵敏度高、简便快捷、适用于微量样品的测定等优点。

四、实验材料、仪器与试剂

1. 材料 小白菜叶。

2. 仪器 20 mL 具塞刻度试管、漏斗、100 mL 容量瓶、刻度试管、试管架、剪刀、研钵、可见分光光度计、恒温水箱等。

3. 试剂

（1）200 μg/mL 标准葡萄糖。AR 级 D-葡萄糖 100 mg，用蒸馏水溶解，并定容至 500 mL。

（2）蒽酮试剂。称取 1 g 蒽酮，用乙酸乙酯溶解并定容至 50 mL，放入棕色瓶中避光储藏。

（3）浓硫酸（H_2SO_4）。

五、操作步骤

1. 葡萄糖标准曲线的制作 取 6 支 20 mL 具塞刻度试管，编号，按表 10 - 10 配制一系列不同浓度的标准葡萄糖溶液。

在每支试管中均加入 0.5 mL 蒽酮试剂，再缓慢地加入 5 mL 浓硫酸，盖紧试管塞倒置摇匀，打开试管塞，置沸水浴中煮沸 10 min，取出，冷却至室温，在 620 nm 波长下比色，测定各管溶液的吸光度，以标准葡萄糖浓度为横坐标、吸光度值为纵坐标，绘制标准曲线。

表 10-10

项 目	试管编号					
	1	2	3	4	5	6
标准葡萄糖溶液（200 μg/mL）/mL	0	0.2	0.4	0.6	0.8	1.0
蒸馏水/mL	2.0	1.8	1.6	1.4	1.2	1.0
葡萄糖含量/μg	0	40	80	120	160	200

2. 样品中可溶性糖的提取　称取 1 g 小白菜叶，剪碎，置于研钵中，加入少量蒸馏水，研磨成匀浆，然后转入 20 mL 具塞刻度试管中，用 10 mL 蒸馏水分次洗涤研钵，洗液一并转入具塞刻度试管中。置沸水浴中加盖煮沸 10 min，冷却后过滤，滤液收集于 100 mL 容量瓶中，用蒸馏水定容至刻度，摇匀备用。

3. 可溶性糖含量测定　用移液管吸取 1 mL 提取液于 20 mL 具塞刻度试管中，加 1 mL 水和 0.5 mL 蒽酮试剂，再缓慢加入 5 mL 浓 H_2SO_4，盖上试管塞后，轻轻摇匀，置沸水浴中保温 10 min（比色空白用 2 mL 蒸馏水与 0.5 mL 蒽酮试剂混合，并一同于沸水浴中保温 10 min）。冷却至室温后，在波长 620 nm 处比色，记录吸光度。查标准曲线得知对应的葡萄糖含量（μg）。

六、结果与计算

$$样品中可溶性糖含量 \atop (g/100\ g\ 鲜重) = \frac{查标准曲线所得葡萄糖含量（μg）×提取液总体积（mL）}{样品质量（g）×10^6×比色所用提取液体积（mL）}×100$$

七、注意事项

（1）浓 H_2SO_4 应缓慢加入，以免产生大量热而沸腾，灼伤皮肤。如出现上述情况，应迅速用大量自来水冲洗。

（2）水浴加热时应松开试管塞，管口不要对着自己或他人。

八、思考题

1. 可溶性糖指的是哪些糖？
2. 为什么浓 H_2SO_4 要缓慢加入试管内？

实验十四　总淀粉含量的测定

淀粉的制备与
纯化

一、实验背景

淀粉是谷物中最重要的糖类，是决定谷物品质和性质的重要因素。基于淀粉在食品加工业、造纸业、纺织业等领域有着广泛的应用，有必要对谷物中总淀粉含量进行测定。

二、实验目的

掌握淀粉含量测定的原理，了解相关仪器、设备的操作要点。

三、实验原理

淀粉为葡萄糖单位通过 $\alpha-1,4$ 糖苷键连接的以 6 个葡萄糖残基为一周的螺旋结构，葡萄糖残基上羟基朝向圈内。当碘分子进入圈内时，羟基成为电子供体，碘分子成为电子受体，形成淀粉-碘络合物，呈现蓝色。溶液呈色的强度与淀粉含量成正相关，在 625 nm 下测定溶液的吸光度值，根据标准曲线便可求出淀粉含量。

由于淀粉-碘络合物的着色与淀粉组分有关，因此制作标准曲线的淀粉应该与被测样品的淀粉是同一种类型的，本实验采用自制的红薯纯淀粉作为标准。

四、实验材料、仪器与试剂

1. 材料　红薯淀粉制品、红薯纯淀粉。

2. 仪器　10 mL 刻度试管、研钵、250 mL 容量瓶、移液管（1 mL、2 mL、5 mL）、水浴锅、722 型分光光度计等。

3. 试剂

（1）碘试剂。称取 13 g 碘化钾（KI）溶于 10 mL 水中，再加 0.3 g 碘（I_2），溶解后加水至 100 mL，装入棕色试剂瓶中。

（2）60% 高氯酸。

五、操作步骤

1. 制作标准曲线　称取红薯纯淀粉 0.200 0 g，加水 1 mL 调成糊状，然后十分小心地慢慢加入 3.2 mL 60% 高氯酸，轻轻搅拌 5～10 min 后加水定容至 500 mL。此液为 400 μg/mL 标准淀粉原液。

取 7 支试管，编号，按表 10-11 进行操作，测各管标准淀粉液的吸光度值。以吸光度值为纵坐标、淀粉含量（μg）为横坐标，绘制标准曲线。

表 10-11　标准曲线制作

项　目	试管编号						
	0	1	2	3	4	5	6
标准淀粉原液 /mL	0	0.5	1.0	1.5	2.0	2.5	3.0
碘试剂 /mL	2.0	2.0	2.0	2.0	2.0	2.0	2.0
充分摇匀，放置室温下显色 5～10 min，用水定容至 10 mL，然后以 0 号试管为空白对照，在 625 nm 处比色							
A_{625}							
淀粉含量/μg	0	20	40	60	80	100	120

2. 总淀粉含量的测定　称取红薯淀粉制品 0.200 0 g，加水 1 mL 调成糊状，十分小心地慢慢加入 3.2 mL 60% 高氯酸，轻轻搅拌 5～10 min 后加水定容至 500 mL。充分摇匀后，静置 10 min，小心吸取上层液 1 mL 加入 10 mL 刻度试管中，再加碘试剂 2 mL，在室温中显

色，最后用水定容至 10 mL，在 625 nm 处比色，测吸光度。从标准曲线上查得相应的淀粉含量（μg），即为测定值。

六、结果与计算

$$淀粉含量 = \frac{测定值（\mu g）\times 10^{-6} \times 提取液总体积（mL）}{样品质量（g）\times 测定取样体积（mL）} \times 100\%$$

实验十五　脂肪酸价的测定

一、实验背景

脂肪在空气中暴露较久后，部分脂肪被水解产生自由的脂肪酸及醛类，某些低分子的自由脂肪酸（如丁酸）及醛类都有酸臭味，这种现象称为酸败。酸败的程度是以水解的多少为指标的，习惯上用酸价（或酸值）来表示。油脂工业上用酸价来表示油料作物及油脂的新鲜、优劣程度。新鲜的、贮存期较短的油料作物酸价就低；反之就高。油脂酸价必须在一定范围内才符合规格，准予出厂。因此，测定酸价在生产上是相当重要的。

二、实验目的

掌握测定油脂酸价的原理、方法及实际意义。

三、实验原理

酸败的程度用酸价来表示。酸价是指中和 1 g 油脂中游离脂肪酸所消耗的氢氧化钾的质量（mg）。油脂中游离脂肪酸与氢氧化钾溶液发生中和反应，从氢氧化钾标准溶液消耗量可求得脂肪酸值。

四、实验材料、仪器与试剂

1. **材料**　花生油或菜籽油。
2. **仪器**　锥形瓶（250 mL）、碱滴定管（50 mL）、台秤、量筒（50 mL）等。
3. **试剂**　乙醚-乙醇（1∶1）混合液、2%酚酞-乙醇溶液、0.05 mol/L 氢氧化钾溶液等。

五、操作步骤

精确称取 1~3 g 花生油或菜籽油（如果油色较深，可少取一些）至锥形瓶中，加入 50 mL 的乙醚-乙醇混合液抽提，再把抽提液转移至另一锥形瓶中，加 1~2 滴 2%酚酞-乙醇溶液作指示剂，用 0.05 mol/L 氢氧化钾溶液滴定，至摇动后溶液呈现的粉红色持续 30 s 不褪色为终点。

六、结果与计算

$$酸价（mg/g）= \frac{耗用氢氧化钾体积（mL）\times 0.05（mol/L）\times 氢氧化钾摩尔质量（g/mol）}{油脂质量（g）}$$

七、思考题

什么是酸价？测定油脂的酸价有什么实际意义？

实验十六　植物组织中总酸度的测定

一、实验背景

总酸度是指食品中所有酸性成分的总量，包括未离解酸的浓度和已离解酸的浓度。有机酸影响食品的色、香、味及稳定性。食品中有机酸的种类和含量是判别其质量好坏的一个重要指标。因此，测定食品中的酸度具有十分重要的意义。

二、实验目的

掌握测定植物组织中总酸度的原理和意义。

三、实验原理

根据酸碱中和原理，用标准碱溶液滴定试液中的酸，以酚酞作为指示剂滴定终点，按碱液的消耗体积，可计算出样品中的总酸含量。总酸度常用百分数表示。

四、实验材料、仪器与试剂

1. 材料　柑橘或柠檬。

2. 仪器　研钵、容量瓶（50 mL）、锥形瓶（50 mL）、吸量管（10 mL）、洗耳球、碱式滴定管（25 mL）、漏斗、烧杯、玻璃棒等。

3. 试剂

（1）0.100 mol/L 氢氧化钠。称取 NaOH 4 g，加蒸馏水溶解并定容至 1 000 mL。

（2）1％酚酞指示剂。称取酚酞 1 g，溶于 100 mL 95％乙醇中。

五、操作步骤

称取柑橘或柠檬约 5 g 放入研钵中，充分研磨，小心地转入容量瓶中，用蒸馏水定容至 50 mL，反复摇动，充分提取有机酸，20 min 后过滤到锥形瓶中，所得滤液供测定用。

用吸量管取 10 mL 滤液两份，分别放入 50 mL 锥形瓶中，加 2 滴酚酞指示剂，然后用 0.100 mol/L NaOH 滴定，直至呈现淡红色为止。

六、结果与计算

$$酸度 = \frac{c \times 40(\mathrm{g/mol}) \times V \times K \times V_0}{m \times V_1} \times 100\%$$

式中，c 为 NaOH 标准溶液的物质的量浓度（mol/L）；V 为所用 NaOH 标准溶液的体积（mL）；m 为样品质量（g）；V_0 为样品稀释液总体积（mL）；V_1 为滴定时吸取样液体积（mL）；K 为换算成相应酸的系数，苹果酸取 0.067，柠檬酸取 0.064，醋酸取 0.060。

七、思考题

总酸度、有机酸有什么区别？

实验十七 脂肪酸 β 氧化的测定

一、实验背景

脂肪酸的 β 氧化是生物体内一种重要的代谢反应，它是体内脂肪酸分解的主要途径，可以供应机体所需要的大量能量。脂肪酸 β 氧化也是脂肪酸的改造过程，机体所需要的脂肪酸链的长短不同，通过 β 氧化可将长链脂肪酸改造成长度适宜的脂肪酸，供机体代谢所需。脂肪酸 β 氧化过程中生成的乙酰 CoA 是一种十分重要的中间化合物，乙酰 CoA 除能进入三羧酸循环氧化供能外，还是许多重要化合物合成的原料，如酮体、胆固醇和类固醇化合物。酮体是脂肪酸代谢的产物。

二、实验目的

掌握测定脂肪酸 β 氧化的方法及原理。

三、实验原理

在肝中，脂肪酸经 β 氧化作用生成乙酰 CoA。两分子乙酰 CoA 可缩合生成乙酰乙酸。乙酰乙酸可脱羧生成丙酮，也可还原生成 β-羟基丁酸。乙酰乙酸、β-羟基丁酸和丙酮总称为酮体。

本实验用新鲜肝糜与丁酸保温，生成的丙酮在碱性条件下，与碘生成碘仿。反应如下：

$$2NaOH + I_2 \longrightarrow 2NaOI + H_2O$$
$$CH_3COCH_3 + 3NaOI \longrightarrow CHI_3 + CH_3COONa + 2NaOH$$

剩余的碘，可用标准硫代硫酸钠溶液滴定。

$$NaOI + NaI + 2HCl \longrightarrow I_2 + 2NaCl + H_2O$$
$$I_2 + 2Na_2S_2O_3 \longrightarrow Na_2S_4O_6 + 2NaI$$

根据滴定样品与滴定对照所消耗的硫代硫酸钠溶液体积之差，可以计算由丁酸氧化生成丙酮的量。

四、实验材料、仪器与试剂

1. 材料 家兔。

2. 仪器 手术刀、手术剪、电子天平、研钵、酸式滴定管、漏斗、水浴锅、滤纸、50 mL 锥形瓶等。

3. 试剂 0.1%淀粉溶液、0.9%氯化钠溶液、0.5 mol/L 丁酸溶液、15%三氯乙酸溶液、10%氢氧化钠溶液、10%盐酸溶液、0.1 mol/L 碘溶液（称取 12.7 g 碘和 25 g 碘化钾溶于水中，稀释至 1 000 mL，混匀，用 0.1 mol/L 标准硫代硫酸钠溶液标定）、0.02 mol/L 标准硫代硫酸钠溶液（临用时将已标定的 1 mol/L 硫代硫酸钠溶液稀释成 0.02 mol/L）、1/15 mol/L pH 7.6 磷酸盐缓冲液（1/15 mol/L 磷酸氢二钠 86.8 mL 与 1/15 mol/L 磷酸二氢钠 13.2 mL 混合）等。

五、操作步骤

（1）将家兔颈部放血处死，取出肝。用 0.9%氯化钠溶液洗去污血。用滤纸吸去表面的水分。称取肝组织 5 g 置于研钵中。加少量 0.9％氯化钠溶液，研磨成细浆，再加 0.9％氯化钠溶液至总体积为 10 mL，即肝组织糜。

（2）取 2 个 50 mL 锥形瓶，各加入 3 mL 1/15 mol/L pH 7.6 磷酸盐缓冲液。向一个锥形瓶中加入 2 mL 正丁酸；另一个锥形瓶作为对照，不加正丁酸。然后各加入 2 mL 肝组织糜，混匀，置于 43 ℃恒温水浴内保温。

（3）保温 1.5 h 后，取出锥形瓶，各加入 3 mL 15％三氯乙酸溶液，在对照瓶内追加 2 mL 正丁酸，混匀，静置 15 min 后过滤。将滤液分别收集在 2 支试管中。

（4）吸取 2 种滤液各 2 mL，分别放入另外 2 个锥形瓶中，再各加 3 mL 0.1 mol/L 碘溶液和 3 mL 10％氢氧化钠溶液。摇匀后静置 10 min。加入 6 mL 10％盐酸溶液中和。用 0.02 mol/L 标准硫代硫酸钠溶液滴定剩余的碘。滴定至浅黄色时，加入 3 滴淀粉溶液作指示剂。摇匀，并继续滴定至蓝色消失。记录滴定样品与对照所用的硫代硫酸钠溶液的体积（mL），计算样品中丙酮含量。

六、结果与计算

$$\text{肝中丙酮含量（mmol/g）} = \frac{(A-B) \times N \times 1/6}{m}$$

式中，A 为滴定对照所消耗的 0.02 mol/L 硫代硫酸钠溶液的体积（mL）；B 为滴定样品所消耗的 0.02 mol/L 硫代硫酸钠溶液的体积（mL）；N 为标准硫代硫酸钠溶液浓度（mol/L）；m 为肝质量（g）。

七、注意事项

（1）用新鲜肝糜进行实验，确保肝内酶活力。
（2）注意滴定终点的控制，保证实验的准确度。

八、思考题

1. 为什么说脂肪酸 β 氧化实验的关键在于制备新鲜的肝糜？
2. 什么叫酮体？人在正常代谢时为什么产生的酮体量很少？

实验十八 酶的特性分析

一、实验背景

大多数酶的化学本质是蛋白质，易受条件影响而改变性质，进而影响其催化活性。酶对温度、pH、某些离子的浓度等的变化都很敏感。该实验由温度对酶活力的影响、pH 对酶活性的影响、酶的激活剂和抑制剂及酶的专一性四组实验构成。

二、实验目的

1. 加深温度对酶活性影响的认识。
2. 加深 pH 对酶活性影响的理解。
3. 加深酶活性受活化剂或抑制剂影响的认识。

4. 加深对酶的专一性的理解。

三、实验原理

1. 温度对酶活性的影响 每一种酶都有其最适宜温度，温度过高时其活性丧失，温度过低时其活性受到抑制，而当温度适宜时，酶可以全部或部分恢复活性。淀粉水解物根据分子质量大小，遇碘可呈现蓝、紫、褐、红或橙黄等不同颜色。因此，不同温度下淀粉被唾液淀粉酶水解的程度可由其遇碘的显色反应来判断。

2. pH 对酶活性的影响 酶通常在一定的 pH 范围内方可表现出活性。活性最高时的 pH 为该酶的最适 pH，高于或低于最适 pH 时，酶的活性下降。

3. 唾液淀粉酶的活化和抑制 酶的活性受活化剂或抑制剂的影响。低浓度 Cl^- 可增加唾液淀粉酶的活性，高浓度或低浓度 Cu^{2+} 则抑制其活性，Na^+、SO_4^{2-} 对唾液淀粉酶活性无影响。

4. 酶的专一性 以唾液淀粉酶和蔗糖酶对淀粉和蔗糖的作用来验证酶的专一。用 Benedict 试剂（含 Cu^{2+}，弱氧化剂）检查糖的还原性。糖是否具有还原性，主要通过是否具有含自由的醛基—CHO 或羧基—COOH（还原性末端）来进行判断，糖作还原剂时本身被氧化。

$$C_6H_{12}O_6 + 2CuSO_4 + 4NaOH \xrightarrow{沸水浴} C_6H_{12}O_7 + Cu_2O（红色）+ 2H_2O + Na_2SO_4$$

$$淀粉 \xrightarrow{淀粉酶} 麦芽糖$$

$$蔗糖 \xrightarrow{蔗糖酶} 葡萄糖 + 果糖$$

无还原性　　　　　有还原性

四、实验材料、仪器与试剂

1. 材料 唾液淀粉酶（使用唾液）。

2. 仪器 水浴锅、试管架、试管、电炉子、计时器、制冰机、白瓷板等。

3. 试剂 KI-I_2 溶液、0.2 mol/L 磷酸氢二钠、0.1 mol/L 柠檬酸、0.1%淀粉、0.2%淀粉、0.5%淀粉、1%NaCl、1%CuSO$_4$、1%Na$_2$SO$_4$、蒸馏水、Benedict 试剂、1%淀粉、2%蔗糖等。

五、操作步骤及结果观察

1. 温度对酶活性的影响 取 3 支试管编号，按表 10-12 进行操作。

表 10-12　温度对酶活性影响实验

项　目	试管编号		
	1	2	3
0.2%淀粉液	1.5 mL	1.5 mL	1.5 mL
稀唾液	1 mL	1 mL	1 mL（煮沸）
处理	37 ℃水浴 10 min	冰水浴 10 min	37 ℃水浴 10 min
KI-I_2 溶液	2 滴	2 滴	2 滴
结果观察（颜色）			

2. pH 对酶活性的影响 取 4 个 50 mL 锥形瓶，编号。用吸管按表 10-13 添加各试剂，配制缓冲液（每瓶 10 mL，供 2 人使用）。

表 10-13 磷酸氢二钠-柠檬酸缓冲液的配制

锥形瓶编号	0.2 mol/L 磷酸氢二钠/mL	0.1 mol/L 柠檬酸/mL	缓冲液 pH
1	5.15	4.85	5.0
2	6.05	3.95	5.8
3	7.72	2.28	6.8
4	9.72	0.28	8.0

取 4 支 10 mL 试管，编号 1~4，每支试管中分别加 0.5% 淀粉溶液 2 mL，加入相应编号的缓冲液 3 mL。依次向 1~4 号试管中加入稀唾液 2 mL，振荡混匀，放入 37 ℃ 水浴中进行反应。反应过程中，每隔 1 min 从 3 号试管中取出一滴反应液，滴在比色板上，用滴管加 1 滴 $KI-I_2$ 溶液显色，待混合液变为橙黄色时，立即取出 4 支试管。向各试管中依次添加 2 滴 $KI-I_2$ 显色。观察并记录每支试管中的颜色，分析 pH 对唾液淀粉酶活性的影响。

3. 唾液淀粉酶的活化和抑制 取 4 支 10 mL 试管，编号，各加入 0.1% 淀粉 1.5 mL、稀唾液 0.5 mL，试管 1 中加入 1% NaCl 0.5 mL，试管 2 中加入 1% $CuSO_4$ 0.5 mL，试管 3 中加入 1% Na_2SO_4 0.5 mL，试管 4 中加入蒸馏水 0.5 mL。4 支试管分别振荡混匀，再放入 37 ℃ 水浴保温 10 min。取出试管，用滴管向 4 支试管中分别加 2 滴 $KI-I_2$ 溶液。观察每支试管中的颜色变化。

4. 酶的专一性

（1）蔗糖和淀粉的还原性检测实验。取 2 支 10 mL 试管，编号，各加入 Benedict 试剂 1 mL，用滴管向试管 1 中加入 1% 淀粉 4 滴，向试管 2 中加入 2% 蔗糖 4 滴，分别振荡混匀，放入沸水浴中保温 2~3 min。取出试管，观察两支试管中的颜色变化。

（2）酶的专一性鉴定实验。取 3 支 10 mL 试管，编号，用滴管向试管 1 和试管 3 中加入 1% 淀粉 4 滴，向试管 2 中加入 2% 蔗糖 4 滴，向试管 1 和试管 2 中加入稀唾液 1 mL，向试管 3 中加入煮沸稀唾液 1 mL。3 支试管分别振荡混匀，放入 37 ℃ 水浴中保温 5 min。取出试管，用滴管向 3 支试管中分别加入 Benedict 试剂 1 mL，再放入沸水浴中保温 2~3 min。取出试管，观察每支试管中的颜色变化。

六、注意事项

（1）每个人唾液中的淀粉酶活性不同，因此在实验中要随时注意观察反应的进行情况，视个人情况进行稀释。

（2）本实验涉及试剂较多，使用时不要搞错，用后及时盖好盖放回原处；试管要做好标记，清洗干净；注意每个实验的反应条件、时间、温度，及时做好记录，结果分析要详尽。

七、思考题

1. 什么是酶的专一性？本实验是如何证明酶的专一性的？

2. 什么是酶的激活剂和抑制剂？本实验如何验证无机离子对酶的激活与抑制作用？

实验十九 底物浓度对酶促反应速度的影响
——米氏常数的测定

一、实验背景

在温度、pH 及酶浓度恒定的条件下，底物浓度［S］对酶促反应的速度（v）有很大的影响。在底物浓度很低时，酶促反应的速度随底物浓度的增加而迅速增加；随着底物浓度的继续增加，反应速度的增加开始减慢；当底物浓度增加到某种程度时，反应速度达到一个极限值（v_{max}）。米氏常数 K_m 是酶的一个基本特征常数，它反映酶和底物结合或者解离的性质。特别是同一种酶能够结合几种不同的底物时，K_m 能够反映出酶和各种底物亲和力的强弱。酶促反应底物浓度与反应速度的关系可用下面的动力学方程（米氏方程）表达。

$$v = \frac{v_{max} \cdot [S]}{K_m + [S]}$$

取倒数，得

$$\frac{1}{v} = \frac{K_m + [S]}{v_{max} \cdot [S]}$$

$$\frac{1}{v} = \frac{K_m}{v_{max} \cdot [S]} + \frac{1}{v_{max}}$$

从米氏方程可见：米氏常数 K_m 等于反应速度达到最大反应速度一半时的底物浓度。测定 K_m 值，最常用的是 Lineweaver - Burk 双倒数作图法。以 $1/v$ 对 $1/[S]$ 作图，可以得到一个斜率为 K_m/v 的一次函数，直线在横轴上的截距为 $-1/K_m$，纵轴上的截距为 $1/v_{max}$，由此可求出 K_m 与 v_{max}。

二、实验目的

1. 学会运用标准曲线测定酶的活性，加深对酶促反应动力学的理解。
2. 验证底物浓度对酶促反应速度的影响。
3. 掌握测定米氏常数 K_m 的原理。
4. 掌握双倒数作图法求 K_m 的方法。

三、实验原理

本实验以碱性磷酸酶为例，以不同浓度的磷酸苯二钠为底物测定酶活性，再根据 Lineweaver - Burk 法作图，计算出 K_m 值。具体原理是：磷酸苯二钠在最适反应条件下 (37 ℃，pH＝10) 被碱性磷酸酶催化水解，生成游离酚和磷酸盐。酚在碱性条件下与酚试剂（4 -氨基安替比林）作用，经铁氰化钾氧化，生成红色的醌衍生物，其颜色深浅和酚的含量成正比。因此，可根据吸光度的大小计算出碱性磷酸酶的活性；同时也可以从标准曲线上查知酚的含量，进而算出酶活性的大小。然后，以酶活性直接表示不同底物浓度时的酶反应速度，以酶促反应速度的倒数为纵坐标，以底物浓度的倒数为横坐标，按双倒数作图法，计算出 K_m 值。

$$磷酸苯二钠 + H_2O \xrightarrow{碱性磷酸酶} 苯酚 + 磷酸氢二钠$$

$$苯酚 + 4 -氨基安替比林 \xrightarrow{OH^-,\ K_3Fe(CN)_6} 醌衍生物（红色）$$

四、实验材料、仪器与试剂

1. 材料 碱性磷酸酶制品。

2. 仪器 恒温水浴箱、试管、移液管、分光光度计等。

3. 试剂 0.1 mg/mL标准酚液、碱性溶液（0.5 mol/L NaOH）、0.3％4-氨基安替比林、0.5％铁氰化钾、0.1 mol/L pH 10碳酸缓冲液、40 mmol/L磷酸苯二钠等。

五、操作步骤

（1）取试管7支，按表10-14加入各种试剂。

表 10-14

项目	试管编号						
	0	I	II	III	IV	V	VI
40 mmol/L磷酸苯二钠/mL	0	0.05	0.1	0.2	0.3	0.4	0.8
pH 10碳酸缓冲液/mL	0.7	0.7	0.7	0.7	0.7	0.7	0.7
H₂O	1.2	1.15	1.1	1.0	0.9	0.8	0.4
操作	37 ℃水浴保温5 min，然后各加入0.1 mL碱性磷酸酶液						
底物终浓度/(mmol/L)	0	1	2	4	6	8	16

注：底物终浓度计算：如II号管，40 mmol/L磷酸苯二钠加入0.1 mL，试管中溶液总量2 mL，则 $[S]_{磷酸苯二钠}=40×0.1/2=2$ mmol/L。

计时，37 ℃水浴保温15 min。

（2）保温结束，立即加入碱性溶液1 mL，终止反应。

（3）各管中分别加入0.3％的4-氨基安替比林1 mL、0.5％铁氰化钾2 mL，充分混匀，静置10 min。以0号管调"0"点，于510 nm比色，测得吸光度值。

由测得的吸光度值，在酚标准曲线上查找酚含量（μg），以酚含量代表该试管中酶促反应速度（v），也代表该试管中酶活单位（U），即在37 ℃水浴中保温15 min产生1 μg的酚量为1个酶活单位（U）。

（4）以每管中酶促反应速度（v）为纵坐标，以底物浓度［S］为横坐标，在坐标纸上作图，此图为酚饱和曲线（图10-6）。

（5）以酶促反应速度的倒数（即$1/v$）为纵坐标，以底物浓度的倒数$1/[S]$为横坐标，在坐标纸上作图，求碱性磷酸酶的K_m值（图10-7）。

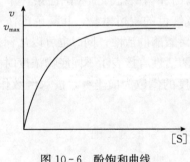

图10-6 酚饱和曲线

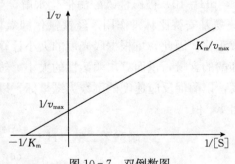

图10-7 双倒数图

六、结果与计算

根据实验中所得数据绘制出酚饱和曲线，并利用双倒数作图法，计算出 K_m 值。

七、注意事项

（1）本实验属于定量测定实验，故在实验过程中，各操作要尽量减少误差，以保证结果的可靠性。

（2）酶促反应时间的控制应当准确，特别是反应速度只在最初一段时间内保持恒定，随着反应时间的延长，其反应速度逐渐下降，故以最初的反应速度为准。

（3）在三角瓶中加入试剂溶液后应当及时摇匀。

八、思考题

1. 比色法测定溶液浓度的基本原理是什么？
2. 用已知物质标准液浓度测定溶液未知浓度的方法有几种？

实验二十　淀粉酶活性的测定

一、实验背景

淀粉酶是分解淀粉的酶的总称。种子淀粉酶的活性高低可以作为作物抗逆性（如干旱、盐、重金属胁迫）的生化指标。富含淀粉的农作物种子在萌发时，淀粉酶的活性会急剧增强，以促进种子淀粉的水解，形成可溶性糖，以满足作物在生长过程中的能量和物质代谢的需要。根据淀粉酶的作用特性不同，可将其分为 α 淀粉酶和 β 淀粉酶等。α 淀粉酶耐高温，在酸性环境中不稳定，其水解方式是从淀粉链中间水解糖苷键 α-1,4 糖苷键，生成麦芽糖、麦芽三糖等；β 淀粉酶耐酸，但在高温下不稳定，从淀粉链非还原端开始水解 α-1,4 糖苷键，生成麦芽糖等。不同的淀粉类种子萌发时，淀粉酶活性表现也不尽一致，例如，马铃薯等块茎萌发时，β 淀粉酶活性强。

二、实验目的

1. 掌握淀粉酶活性测定的原理和基本方法。
2. 了解淀粉酶的作用特点。

三、实验原理

酶活性也称为酶活力，是指酶催化一定化学反应的能力，一般以酶在最适温度、最适 pH 等条件下，催化一定的化学反应的初速度来表示。酶促反应的速度可用单位时间内单位体积中底物的减少量或产物的增加量来表示。本实验主要测定淀粉酶的活性，即在 37 ℃、pH 5.6 的条件下，在一定的初始反应时间里将淀粉转化为麦芽糖等还原糖，若与氧化剂 3,5-二硝基水杨酸发生反应，生成棕红色的 3-氨基-5-硝基水杨酸，在 540 nm 处有特征吸收峰，利用比色法测定还原糖的生成量，计算在一定时间内麦芽糖的生成量。本实验规定淀粉酶的一个酶活单位为：1 mL 粗酶液在 40 ℃、pH 5.6 的条件下，1 min 内水解 1% 淀粉生成 1 mg 还原糖。

四、实验材料、仪器与试剂

1. 材料 萌发的水稻种子。

2. 仪器 可见分光光度计、离心机、恒温水浴锅、天平、刻度试管（25 mL、10 mL）、离心管（10 mL）、移液管（1 mL、5 mL）、滴管、移液枪（1 mL、200 μL）、洗耳球、100 mL 容量瓶、洗瓶、试管架、冰盒、移液管架、玻璃棒等。

3. 试剂

（1）1‰淀粉溶液。称取 10.0 g 可溶性淀粉，加入 800 mL 左右蒸馏水煮沸。冷却定容至 1 000 mL（用时配制）。

（2）3,5-二硝基水杨酸试剂（DNS 试剂）。将 1.0 g 3,5-二硝基水杨酸溶于 20 mL 1 mol/L NaOH 溶液中，接着加入 50 mL 含 30 g 酒石酸钾钠的溶液，溶解混匀。用蒸馏水定容至 100 mL，盖紧瓶盖，勿使二氧化碳进入。

（3）pH 5.6 柠檬酸缓冲液。

A 液：称取柠檬酸 21.0 g，用蒸馏水溶解并定容至 1 000 mL。

B 液：称取柠檬酸钠 29.4 g，用蒸馏水溶解并定容至 1 000 mL。

量取 A 液 55 mL、B 液 145 mL，混匀，即为 pH 5.6 柠檬酸缓冲液。

（4）0.4 mol/L NaOH。

（5）麦芽糖标准品。称取 0.100 g 麦芽糖，溶于少量蒸馏水中，并定容至 100 mL，得到 1 mg/mL 的麦芽糖标准液。

五、操作步骤

1. 标准曲线的制作 取 20 mL 刻度试管 7 支，编号，分别加入 1 mg/mL 麦芽糖标准溶液 0、0.2 mL、0.6 mL、1.0 mL、1.4 mL、1.8 mL、2.0 mL，然后各管中分别加入蒸馏水使体积均达到 2 mL，再向各管加入 3,5-二硝基水杨酸 2 mL，沸水浴加热 5 min，取出后冷却，用蒸馏水稀释至 20 mL，盖紧试管塞，上下倒置摇匀，在 520 nm 波长下用分光光度计比色，以吸光度为纵坐标、麦芽糖含量为横坐标，作图，得到标准曲线。

2. 淀粉酶的提取及制备 称取 1 g 左右萌发的水稻种子（含外壳），去根，置于研钵中，加入适量石英砂，加入 pH 5.6 柠檬酸缓冲液 2 mL，研磨成匀浆，转到 10 mL 的离心管中，用 6 mL 水分次洗涤研钵，洗液一并倒入离心管中，室温下放置 15～20 min，其间用玻璃棒搅拌，使酶尽量溶解于溶液中。3 500 r/min 离心 10 min，将上清液转入 100 mL 的容量瓶中，用蒸馏水定容至刻度，得到淀粉酶粗酶液。

3. 淀粉酶酶促反应 取 10 mL 刻度试管 4 支，编号，按表 10 - 15 操作。

表 10 - 15

项　目	试管编号			
	1（对照）	2（对照）	3（反应）	4（反应）
粗酶液/mL	1	1	1	1
pH 5.6 柠檬酸缓冲液/mL	1	1	1	1

（续）

项　目	试管编号			
	1（对照）	2（对照）	3（反应）	4（反应）
操作	40 ℃水浴保温 5 min			
0.4 mol/L NaOH /mL	4	4	0	0
预热 1%淀粉 /mL	2	2	2	2
操作	40 ℃水浴保温 5 min			
0.4 mol/L NaOH /mL	0	0	4	4

4. 酶活性测定　分别从上述 4 支试管中取 2 mL 反应液，对应放入事先编号的 4 支 20 mL 具塞试管中，加入 2 mL 3,5-二硝基水杨酸。另外，用 2 mL 蒸馏水替代反应液，进行相同操作，作为空白对照。5 支试管同时置于沸水浴中加热 5 min，取出后冷却，用蒸馏水稀释至 20 mL，盖紧试管塞，上下倒置摇匀，在 520 nm 波长下用分光光度计比色。按吸光度查标准曲线，得麦芽糖含量。

六、结果与计算

$$淀粉酶总活性 \left[mg/(g \cdot min) \right] = \frac{(A-B) \times 酶提取液总体积（mL）\times 酶反应稀释倍数}{样品质量（g）\times 显色用样品体积（mL）\times 5}$$

式中，A 为反应管中麦芽糖含量（mg）；B 为对照管中麦芽糖含量；5 为反应时间（min）。

七、注意事项

（1）酶液的稀释倍数要根据酶活性的大小而定。在比色测定过程中，测量值要落在所作的标准曲线上，这样计算出的酶活性大小才准确。

（2）为保证酶促反应时间的准确性，水浴的温度和时间要严格控制，尽量减少因各管保温时间和温度不同而引起的误差。

八、思考题

1. 为什么要用氢氧化钠作为酶的失活剂？
2. 测定酶的活性应注意哪些反应条件？

乳酸脱氢酶
活性的测定

实验二十一　过氧化氢酶活性的测定

一、实验背景

过氧化氢酶（catalase，CAT）是以铁卟啉为辅基的结合酶，用过氧化氢酶催化过氧化氢，使其分解成氧和水，从而使细胞免于遭受 H_2O_2 的毒害。过氧化氢酶是生物防御体系的关键酶之一，存在于细胞的过氧化物酶体内。在能呼吸的生物体内，过氧化氢酶主要出现在植物的叶绿体、线粒体、内质网，以及动物的肝和红细胞中，其酶促活性为机体提供了抗氧化防御机制。过氧化氢酶用途非常广泛，常被用来反映生物体内的代谢变化，也用于食品包装，防止食物被氧化。

二、实验目的

1. 学习过氧化氢酶活性的测定原理和方法。
2. 掌握酶活性的表示方法。
3. 掌握影响酶促反应速度的各种因素。

三、实验原理

过氧化氢酶能催化过氧化氢分解为水和氧。在过氧化氢酶液中加入一定量的过氧化氢，反应一定时间后，终止酶的活性，剩余的过氧化氢以钼酸铵作催化剂，与碘化钾反应，游离出的 I_2 用淀粉作指示剂，用硫代硫酸钠溶液滴定到蓝色消失为止，反应如下：

$$H_2O_2 + 2KI + H_2SO_4 \longrightarrow I_2 + K_2SO_4 + 2H_2O$$

$$I_2 + 2Na_2S_2O_3 \xrightarrow{\text{钼酸铵}} 2NaI + Na_2S_4O_6$$

根据空白和测定二者的所耗硫代硫酸钠溶液体积之差，即可求出被酶分解的过氧化氢的量，以每分钟过氧化氢酶分解底物 H_2O_2 的质量（mg）表示酶活性的大小。

四、实验材料、仪器与试剂

1. 材料 白菜叶或其他植物材料，可进行逆境胁迫处理。

2. 仪器 三角瓶（100 mL）、容量瓶（100 mL）、滴定台、蝴蝶夹、酸式滴定管、恒温水箱、研钵、移液管、电子天平等。

3. 试剂 碳酸钙（固体）、0.1 mol/L $Na_2S_2O_3$、3.6 mol/L H_2SO_4、10%钼酸铵、1%淀粉、20%KI、0.1 mol/L H_2O_2 等。

五、操作步骤

1. 酶液制备 取已进行逆境胁迫处理的白菜叶或其他植物材料 2 g，剪碎。加 2 mL 蒸馏水和少许 $CaCO_3$ 粉末，研磨成匀浆，转入 100 mL 容量瓶中，用蒸馏水定容至刻度，摇匀，静止片刻后过滤。取滤液 10 mL，再稀释到 100 mL，摇匀备用，得粗酶液。

2. 酶促反应 取 100 mL 三角瓶，编号，按表 10-16 的顺序加入各液。

表 10-16

项目	三角瓶编号			
	1（空白）	2（空白）	3（样品）	4（样品）
3.6 mol/L H_2SO_4/mL	5	5	0	0
粗酶液/mL	10	10	10	10
在 20 ℃水浴中保温平衡 5 min				
0.1 mol/L H_2O_2/mL	5	5	5	5
加 0.1 mol/L H_2O_2 后立即准确计时，20 ℃水浴中保温 5 min				
3.6 mol/L H_2SO_4/mL	0	0	5	5

3. 滴定 向各瓶中加入 1 mL 20% KI 溶液和 3 滴 10%钼酸铵，摇匀，用 0.1 mol/L

Na₂S₂O₃ 滴定，待溶液呈淡黄色时，再加 5 滴 1％淀粉，此时溶液呈深蓝色，继续滴定至蓝色消失为止，记录消耗的 Na₂S₂O₃ 体积。

六、结果与计算

$$分解的 H_2O_2 质量（mg）=[空白所耗 Na_2S_2O_3 体积（mL）-$$
$$样品所耗 Na_2S_2O_3 体积（mL）]×0.1×17.17$$

$$过氧化氢酶活性[mg/(g·min)]=\frac{分解的 H_2O_2 质量（mg）×酶液稀释倍数}{样品质量（g）×反应时间（min）}$$

式中，0.1 为硫代硫酸钠的物质的量浓度（mol/L）；17.17 为每 0.5 mol 过氧化氢的毫克数（mg/mol）。

七、注意事项

（1）实验前应将所用玻璃器皿清洗干净，并注意实验中移液管应分别使用，以避免酶遇强酸失活。

（2）酶促反应时间的控制应当准确，精确至秒。

（3）在三角瓶中加入试剂溶液后应当及时摇匀。

超氧化物歧化
酶活性的测定

八、思考题

1. 为什么酶易变性失活？
2. 在过氧化氢酶提取过程中，为什么要加入 CaCO₃ 粉末研磨？
3. 实验中是否可用 NaOH 代替 H₂SO₄ 终止酶活性？

实验二十二　谷丙转氨酶活性的测定——纸层析法

一、实验背景

氨基转移酶也称转氨酶，它能催化 α-氨基酸的氨基与 α-酮酸的 α-酮基发生互换，这种作用称为氨基转移作用。氨基转移反应在生物体内蛋白质的合成与分解等中间代谢中具有重要作用，同时也在糖、脂肪、蛋白质三大类物质代谢的相互联系和相互转化上起着十分重要的作用。任何一种氨基酸进行氨基转移作用时，都由其专一的转氨酶催化。生物体内分布最广、活力最强的转氨酶有两种：一种为谷氨酸-丙酮酸转氨酶（简称谷丙转氨酶，glutamate pyruvic transaminase，GPT）；另一种为谷氨酸-草酰乙酸转氨酶（简称谷草转氨酶，glutamate-oxaloacetate transaminase，GOT）。正常人血清中这两种转氨酶含量较少，但当机体发生肝炎、心肌梗死等病变时，血清中转氨酶活性显著上升，故临床上转氨酶活性的测定具有重要的意义。测定转氨酶活性的方法很多，有纸层析法和分光光度计法等。本实验采用纸层析法测定肝中谷丙转氨酶的活性。

二、实验目的

1. 学习应用纸层析法鉴定氨基转移反应。
2. 了解氨基转移作用在中间代谢中的意义。

三、实验原理

观察肝中谷丙转氨酶所催化的氨基转移反应。反应后采用纸层析法检查底物谷氨酸的减少和产物丙氨酸的生成。为防止丙氨酸被肝中其他酶氧化或还原，故在反应系统中加入了抑制剂溴乙酸。具体反应如下：

$$谷氨酸 + 丙酮酸 \xrightarrow{\text{GPT}} \alpha\text{-}酮戊二酸 + 丙氨酸$$

四、实验材料、仪器与试剂

1. 材料 兔肝。

2. 仪器 大烧杯、研钵、制冰机、试管、水浴锅、酒精灯、离心机、剪刀、毛细管、圆规、烘干箱等。

3. 试剂 0.9% NaCl、海沙、1%谷氨酸溶液（用 KOH 中和至中性）、1%丙酮酸钠溶液（用 KOH 中和至中性）、0.1%碳酸氢钾、0.025%溴乙酸、2%醋酸、3 号滤纸、酚饱和液、0.1%水合茚三酮、正丁醇、丙氨酸标准液、谷氨酸标准液等。

五、操作步骤

1. 制备肝糜提取液 在研钵中加入兔肝 1 g、0.9% NaCl 3 mL、海沙 200 mg，置于放有冰水的大烧杯上面，研磨成匀浆。以 3 000 r/min 离心 5 min，弃沉淀，上清即兔肝糜提取液。

2. 氨基转移反应 取干燥试管 2 支，分别标明实验管与对照管。按表 10-17 加入试剂和进行操作。

表 10-17

试剂及操作	实验管	对照管
1%谷氨酸溶液/mL	0.50	0.50
1%丙酮酸钠溶液/mL	0.50	0.50
0.1%碳酸氢钾/mL	0.50	0.50
0.025%溴乙酸/mL	0.25	0.25
混匀后加入肝糜提取液/mL	0.50	0.50
操作	立即置于沸水浴中（或用酒精灯加热至沸）2～3 min	
操作	加盖胶塞，45℃水浴保温 1 h，并时常振荡	
2%醋酸/滴	4	4
操作	置于沸水浴中（或用酒精灯加热至沸）2～3 min（终止反应、沉淀蛋白）	
操作	离心（或过滤），收集上清液进行层析	

3. 层析 取 3 号滤纸一张，用圆规作半径为 1 cm 的圆，通过圆心作两条相互垂直的线，与圆相交的 4 点作为点样位置，在滤纸圆心处剪一个直径为 2 mm 的小孔（图 10-8）。另取同类滤纸小纸条，下端剪成毛刷状，高为 1 cm，然后卷成如灯芯状圆筒（直径=2 mm），与滤纸中心圆孔匹配，插入小孔（勿使其突出滤纸面）。层析装置见图 10-9。

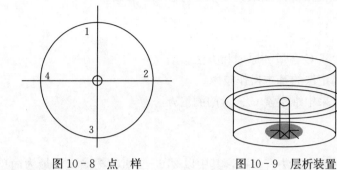

图 10-8 点 样　　　　　图 10-9 层析装置

用毛细管在 1、3 两处分别点实验管和对照管上清液，在 2、4 两处分别点丙氨酸和谷氨酸标准液，重复点样 2～3 次。

将层析溶剂酚饱和液放入小表面皿中，表面皿置于培养皿正中，将滤纸平放在培养皿上，滤纸芯插入滤纸中心圆孔，滤纸芯毛刷状端浸入溶剂中，将另一同样大小的培养皿盖上，可见溶剂沿滤纸芯上升到滤纸，再向四周扩展。40～50 min 后，溶剂前沿距滤纸边缘约 1 cm 时即可取出，用铅笔描下溶剂走动的边缘，烘干。

4. 显色　喷洒 0.1％水合茚三酮正丁醇溶液，烘干。

六、结果与计算

计算各斑点的 R_f 值，判断实验管液和对照管液中分离得到的是哪种氨基酸。

七、注意事项

（1）取动物新鲜组织制备酶液，防止酶失活。

（2）将滤纸分 4 等份时，要保证样品层析轨迹与滤纸纹路都成 45°角。

（3）点样时，要注意点样圈不能距离纸边太近，且各点之间的距离也不能太近，每次点完要等干燥后再点第二次。

（4）吹干时一定要保证完全吹干。

八、思考题

1. 为什么酶易变性失活？

2. 转氨酶对氨基酸的构型有要求吗？使用 D 型氨基酸、L 型氨基酸对实验的结果有何不同？

3. 要想保证实验结果的可靠性和精确性，在实验过程中应该注意哪些操作？

实验二十三　维生素 C 含量测定

一、实验背景

维生素 C 广泛分布在各类天然食品中，它是人类所需营养中最重要的维生素之一，味酸，缺乏时能引起人的坏血病，故又称为抗坏血酸。抗坏血酸分子具有还原性，可根据这一性质使其与特定的还原剂进行氧化还原反应而测定其含量。维生素 C 含量测定的方法有多种，其中以 2,6-二氯靛酚滴定法最为简单易行。

二、实验目的

1. 学习测定维生素 C 含量的原理和方法。
2. 进一步掌握滴定法的基本操作技术。
3. 熟识蔬菜、水果中维生素 C 含量的测定方法。

三、实验原理

维生素 C 含量测定的方法有多种，其中以 2,6-二氯靛酚滴定法最为简单易行。在中性和微酸性环境中还原型抗坏血酸能将染料 2,6-二氯靛酚从氧化型还原成无色的还原型，同时本身被氧化成脱氢抗坏血酸。氧化型的 2,6-二氯靛酚在中性或碱性溶液中呈蓝色，在酸性溶液中呈粉红色。当用此染料滴定含有抗坏血酸的酸性溶液时，在抗坏血酸未全部被氧化前，滴下的染料立即被还原成无色。一旦溶液中的抗坏血酸全部被氧化时，滴下的染料立即使溶液显示粉红色，此时为滴定终点，表示溶液中的抗坏血酸刚刚全部被氧化。在没有杂质的干扰时，一定量的样品提取液还原标准染料的量与样品中所含抗坏血酸的量成正比。

四、实验材料、仪器与试剂

1. 材料　新鲜蔬菜或新鲜水果。

2. 仪器　电子天平、研钵或匀浆器、微量滴定管（5 mL 或 10 mL）、烧杯、锥形瓶（50 mL）、漏斗、滤纸、移液管、移液管架、容量瓶、量筒等。

3. 试剂　2% 草酸溶液、1% 草酸溶液、抗坏血酸标准溶液、0.02% 2,6-二氯靛酚溶液等。

抗坏血酸标准溶液：准确称取 100 mg 纯抗坏血酸粉状结晶，溶于 1% 草酸中，并定容至 500 mL，在使用前临时配制并置于冰箱内保存。使用时吸取上述抗坏血酸溶液 50 mL 于 500 mL 容量瓶中，用 1% 草酸定容。此标准使用液每毫升含 0.02 mg 抗坏血酸。

0.02% 2,6-二氯靛酚溶液：称取 50 mg 2,6-二氯靛酚溶解于约 200 mL 含有 52 mg NaHCO₃ 的热水中。冷却后稀释至 250 mL，装入棕色瓶内，贮于冰箱中。2,6-二氯靛酚溶液不稳定，每周必须重新配制，使用前需用抗坏血酸标准溶液进行标定。

五、操作步骤

1. 样液的制备

（1）新鲜蔬菜。除去蔬菜中不可食的部分，洗净，切碎，混匀后，称取 100 g，加 2% 草酸溶液 100 mL，用匀浆器打成匀浆。再称取两份浆状样品，每份 10～20 g（看样品抗坏血酸的含量多少而定，其含量以 1～5 mg 为宜）。把称好的两份样品无损地移入两个 100 mL 容量瓶中，以 1% 草酸溶液定容，充分振摇。

（2）新鲜水果。称取 50～100 g 新鲜水果，加等量的 2% 草酸溶液于研钵中研磨成匀浆状。用 1% 草酸溶液无损地移入 100 mL 容量瓶中，并以 1% 草酸溶液定容，充分摇匀。

将上述样品稀释液静置几分钟后过滤，弃去最初 10～15 mL 滤液。如果滤液色深，应选择脱色力强、对抗坏血酸无损失的白陶土脱色。

2. 样液的滴定

用移液管准确吸取 10 mL 滤液于 50 mL 的锥形瓶中，立即用标定过的 2,6-二氯靛酚溶液滴定至滤液呈粉红色，并在 15～30 s 内不褪色即为终点。计算如下：

$$每 100 \text{ g（mL）样品中含抗坏血酸的质量（mg）} = \frac{V \times T \times 100}{m}$$

式中，V 为滴定时耗用染料溶液的体积（mL）；T 为 1 mL 染料溶液相当于抗坏血酸的质量（mg/mL）；m 为滴定时所取滤液中含样品的质量（g）。

3. 空白滴定

另取 10 mL 1% 的草酸溶液作试剂空白实验，测定结果应减去空白值。

六、注意事项

（1）在生物组织内和组织提取物内，抗坏血酸还能以脱氢抗坏血酸及结合抗坏血酸的形式存在，它们同样具有抗坏血酸的生理作用，但不能将 2,6-二氯靛酚还原，故此法用于滴定还原型维生素 C 的含量，而总抗坏血酸的含量测定多用其他方法。

（2）滴定过程必须迅速（不超过 2 min），以减少维生素 C 的氧化损失。同时在本滴定条件下，一些非维生素 C 还原物质的还原作用比较迟缓，快速滴定可避免或减少它们的影响。

（3）要使结果准确，滴定消耗的 2,6-二氯靛酚体积应为 1～4 mL，若滴定结果超出此范围，则必须增加样品量，或将提取液适当稀释。

（4）滴定时必须另取 10 mL 1% 的草酸溶液做试剂空白实验，测定结果应减去空白值。同时不管是样液测定，还是染料标定或空白测定，均应做重复试验，取平均值进行计算。

七、思考题

1. 指出 3～4 种维生素 C 含量丰富的物质。
2. 指出本实验采用的测定维生素 C 的方法的优点和缺点。
3. 过滤用的滤纸可否用水或 1% 草酸浸湿？为什么？

实验二十四 肌糖原的酵解作用检测

一、实验背景

糖酵解是葡萄糖或糖原在组织中进行类似发酵的降解反应过程，最终形成乳酸或丙酮酸，同时释放部分能量形成 ATP 供组织利用。糖酵解是生物界普遍存在的供能途径，但其释放的能量不多，而且在一般生理情况下，大多数组织有足够的氧可以用来进行有氧氧化，因此很少进行糖酵解，但少数组织，如视网膜、睾丸、肾髓质和红细胞等组织细胞，由于没有线粒体，即使在有氧条件下，仍需通过糖酵解获得能量。

在某些情况下，糖酵解有特殊的生理意义。例如剧烈运动时，能量需求增加，糖分解加速，此时即使呼吸和循环加快以增加氧的供应量，仍不能满足体内所需要的能量，这时肌肉处于相对缺氧状态，必须通过糖酵解过程，以补充所需的能量。在剧烈运动后，血中乳酸浓度成倍升高，这是糖酵解加强的结果。又如人们从平原地区进入高原的初期，由于缺氧，组织细胞也往往通过增强糖酵解获得能量。在某些病理情况下，如严重贫血、大量失血、呼吸障碍等，组织细胞也需通过糖酵解来获取能量。倘若糖酵解过度，可因乳酸产生过多，而导致酸中毒。

肌糖原的酵解作用是糖类供给组织能量的一种方式。当机体突然需要大量的能量而又供氧不足时（如剧烈运动时），糖原的酵解作用可暂时满足能量消耗的需要。

二、实验目的

1. 学习鉴定糖酵解作用的原理和方法。
2. 了解酵解作用在糖代谢过程中的地位及生理意义。

三、实验原理

糖原酵解作用的实验，一般使用肌肉糜或肌肉提取液。使用肌肉糜时，必须在无氧条件下进行；使用肌肉提取液时，则可在有氧条件下进行。因为催化酵解作用的酶系统全部存在于肌肉提取液中，而催化呼吸作用（即三羧酸循环和氧化呼吸链）的酶系统集中在线粒体中。

糖原或淀粉的酵解作用，可由乳酸的生成来观测。在除去糖和蛋白质后，乳酸可以与硫酸共热变成乙醛，后者再与对羟基联苯反应产生紫红色物质，根据颜色的显现而加以鉴定。

$$\frac{1}{n}(C_6H_{10}O_5)_n + H_2O \longrightarrow 2CH_3CHOHCOOH \xrightarrow{\text{浓 } H_2SO_4 - \text{糖蛋白}}$$

$$CH_3CHO \xrightarrow[\text{沸水浴}]{\text{对羟基联苯}} \text{紫红色物质}$$

四、实验材料、仪器与试剂

1. **材料** 兔腿肉。
2. **仪器** 试管、试管架、移液管、量筒、恒温水浴锅、天平、解剖器具、漏斗、橡皮塞、表面皿等。
3. **试剂** 0.5％淀粉溶液、液状石蜡、10％三氯乙酸、氢氧化钙（粉末）、浓硫酸、饱和硫酸铜溶液、0.067 mol/L 磷酸缓冲液（pH 7.4）、1.5%对羟基联苯等。

五、操作步骤

1. 肌肉糜的制备 用解剖刀割取兔子腿部的肌肉，将肌肉块放在预冷的表面皿（表面皿放在盛有冰水的研钵中）上，低温条件下用剪刀把肌肉剪碎，即成肌肉糜。

2. 肌肉糜的糖酵解 取实验管与对照管各 2 支，按表 10-18 的顺序进行操作。

表 10-18 肌肉糜糖酵解操作流程

试剂及操作	实验管	对照管
pH 7.4 磷酸缓冲液/mL	3	3
0.5%淀粉/mL	1	1
10%三氯乙酸/mL	0	2
操作	混匀	
肌肉糜/g	0.5	0.5
操作	用玻璃棒将肌肉碎块打散、搅匀	
液状石蜡/mL	1	1
操作	37 ℃水浴保温 1 h	
10% 三氯乙酸/mL	2	0
操作	混匀、过滤（除变性蛋白质、杂质）	
操作	3 000 r/min 离心 5 min，弃沉淀；取滤液 4 mL，不足 4 mL 时可用磷酸缓冲液冲洗滤纸补足	
饱和 $CuSO_4$ 溶液/mL	1	1
$Ca(OH)_2$ 粉末/g	0.4	0.4
操作	加塞，放置 30 min，其间每隔 2~3 min 振荡 1 次，3 000 r/min 离心 5 min，弃沉淀（除糖）	
滤液/mL（无色透明或稍浑浊）	0.2	0.2

注：用 $CuSO_4$ 与 $Ca(OH)_2$ 作用生成的 $CaSO_4$ 和 $Cu(OH)_2$ 胶状沉淀可吸附糖类而去除干扰。

3. 乳酸测定 另取 4 支试管，编号。各加入 1.5 mL 浓 H_2SO_4 和 2~4 滴 1.5%对羟基联苯试剂，摇匀后置于冰水浴中冷却（不可出现沉淀）。各取实验管和对照管滤液 0.2 mL 逐步加入已冷却的上述混合液中，边加边摇动冰浴中的试管，注意冷却，将各试管混合均匀，置于沸水浴中 2~3 min，注意颜色变化。

六、结果与分析

4 支试管中的液体均可变色，但实验管中液体的颜色较深，呈紫罗兰色；对照管中液体颜色较浅，这是什么原因造成的？

七、注意事项

（1）在乳酸测定时，试管必须洁净、干燥，防止污染而影响结果。
（2）所用滴管大小尽可能一致，减少误差。

（3）实验中加入三氯乙酸是为了去除蛋白质，加入饱和的 $CuSO_4$ 溶液和 $Ca(OH)_2$ 粉末的目的是为了去除糖，而糖和蛋白质是乳酸测定中最影响颜色反应的物质。因此，在加入上述试剂后，一定要充分振荡，去除糖和蛋白质的影响。

八、思考题

1. 本实验在 37 ℃保温前不加液状石蜡是否可以？为什么？

2. 本实验如何检验糖酵解作用？

3. 在乳酸测定过程中，为什么要进行冰浴并随时冷却？

第十一章　分子生物学基础性实验

实验二十五　细菌基因组 DNA 的制备与检测

一、实验背景

进行基因组分析、Southern 印迹杂交及构建基因组文库时，均需要高纯度、高质量的基因组 DNA。生物体的大部分或几乎全部 DNA 都集中在细胞核或拟核区，主要与蛋白质共存。不同生物（如植物、动物、微生物）的基因组 DNA 的提取方法有所不同，同一生物的不同组织因其细胞结构及所含成分不同，分离方法也有差异。制备基因组 DNA 的总体原则是：既要将 DNA 与蛋白质、脂类和糖类等分离，又要保持 DNA 分子的完整。在提取特殊组织的 DNA 时，应尽量参照文献和前人经验来建立相应的提取方法，以获得可用的 DNA 大分子。生物组织中的多糖和酚类物质，对后续实验，如酶切、PCR 等有较强的抑制作用，因此，提取富含这类物质的细胞基因组 DNA 时，还需要考虑除去多糖和酚类物质。

二、实验目的

1. 学习基因组 DNA 提取的原理和方法。
2. 掌握细菌基因组 DNA 的提取方法。
3. 熟悉琼脂糖凝胶电泳检测 DNA 的基本方法。

三、实验原理

提取基因组 DNA，首先是裂解细胞，释放基因组 DNA。由于基因组 DNA 在体内通常都与蛋白质相结合，一般需采用苯酚-氯仿抽提和加蛋白酶的方法去除蛋白质。基因组 DNA 中也会有 RNA 杂质，因 RNA 极易降解，且少量的 RNA 对 DNA 的操作无大影响，一般无须处理，必要时可加入不含 DNase 的 RNase 来去除 RNA 的污染。通过加入一定量的异丙醇或乙醇，使基因组的大分子 DNA 在管中形成纤维状絮团，而其他细胞器或质粒等小分子 DNA 则形成颗粒状沉淀附于管壁或底部，借此可将基因组 DNA 与其他小分子 DNA 分离，最终可达到提取基因组 DNA 的目的。

提取大肠杆菌基因组 DNA 时，先利用溶菌酶水解大肠杆菌的肽聚糖细胞壁，从而破碎细胞；用蛋白酶 K 消化后，再用苯酚-氯仿抽提的方法去除蛋白质，最后经乙醇沉淀得到大肠杆菌基因组 DNA。

四、实验材料、仪器与试剂

1. **材料**　大肠杆菌菌株。
2. **仪器**　微量移液器（10 μL、100 μL、1 000 μL）、台式高速离心机、恒温摇床、高压灭菌锅、超净工作台、涡旋振荡器、恒温水浴锅、前端弯成钩状的小玻璃棒、琼脂糖凝胶电泳系统、紫外观察仪等。

3. 试剂

（1）LB 培养液。10 g 胰蛋白胨、5 g 酵母抽提物、10 g NaCl，用双蒸水溶解并定容至 1 L，高压灭菌后 4 ℃保存。

（2）TE 缓冲液。10 mmol/L Tris - HCl（pH 8.0）、25 mmol/L EDTA（pH 8.0）。

（3）溶菌酶溶液。10 mmol/L Tris - HCl（pH 8.0）、溶菌酶（20 mg/mL），现配现用。

（4）蛋白酶 K 溶液。50 mmol/L Tris - HCl、1.5 mmol/L 醋酸钙、蛋白酶 K（10 mg/mL）。

（5）饱和苯酚-氯仿-异戊醇。饱和苯酚：氯仿：异戊醇＝25：24：1（体积比）。

（6）氯仿-异戊醇。氯仿：异戊醇＝24：1（体积比）。

（7）3 mol/L 醋酸钠（pH 5.2）。

（8）无水乙醇（4 ℃预冷）和 70％乙醇。

（9）琼脂糖。

（10）电泳缓冲液（5×TBE）。Tris 54 g/L、硼酸 27.5 g/L、EDTA 2.5 mmol/L（pH 8.0）。

（11）凝胶加样缓冲液（6×）。

（12）GelRed 或溴化乙锭溶液（0.5 μg/mL）。

五、操作步骤

1. 细菌基因组 DNA 的制备

（1）挑取大肠杆菌单菌落接种于盛有 3 mL LB 培养基的 10 mL 培养管中，37 ℃于摇床上以 220 r/min 培养 12～16 h。

（2）将 1.5 mL 菌液转移到 1.5 mL 的离心管中，12 000 r/min 离心 1 min 收集菌体，弃上清液；再次离心收集菌体，使用微量移液器尽量将上清液吸干。

（3）加入 500 μL TE 缓冲液洗涤细胞，用涡旋振荡器充分重悬菌体后，12 000 r/min 离心 1 min 收集菌体，弃上清；再加入 500 μL TE 缓冲液重悬菌体。

（4）加入 50 μL 溶菌酶溶液，充分混匀后 37 ℃孵育 30 min 破裂细胞。

（5）加入 10 μL 蛋白酶 K 溶液，混匀后 37 ℃孵育 1 h 分解蛋白质。

（6）加入等体积饱和苯酚-氯仿-异戊醇，混匀，10 000 r/min 离心 5 min。

（7）小心吸取上层水相到新的 1.5 mL 离心管中，加入等体积（等于吸取的上清液的体积）氯仿-异戊醇，混匀，10 000 r/min 离心 5 min。

（8）小心吸取上层水相到新的 1.5 mL 离心管中，加入 1/5 体积的 3 mol/L 醋酸钠溶液和 2 倍体积的无水乙醇，旋转离心管混匀，可见絮状 DNA 团块，用前端弯成钩状的小玻璃棒将 DNA 团块挑入干净的离心管中。

（9）用 70％乙醇洗涤 DNA 两次，去除残留乙醇，室温干燥。

（10）加入 50 μL 灭菌水或 TE 缓冲液（长期保存）溶解 DNA。

2. 琼脂糖凝胶电泳检测基因组 DNA

（1）彻底洗净制胶器、凝胶托盘、样品梳等制胶装置后，将制胶器置于平整的台面上，放入凝胶托盘中。

（2）配制 0.5×TBE 作为电泳缓冲液。

（3）配制 0.7％琼脂糖凝胶（称取 0.7 g 琼脂糖，加入 100 mL 0.5×TBE，微波炉加热使之溶解）。

（4）待琼脂糖溶液冷却至 65 ℃左右，可加入 5 μL GelRed 混匀，缓慢倒入制胶器的凝胶托盘上，胶的厚度约 5 mm，立即插入样品梳，静待琼脂糖凝固。

（5）小心拔掉样品梳，小心取出凝胶托盘并将之放入电泳槽，向电泳槽中倒入 0.5×TBE 电泳缓冲液，没过凝胶约 5 mm。

（6）取 5 μL 溶解好的 DNA，加入 1 μL 凝胶加样缓冲液（6×）混匀后，用微量移液器点在制备好的样品孔里。

（7）以每厘米胶长的电压为 3～6 V 进行电泳。当指示前沿移动到距离凝胶末端 1～2 cm 处，停止电泳。

（8）电泳完毕，取出凝胶在紫外观察仪中观察（若制胶时未加 GelRed，将凝胶浸没于溴化乙锭溶液中染色 20 min 后再观察）。

六、实验结果

制备的基因组 DNA 经琼脂糖凝胶电泳分离、核酸染料（GelRed 或溴化乙锭）染色后，在紫外观察仪中可观察到一个高分子质量的条带。如果抽提时 DNA 发生断裂或降解，那么高分子质量的主带下面会出现弥散带型。

七、注意事项

（1）配制饱和苯酚-氯仿-异戊醇溶液，吸取苯酚时，应注意苯酚上面有一层保护水相以隔绝空气防止苯酚氧化，若发现苯酚已经氧化变成红色，应弃之不用。

（2）在提取过程中，染色体易发生机械断裂，因此操作过程要尽量简便、动作轻柔，避免剧烈振荡和重复冻融，同时使用的吸头最好要大口径或者剪掉吸头尖。

（3）在对琼脂糖凝胶操作时，由于凝胶易碎，所有的动作都要轻柔。

（4）紫外线对眼睛有伤害作用，用紫外灯观察凝胶时应注意防护。

（5）溴化乙锭是强诱变剂，若用溴化乙锭染色，需戴手套操作。

八、思考题

1. 提取基因组 DNA 的基本原理是什么？
2. 若提取的 DNA 出现了弥散带，试分析引起的原因有哪些。

实验二十六 质粒 DNA 的提取与检测

一、实验背景

质粒（plasmid）是生物细胞内独立于染色体的小 DNA 分子，能够自主复制，大小为 1～200 kb。质粒被广泛发现于细菌中，古细菌和真核生物中也时有发现。大多数来自细菌细胞的天然质粒是双链、共价闭合的环状 DNA 分子，常常含有一些编码抗生素等对细菌宿主有利的基因。人工改造的质粒常作为基因工程的载体，用于分子克隆等实验中。

二、实验目的

1. 学习质粒 DNA 提取的原理和方法。
2. 掌握 SDS 碱裂解制备质粒 DNA 的方法。

三、实验原理

最常用的提取质粒 DNA 的方法包括 SDS 碱裂解法和煮沸裂解法两种，这两种方法都包括细胞的制备、细胞的裂解和质粒 DNA 的回收三步。SDS 碱裂解法的基本原理：当细菌细胞暴露于高 pH 的强阴离子洗涤剂中，细菌染色体 DNA 与细菌蛋白质及细胞碎片相互缠绕形成大型复合物，闭环的质粒 DNA 双链虽然碱基配对完全被破坏，但 DNA 双链仍不会彼此分离；当外界条件恢复中性 pH 时，染色体 DNA 等形成的复合物将从溶液中有效地沉淀下来，而质粒 DNA 将快速复性再次形成双链并以溶解状态存在于上清液中；通过异丙醇沉淀上清液中的 DNA，就可以得到质粒 DNA。

四、实验材料、仪器与试剂

1. 材料 包含质粒的大肠杆菌菌株及相应的抗生素。

2. 仪器 微量移液器（10 μL、100 μL、1 000 μL 各一支）、台式高速离心机、恒温摇床、超净工作台、涡旋振荡器、琼脂糖凝胶电泳系统、紫外观察仪等。

3. 试剂

（1）LB 液体培养基。10 g 胰蛋白胨、5 g 酵母抽提物、10 g NaCl，用双蒸水溶解并定容至 1 L，高压灭菌后于 4 ℃保存。

（2）溶液Ⅰ。50 mmol/L Tris‑HCl（pH 8.0）、10 mmol/L EDTA（pH 8.0）、100 μg/mL RNase A（使用前加入）。

（3）溶液Ⅱ。使用前将 0.4 mol/L NaOH、2% SDS 等体积混合，现配现用。

（4）溶液Ⅲ。1.32 mol/L 醋酸钾（pH 4.8）（配制方法：称取 129.69 g 醋酸钾，用 600 mL 双蒸水、100 mL 冰乙酸溶解，用冰乙酸调节 pH 至 4.8 后，用水定容至 1 L）。

（5）异丙醇。

（6）70% 乙醇。

（7）TE 缓冲液。10 mmol/L Tris‑HCl（pH 8.0）、25 mmol/L EDTA（pH 8.0）。

（8）用于琼脂糖凝胶电泳检测的试剂。琼脂糖、电泳缓冲液 5×TBE、凝胶加样缓冲液（6×）、GelRed 等。

五、操作步骤

（1）挑取包含质粒的大肠杆菌单菌落接种于盛有 3 mL LB 液体培养基（含相应抗生素，如氨苄青霉素 50 μg/mL）的 10 mL 培养管中，37 ℃摇床 220 r/min 培养过夜。

（2）过夜培养的菌液转移到 1.5 mL 的离心管中，12 000 r/min 离心 1 min 收集菌体，弃上清液；再次离心收集菌体，使用微量移液器尽量将上清液吸干。

（3）加入 200 μL 溶液 I，用涡旋振荡器充分重悬细胞。

（4）加入 200 μL 溶液 II，轻柔颠倒混匀，放置至溶液清亮，一般时间不超过 2 min。

（5）加入 200 μL 溶液 III，颠倒混匀，冰浴 10 min，使杂质充分沉淀。

（6）12 000 r/min 离心 10 min。

（7）吸取上清液至另一新管中，加入 2/3 体积的异丙醇，室温放置 5 min。

（8）12 000 r/min 离心 15 min。

（9）弃上清液，加 400 μL 70% 乙醇浸洗除盐，放置片刻或离心 3 min 后弃上清液。

（10）12 000 r/min 离心 1 min，用微量移液器吸干上清液，室温放置或放在超净工作台上风干。

（11）加 20 μL 灭菌水或 TE 缓冲液（长期保存）溶解质粒 DNA。

（12）琼脂糖凝胶电泳检测质粒 DNA。配制 0.8% 的琼脂糖凝胶，取 5 μL 溶解好的质粒 DNA 进行电泳检测。

六、实验结果

提取的质粒 DNA 经琼脂糖凝胶电泳分离、核酸染料（GelRed 或溴化乙锭）染色后，在紫外观察仪中可观察到 3 个条带（图 11-1），自下往上分别为：超螺旋形质粒 DNA、线形质粒 DNA 和开环状质粒 DNA。

细胞内的质粒通常是以共价闭环 DNA 即超螺旋形式存在。在提取的过程中，质粒 DNA 的两条链会部分解链，或发生不同程度的断裂，形成开环状质粒 DNA 或线形质粒 DNA。这 3 种状态的质粒构型不同，因而在凝胶中的迁移速度不同。一般情况下，超螺旋形质粒 DNA 迁移速度最快，其次为线形质粒 DNA，最慢的是开环状质粒 DNA。另外，提取质粒 DNA 进行电泳检测时，不一定会出

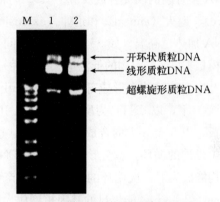

图 11-1　质粒 DNA 琼脂糖凝胶电泳

注：M 为 DNA 分子质量标准（DL15 000）；1 和 2 为提取的质粒 DNA。

现 3 种带型，有时只出现两种甚至一种带型（一般是超螺旋形质粒），这是提取质粒时，不同的操作手法造成的。

七、注意事项

（1）在抽提质粒过程中，重悬菌体时，要彻底打匀菌体沉淀或碎块。

（2）加入溶液 II 裂解细胞时，时间过长质粒 DNA 会发生降解。

（3）吸取上清液时，不要吸到漂浮的杂质。

八、思考题

1. 染色体 DNA 和质粒 DNA 分离的主要依据是什么？

2. 影响质粒 DNA 提取效果的因素有哪些？

实验二十七　PCR 扩增 DNA 片段

一、实验背景

美国化学家 Kary Banks Mullis 发明了 PCR 技术并因此荣获 1993 年诺贝尔化学奖。使用 PCR 技术，可在数小时内，在生物体外，将几个拷贝的模板序列甚至一个 DNA 分子，扩增数百万倍。这个体外快速扩增特异 DNA 片段的技术，现在是生物学实验研究中必不可少的技术，被广泛应用到分子生物学研究的各个领域。

二、实验目的

掌握 PCR 的基本原理和操作程序。

三、实验原理

PCR 是在模板 DNA、引物和 4 种脱氧核糖核苷酸（dNTP）存在的条件下，依赖于 DNA 聚合酶的酶促合成反应。其基本原理类似于 DNA 的天然复制过程，包括变性（denature）、退火（anneal）和延伸（extension）3 个基本步骤：①模板 DNA 的高温变性。模板 DNA 加热至高温（如 95 ℃）一定时间后，DNA 变性，双链解离成单链以便与引物结合。②模板 DNA 与引物的低温退火（复性）。温度降至 55 ℃左右，引物与模板 DNA 单链上的互补序列配对结合形成部分双链。③引物的适温延伸。*Taq* DNA 聚合酶在最适温度（如 72 ℃）下，以 dNTP 为反应原料，以引物的 3′末端为起点，依据碱基配对原则，沿 DNA 模板，以 5′至 3′方向合成 DNA 新链。这样，每一条双链的 DNA 模板，经过一次变性—退火—延伸的循环，就会形成两条双链 DNA 分子。如此反复进行，每次循环所产生的 DNA 分子均能成为下一次循环的模板，PCR 产物以 2^n 形式迅速扩增，每完成一个循环一般需 2～4 min，2～3 h 就能将目的基因扩增放大几百万倍。

四、实验仪器与试剂

1. 仪器　微量移液器（2.5 μL、10 μL、100 μL）、PCR 仪、琼脂糖凝胶电泳系统、紫外观察仪、0.2 mL 的 PCR 管、吸头等。

2. 试剂

（1）DNA 模板。

（2）引物。浓度 10 μmol/L，需成对使用（上游引物匹配目标 DNA 片段的 5′端，下游引物匹配目标 DNA 片段的 3′端）。

（3）10×PCR 缓冲液。100 mmol/L Tris - HCl（pH 8.3）、500 mmol/L KCl。

（4）dNTP。浓度 2.5 μmol/L，包含等量的 dATP、dGTP、dCTP、dTTP。

（5）*Taq* DNA 聚合酶。

（6）用于琼脂糖凝胶电泳检测的试剂。琼脂糖、电泳缓冲液 5×TBE、凝胶加样缓冲液（6×）、GelRed 等。

五、操作步骤

（1）取适量的模板和对应的引物，在 0.2 mL PCR 管中配制如下 20 μL 反应体系：10× PCR 缓冲液 2.0 μL、dNTP（2.5 mmol/L）1.5 μL、引物-上游（10 μmol/L）0.2 μL、引物-下游（10 μmol/L）0.2 μL、Taq DNA 聚合酶（5 U/μL）0.2 μL、模板 DNA（20～200 ng）1.0 μL，加水至 20 μL。混匀后可低速短暂离心，以确保样品集中在管底。最后，在反应液上方加入约 50 μL 矿物油，用于防止样品在反复热—冷循环中蒸发。

（2）将 PCR 管放置在合适的 PCR 仪上，按以下程序进行扩增：95 ℃预变性 3～5 min；95 ℃变性 30 s，55 ℃退火 30 s，72 ℃延伸 1 min，循环 20～30 次；72 ℃延伸 7 min。

（3）琼脂糖凝胶电泳分析 PCR 结果。配制 1%琼脂糖凝胶，取 10 μL PCR 产物进行电泳检测。

六、实验结果

PCR 的产物特征由 DNA 模板和引物来共同决定。一般来说，一种模板和一对引物应该扩增一个条带。

七、注意事项

（1）配制 PCR 体系时，为防止 Taq DNA 聚合酶失活以及降低非特异性扩增，整个操作过程中，所有的试剂以及 PCR 管始终处在冰浴中。另外，PCR 的引物和 Taq DNA 聚合酶用量很少，难以从吸头打出，操作时务必仔细，确保它们加入反应体系中；上 PCR 仪之前，确保 PCR 体系中所有试剂都在矿物油的下方。

（2）设置 PCR 程序时，退火温度需根据引物的 T_m（melting temperature）来设定。一般来说，在 T_m 值允许范围内，选择较高的复性温度可大大减少引物和模板间的非特异性结合，提高 PCR 的特异性。

（3）设置 PCR 程序时，变性—退火—延伸循环反应中的延伸时间，根据扩增的目标基因片段的大小来变化，一般来说，扩增片段越大，扩增时间设置越长。

八、思考题

1. PCR 的基本原理是什么？
2. 影响 PCR 特异性的因素有哪些？

实验二十八　DNA 片段和质粒 DNA 的限制性内切酶酶切分析

一、实验背景

限制性内切酶（restriction endonuclease），简称限制酶，是一类核酸内切酶，能够特异性识别特定 DNA 序列，并在该序列之内或其附近切割 DNA 双链。细菌体内存在着一套限制-修饰系统（restriction modification system，R‑M 系统），利用限制性内切酶来消化外来的 DNA，防止外来 DNA（如噬菌体）的侵入，同时通过甲基化酶的甲基化作用来修饰自身的 DNA，使限制性内切酶无法切割自身 DNA 从而保护自己。限制性内切酶的发现为切割基因提供了方便的工具，使 DNA 重组成为可能。

二、实验目的

1. 学习和掌握限制性内切酶的基本特性。
2. 掌握限制性内切酶消化 DNA 的方法。

三、实验原理

修饰-限制酶分为 3 类：Ⅰ类和Ⅲ类限制性内切酶，都是同一个蛋白质分子兼具甲基化修饰和限制性内切活性的双功能复合酶；Ⅱ类限制性内切酶的修饰和限制活性，由分开的两个酶完成。在基因操作中，使用较多的是Ⅱ类限制性内切酶。大多数的Ⅱ类限制性内切酶识别长度为 4~8 bp 的回文序列，如：$EcoR$ Ⅰ的识别序列是 G↓AATTC，$BamH$ I 的识别序列是 G↓GATCC，$Hind$ Ⅲ 的识别序列是 A↓AGCTT（箭头表示限制性内切酶切割 DNA 链的位置）。限制性内切酶识别切割 DNA 后，会产生平末端或黏性末端的 DNA 片段，在实验中，一般优先考虑能够产生黏性末端的限制性内切酶，因为黏性末端之间的连接效率远高于平末端的连接效率。每种限制性内切酶都有特定的反应条件，如特定的 pH 范围、反应温度、缓冲液组分等，使用时应充分参考购买的限制性内切酶产品的使用说明书。在多数情况下，需要使用两种限制性内切酶切割同一个 DNA 分子，使用时需充分考虑两种酶对反应缓冲液的要求，采用同步或先后酶切的方式。

四、实验材料、仪器与试剂

1. 材料 质粒 pUC18 DNA、PCR 扩增得到的 DNA 片段（片段两端分别带有 $EcoR$ Ⅰ 和 Pst Ⅰ酶切位点）等。

2. 仪器 微量移液器（2.5 μL、10 μL、100 μL）、水浴锅、制冰机、迷你离心机、琼脂糖凝胶电泳系统、紫外观察仪、0.5 mL 离心管、吸头等。

3. 试剂

（1）限制性内切酶 $EcoR$ Ⅰ和 Pst Ⅰ。

（2）酶切缓冲液 10×H buffer。

（3）用于琼脂糖凝胶电泳检测的琼脂糖、电泳缓冲液 5×TBE、凝胶加样缓冲液（6×）、GelRed 等。

五、操作步骤

（1）取两支无菌的 0.5 mL 离心管，分别配制如下反应体系：

PCR 产物	20 μL
10×H buffer	2.5 μL
$EcoR$ Ⅰ（15 U/μL）	1 μL
Pst Ⅰ（15 U/μL）	1 μL
加水至 50 μL	

DNA 片段酶切反应体系

pUC18 质粒   2 μg

10×H buffer   2.5 μL

EcoR I （15 U/μL）   2 μL   质粒 DNA 酶切反应体系

Pst I （15 U/μL）   2 μL

加水至 50 μL

（2）用手指轻弹离心管壁，使所有试剂混匀，迷你离心机离心 30 s，使所有试剂集中于管底。

（3）置于 37 ℃水浴中 2～3 h。

（4）置于 70 ℃水浴中 15 min，灭活限制性内切酶。

（5）冰上放置 1 min，用迷你离心机离心 1 min，收集反应液。

（6）琼脂糖凝胶电泳分析酶切结果。配制 1%琼脂糖凝胶，各取 3 μL 酶切产物进行电泳检测。

六、实验结果

PCR 产物酶切后产生了易于连接的黏性末端，片段大小变化不大，琼脂糖凝胶电泳检测应显示一条符合目标大小条带。pUC18 质粒 DNA 经过双酶切后，产生了黏性末端，且从环状变成线状，琼脂糖凝胶电泳检测应显示一条 2.6 kb 大小的条带，若出现 2 条甚至 3 条带，说明酶切反应并不完全，还需要重新酶切。

七、注意事项

（1）配制酶切体系时，为防止限制性内切酶失活以及非特异性酶切，整个操作过程中，所有的试剂以及配制反应体系的离心管应始终处于冰浴中。

（2）酶切结束，即操作步骤中第 3 步结束后，可先直接取 3 μL 酶切产物电泳，将余下样品置于 4 ℃暂存。根据电泳检测结果，若酶切不完全，在余下样品中再加入 10 U 限制性内切酶继续第 3 步。注意：酶切不完全对后续的实验操作的影响非常大。

（3）酶切后的产物纯化后，应保存于 −20 ℃待用。

（4）PCR 扩增产生的 DNA 片段，若要进行酶切，须在 PCR 引物的 5′末端区域内部设计相应的限制性内切酶酶切位点，这样得到的 DNA 片段才可以用来进行酶切反应。

（5）检测质粒 DNA 酶切效果时，除了用 DNA Marker 来判断片段大小，还应采用未经过酶切的质粒 DNA 作为对照。

（6）不同的限制性内切酶，灭活方式不同，具体操作应查阅产品使用说明书。

八、思考题

1. 什么是限制性内切酶？Ⅱ型限制性内切酶有哪些基本特征？

2. 如何理解限制性内切酶是 DNA 重组技术的关键工具？

3. 哪些因素会引起限制性内切酶的非特异性酶切？

实验二十九　DNA 的连接反应

一、实验背景

体外 DNA 重组实验，本质上是将不同来源的 DNA 片段连接在一起的过程。当目的基因和质粒载体都经过适当的限制性内切酶消化之后，要么形成平末端，要么具有相同的黏性末端，若将这些末端连接起来形成重组质粒，就要通过 DNA 的连接反应，催化连接反应的酶称作 DNA 连接酶。常用的 DNA 连接酶有两种：一种是来源于大肠杆菌的 DNA 连接酶，由 NAD^+ 提供能量，只能催化黏性末端的连接；一种是来源于大肠杆菌 T_4 噬菌体的 T_4 DNA 连接酶，由 ATP 提供能量，既能催化黏性末端的连接，又能催化平末端的连接，因而更为常用。

二、实验目的

1. 学习 DNA 连接酶的作用机理。
2. 掌握将目的基因连接到载体的方法。

三、实验原理

T_4 DNA 连接酶催化 DNA 连接的反应分为 3 步：ATP 的磷酸与 T_4 DNA 连接酶的赖氨酸残基上的 ε-氨基，产生酶-AMP 复合物；复合物中的 AMP 从赖氨酸残基转移到 DNA 链的 5′端磷酸基团上，形成磷酸-磷酸键；同时，另一条 DNA 链 3′端的羟基亲核攻击磷原子，最终形成磷酸二酯键并释放 AMP，完成 DNA 之间的连接。具有相同黏性末端的 DNA 分子可以通过碱基配对形成一个相对稳定的结构，从而促进连接反应的发生。而平末端的 DNA 分子之间难以形成一种相对稳定的结构。因此，在设计实验时，一般优先考虑连接带黏性末端的 DNA 分子。如果只能使用平末端来做连接，可通过增加 DNA 的浓度或提高 T_4 DNA 连接酶浓度的办法来提高平末端的连接效率，或者在连接体系中加入终浓度为 3%～5% 的聚乙二醇 4000（PEG4000）来增加 DNA 分子之间的碰撞概率，从而提高连接效率。

四、实验材料、仪器与试剂

1. 材料　经酶切并纯化后的质粒 DNA 片段和目的 DNA 片段等。

2. 仪器　微量移液器（2.5 μL、10 μL）、16 ℃水浴锅、制冰机、0.5 mL 离心管、吸头等。

3. 试剂

（1）T_4 DNA 连接酶。

（2）10×连接缓冲液。

五、操作步骤

（1）取一支灭菌的 0.5 mL 离心管，配制如下反应体系：

质粒 DNA 酶切产物　　　　　　　　X μL

目的 DNA 片段酶切产物　　　　　　Y μL

10×连接缓冲液	1 μL
T₄ DNA 连接酶	1 μL

加水至 10 μL

（2）置于 16 ℃水浴中 4 h。

（3）将连接反应液进行感受态细胞转化。

六、实验结果

连接反应的效率不能直接检测，需将连接产物转化至大肠杆菌感受态细胞内，通过检测重组克隆情况来判断连接反应的效果。

七、注意事项

（1）配制连接体系时，为防止连接酶失活，在整个操作过程中，所有的试剂以及配制反应体系的离心管，始终处于冰浴中。

（2）连接反应体系较小，连接酶易失活，最好所有试剂直接加在管底，用吸头轻轻搅动混匀试剂，尽量避免离心。

（3）配制连接体系时，质粒和目的 DNA 片段的酶切产物总体积（即 $X+Y$）不能超过 8 μL，且尽量保证载体质粒与目的片段的物质的量比例处于（1∶3）～（1∶10）。

（4）为了更好地检测连接效果，通常会同时设置连接体系中缺少目的 DNA 片段的对照反应，借此判断载体质粒 DNA 发生自连的概率。

（5）连接反应的产物可在 0 ℃保存数天，−80 ℃可储存 2 个月，若保存在 −20 ℃会降低转化效率。

八、思考题

1. 不同限制性内切酶处理的 DNA 片段之间可以直接进行连接吗？

2. 哪些因素会影响连接反应的效率？

实验三十　大肠杆菌感受态细胞的制备与转化——化学转化法

一、实验背景

体外重组的 DNA 只有导入宿主中，才能进行大量复制或表达蛋白产物。这种由细菌细胞通过细胞膜从周围直接吸收和融合外源 DNA 从而影响自身遗传性状的过程，称为细菌的转化。细菌的转化现象在自然条件下极少发生，只有在实验条件下，细菌进入一种特殊的生理状态变成"感受态细胞"的时候，才能以较高的概率捕获外来 DNA 从而实现转化。大肠杆菌作为外源基因表达的宿主，其遗传背景清楚，技术操作简便，培养条件简单，成为目前应用最广泛的表达体系。

二、实验目的

掌握用氯化钙制备和转化大肠杆菌感受态细胞的方法。

三、实验原理

质粒 DNA 的转化是重组 DNA 技术的重要一环，经过这一步骤，将人工改造或构建的基因导入宿主细菌，通过培养细菌就能得到大量特定的重组 DNA。大肠杆菌是 DNA 重组实验中最常用的宿主，在实验室转化大肠杆菌有两种常用方法：化学转化法和电击转化法。使用不同的转化方法，制备大肠杆菌感受态细胞的方法也不同。

化学转化法需要用低温低浓度的 Ca^{2+} 处理大肠杆菌，经处理的细胞会膨胀成球形。将这样的感受态细胞与质粒或连接产物混合后共同冰浴，转化混合物中的 DNA 形成抗 DNase 的羟基-钙磷酸复合物黏附于细胞表面，经 42 ℃的短暂热刺激，细胞膜结构发生轻微破损，结合在细胞表面的 DNA 被吸收进入细胞，从而实现转化。转化结束后，加入新鲜的不含任何抗生素的培养基于 37 ℃培养一段时间，促使所有的细胞从冰冷和高温的刺激中复苏过来。然后将此细菌培养物涂布于含有相应选择压力（加入抗生素）的培养基上，只有含有质粒或重组质粒的菌落才可以正常生长出来。

四、实验材料、仪器与试剂

1. 材料　大肠杆菌 DH5α 或 DH10B 细胞、pUC18 与目的基因的连接产物等。

2. 仪器　微量移液器（10 μL、200 μL、1 000 μL）、摇床、制冰机、冷冻离心机、超净工作台、水浴锅、1.5 mL 离心管、吸头、培养皿等。

3. 试剂

（1）LB 液体培养基。称取 10 g 胰蛋白胨、5 g 酵母抽提物、10 g NaCl，用双蒸水溶解定容至 1 L，分装，高压灭菌后 4 ℃保存。

（2）LB 固体培养基。在液体培养基中加入质量浓度为 15 g/L 的琼脂粉。

（3）$CaCl_2$ 溶液。100 mmol/L $CaCl_2$，高压灭菌后 4 ℃保存。

（4）抗生素。50 mg/mL 氨苄青霉素（ampicillin，Amp）。

（5）50 mg/mL X‐Gal（5‐溴‐4‐氯‐3‐吲哚‐β‐D‐半乳糖苷）。

（6）100 mmol/L IPTG（异丙基‐β‐D‐硫代半乳糖苷）。

五、操作步骤

（1）从 37 ℃培养约 16 h 的 LB 平板上，挑大肠杆菌 DH5α 单菌落，接种于 3 mL LB 液体培养基中，37 ℃于摇床上以 220 r/min 培养 8～12 h。

（2）将新鲜菌液以 1∶100 的比例，接种于 5 mL 37 ℃预热的 LB 液体培养基中，37 ℃于摇床上以 220 r/min 培养 2～3 h，至 A_{600} 达到 0.4 左右。

（3）将 1.5 mL 培养液转入 1.5 mL 离心管中，冰上放置 10 min 后，4 ℃ 4 000 r/min 离心 10 min。

（4）小心弃净上清液，加入 1 mL 预冷的 100 mmol/L $CaCl_2$ 轻柔重悬菌体，冰上放置 30 min 后，4 ℃ 4 000 r/min 离心 10 min。

（5）小心弃净上清液，加入 100 μL 预冷的 100 mmol/L $CaCl_2$ 轻柔重悬菌体后，置 4 ℃暂存备用（4 ℃放置 16～24 h，转化效率最高），此时感受态细胞制备完成。

（6）取 10 μL 连接产物加入 100 μL 感受态细胞中，用吸头轻轻混匀后，冰上放置

30 min。

（7）将离心管置于 42 ℃水浴中 60～90 s，其间不要摇动离心管。

（8）将离心管快速转移至冰浴中 2 min，使细胞冷却。

（9）加入 800 μL 预热至 37 ℃的 LB 液体培养基，37 ℃于摇床上以 50 r/min 培养 45 min 使细胞复苏。

（10）在包含 50 μg/mL Amp 的 LB 平板的表面，加入 15 μL X‐Gal（50 mg/mL）和 5 μL 100 mmol/L IPTG，用涂布棒均匀涂布于平板表面。

（11）细胞复苏完毕，3 000 r/min 离心 2 min，去除大部分上清液，使剩余液体的体积约为 100 μL，重新悬浮细胞。

（12）将重新悬浮的细胞均匀涂布于第 10 步准备的平板上，将平板倒置于 37 ℃恒温培养箱中，静置培养 12～16 h。

六、实验结果

涂布了转化细胞的平板上出现多个蓝色或白色的菌落（图 11‐2）。

pUC18 载体能够利用蓝白斑筛选系统筛选阳性克隆，一般来讲，白斑才是可能含有外源 DNA 片段的阳性克隆。

七、注意事项

（1）本实验中，除离心、培养细胞等操作外，其他操作均需在超净工作台上进行，以防止大肠杆菌细胞被杂菌污染。

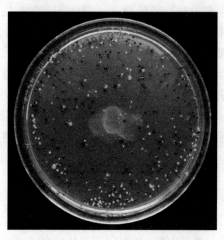

图 11‐2　转化细胞平板培养（蓝白斑筛选）

（2）对大多数大肠杆菌来说，A_{600} 值达到 0.4 左右时转化效率最高。为确保细胞培养物的生长密度不至于过高，可每隔 15～20 min 测定一次 A_{600} 值。

（3）制备感受态细胞时，除培养细胞的过程外，其他操作均需保持低温（如冰浴）。制备感受态细胞时，所用到试剂的纯度、水的纯度以及所有器皿的清洁程度对转化效率的影响都很大，建议使用高纯度的试剂和水，并且使用专门的、高度洁净的器皿来制备感受态细胞。

（4）新制备的感受态细胞可保存在 4 ℃，建议在 48 h 内使用。也可一次多制备一些感受态细胞，加入适量 70%甘油（终浓度 15%），每支离心管分装 100 μL，并用液氮速冻，然后置于 −80 ℃长期保存，需要时取出一管于冰上放置 5～10 min 融化后使用。

（5）转化细胞涂布的平板，不宜培养过长时间，否则容易出现卫星菌落。另外，具有蓝白斑筛选功能的平板，待克隆长至合适大小后，可将平板于 4 ℃放置数小时，使蓝色在这一期间充分显示。

（6）一般进行转化实验时，可设置商品质粒的阳性对照来确定转化效率。

八、思考题

1. 用氯化钙制备感受态细胞的原理是什么？

2. 哪些因素会影响化学转化法的效率?

实验三十一　重组 DNA 的筛选与鉴定

一、实验背景

体外重组的 DNA 转化大肠杆菌感受态细胞后生长的重组克隆，需要经过鉴定，以确认重组 DNA 是否成功导入宿主细胞中。有些重组 DNA 的载体质粒带有 β-半乳糖苷酶（lacZ）N 端 α 片段的编码区，其编码的 α 片段与宿主菌编码的 lacZ 的 C 端 ω 片段互补形成具有酶活性的 lacZ。体内发生这种互补的细菌可在诱导剂异丙基-β-D-硫代半乳糖苷（isopropyl-β-D-thiogalactopyranoside，IPTG）的作用下，在生色底物 5-溴-4-氯-3-吲哚-β-D-半乳糖苷（5-bromo-4-chloro-3-indolyl-β-D-galactopyranoside，X-Gal）存在时产生蓝色菌落。当外源 DNA 插入载体质粒的多克隆位点后，几乎不可避免地破坏 α 片段的编码，使带有重组质粒的细菌形成白色菌落。这种重组子的筛选，称为蓝白斑筛选。

利用蓝白斑筛选系统筛选的阳性克隆，假阳性比例较高，同时并非所有的载体都可以应用这个系统，因此，需要利用其他方法对阳性克隆进行验证。理论上讲，重组克隆的筛选与鉴定可以从 DNA、mRNA、蛋白质以及外源基因所表现的功能等多个层次水平进行，在实际中我们一般只采用 DNA 水平的检测，包括菌体电泳法、菌落 PCR 法、酶切法、原位杂交法等。

二、实验目的

1. 掌握菌落 PCR 鉴定重组质粒的方法。
2. 掌握酶切鉴定重组质粒的方法。

三、实验原理

菌落 PCR 法，直接以菌液作为 DNA 模板，在载体插入位点两侧设计通用引物，或者使用外源 DNA 片段上的特异性引物，进行 PCR。通过琼脂糖凝胶电泳，检测扩增得到的 DNA 条带是否符合理论大小，即是否为阳性克隆。在实际应用中，由于 PCR 过程中会遇到某些不稳定因素，即使得到了阳性克隆，最好再利用酶切法做进一步的验证。酶切法鉴定阳性克隆，首先需要提取克隆中的质粒 DNA，然后根据载体插入位点两侧的酶切位点，使用限制性内切酶消化 DNA，最后进行琼脂糖凝胶电泳，检测质粒中是否包含外源 DNA 片段，即是否为重组质粒。

四、实验材料、仪器与试剂

1. 材料　经转化及蓝白斑筛选得到的大肠杆菌 DH5α 菌株的白色菌落（来自实验三十）等。

2. 仪器　微量移液器（2.5 μL、10 μL、200 μL、1 000 μL）、PCR 仪、摇床、制冰机、高速离心机、水浴锅、迷你离心机、超净工作台、琼脂糖凝胶电泳系统、紫外观察仪、0.5 mL 离心管、1.5 mL 离心管、0.2 mL PCR 管、吸头、培养管等。

3. 试剂

（1）用于细菌培养的试剂。LB 液体培养基、50 mg/mL 氨苄青霉素（Amp）等。

（2）用于菌落 PCR 的试剂。10×PCR 缓冲液、dNTP、*Taq* DNA 聚合酶、通用引物（M13）等。M13 引物序列如下：

M13F：5′-CAGGAAACAGCTATGAC-3′

M13R：5′-GTAAAACGACGGCCAGT-3′

（3）用于酶切法检测的试剂。溶液Ⅰ、溶液Ⅱ、溶液Ⅲ、异丙醇、70％乙醇、TE 缓冲液、RNase A、限制性内切酶 *Eco*R Ⅰ 和 *Pst* Ⅰ 以及酶切缓冲液 10×H buffer 等。

（4）用于琼脂糖凝胶电泳检测的试剂。琼脂糖、电泳缓冲液 5×TBE、凝胶加样缓冲液（6×）、GelRed 等。

五、操作步骤

1. 菌落 PCR 法

（1）加 5 μL 无菌水于 0.2 mL PCR 管中，用无菌吸头或牙签蘸取一个白色单菌落的部分菌体于无菌水中，轻轻洗刷后弃去吸头或牙签。

（2）以上一步的菌液为 DNA 模板，用通用引物 M13F/M13R 进行扩增，PCR 的反应体系和反应条件参见实验二十七。

（3）琼脂糖凝胶电泳分析 PCR 结果（具体实验操作参考实验二十五）。制备 1％的琼脂糖凝胶，取 10 μL PCR 产物进行电泳检测，筛选出阳性克隆。

2. 酶切法

（1）挑取白色单菌落接种于盛有 3 mL LB 液体培养基（含 50 μg/mL Amp）的 10 mL 培养管中，37 ℃于摇床上以 220 r/min 培养过夜。

（2）收集菌体后，用 SDS 碱裂解法提取质粒 DNA（实验操作参考实验二十六）。

（3）在无菌的 0.5 mL 离心管中，配制如下酶切反应体系（总体积 10 μL）：

无菌水   5.6 μL

质粒 DNA   3 μL

10×H buffer   1 μL

*Eco*R Ⅰ（15 U/μL）   0.2 μL

Pst Ⅰ（15 U/μL）   0.2 μL

（4）用手指轻弹管壁，使所有试剂混匀，用迷你离心机离心 30 s，使所有试剂集中于管底，离心管置于 37 ℃水浴中 1 h。

（5）琼脂糖凝胶电泳分析酶切结果（具体实验操作参考实验二十五）。制备 1％的琼脂糖凝胶，取 10 μL 酶切产物进行电泳检测，筛选出阳性克隆。

六、实验结果

菌落 PCR 鉴定时，阳性克隆的扩增条带大小应正好等于阴性对照（以重组前的空载体质粒 DNA 为模板）扩增的条带大小加上外源 DNA 片段大小；酶切法鉴定时，阳性克隆应该酶切出两个条带，一个条带大小与阴性对照（重组前的空载体质粒 DNA）酶切的载体条带一样大，另一个条带等于外源 DNA 片段的大小。

七、注意事项

（1）进行菌落 PCR 时，可同时挑取 4～6 个单菌落进行鉴定。另外，设置以转化前的细菌和重组前的空载体质粒 DNA 作为模板进行扩增的阴性对照，以排除假阳性结果。

（2）对酶切法进行结果鉴定时，可同时挑取 4～6 个单菌落进行鉴定。另外，设置以重组前的空载体质粒 DNA 作为酶切的阴性对照，以排除假阳性结果。

（3）通过酶切法鉴定出来的阳性克隆比较可靠，不过测序才是验证外源 DNA 是否准确插入目标载体的精准方法。

八、思考题

1. 菌落 PCR 法鉴定重组质粒的原理是什么？哪些因素会引起假阳性？
2. 酶切法鉴定重组质粒的原理是什么？哪些因素会引起假阳性？

第四篇

生物化学与分子生物学综合性实验

第十二章　生物化学综合性实验

实验三十二　葡聚糖凝胶层析分离核黄素和血红蛋白

一、实验背景

蛋白质理化性质各异，不同葡聚糖凝胶由葡聚糖和环氧氯丙烷以醚桥键相互交联而成，具有立体网状结构，商品名为 Sephadex。交联度大小可以通过控制两者的配比以及反应条件来控制。由于能形成不同孔径的凝胶，葡萄糖凝胶可以用来分离大小不同的蛋白质，并测定蛋白质的相对分子质量。

二、实验目的

1. 掌握葡聚糖凝胶层析分离组分的原理和操作。
2. 了解主要层析技术的基本原理。

三、实验原理

凝胶层析的原理基于分子排阻过滤。本实验用交联葡聚糖凝胶作支持物，用核黄素（黄色，相对分子质量 267）和血红蛋白（红色，相对分子质量 67 000）混合物作为样品，在层析时，前者相对分子质量小，可进入凝胶网孔，所受阻力大，移动速度慢；后者相对分子质量大，不能进入凝胶网孔，而从凝胶颗粒间隙流下，所受阻力小，移动速度快。这两种组分颜色各异，便于观察，不必另行显色。洗脱液收集后，在分光光度计上测定两种组分的吸光度，绘制洗脱曲线。

交联葡聚糖的商品名为 Sephadex，不同规格型号的葡聚糖用英文字母 G 表示，G 后面的阿拉伯数值为凝胶吸水值的 10 倍。例如，G-25 表示每克干胶吸水 2.5 g，同样，G-200 表示每克干胶吸水 200 g。交联葡聚糖凝胶是将纯化后的线性葡聚糖（α-1，β-吡喃型葡聚糖）与环氧氯丙烷反应，导入丙三醇侧链而在葡聚糖链间形成交联链，然后将所得的凝胶制成直径不同的球形即可。所得三维实体在水中能溶胀而不能溶解，交联度越高，凝胶孔径越小。

四、实验材料、仪器与试剂

1. 材料　核黄素饱和水溶液、血红蛋白溶液（20 mg/mL）。

2. 仪器　层析柱［（1～1.5）cm×20 cm］、可见分光光度计、移液管、收集管、滴管、坐标纸等。

3. 试剂　交联葡聚糖凝胶 Sephadex G - 25 或 Sephadex G - 50、0.2 mol/L NaCl 溶液等。

五、操作步骤

1. 溶胀凝胶　称取 3 g Sephadex G - 25 或 Sephadex G - 50，加 0.2 mol/L NaCl 50 mL，置沸水浴中溶胀 2 h，用 0.2 mol/L NaCl 漂洗，去除漂浮的细小颗粒。

2. 装柱　层析用的柱子称为层析柱。柱子的一端为进口，另一端为出口，出口端底部有烧结玻璃砂板，能阻止凝胶颗粒流出，但溶剂可流过。层析柱的长短、粗细可根据实验目的确定，一般柱越长，分离效果越好。但是柱过长，层析时间会随之延长，易造成样品稀释扩散，反而影响分离效果。柱的内径不宜过细，1 cm 以下的柱易发生管壁效应，即柱中央部分的组分移动较快，管壁周围的组分移动较慢，造成分离混乱。通常，小分子物质与大分子物质分离，层析柱体积为样品体积的 4～10 倍，柱长度与直径的比例为（5～15）：1；将生物大分子物质彼此分开的分级层析，柱体积应为样品体积的 25～100 倍，柱长度与柱直径的比例为（20～100）：1。

装柱的操作过程如下：将层析柱垂直固定在铁架上，关闭层析柱出口。将溶胀好的凝胶放于小烧杯中，加入两倍体积的 0.2 mol/L NaCl，用玻璃棒搅成悬液，顺玻璃棒缓慢倒入层析柱中。当凝胶颗粒沉积约 2 cm 高时，打开出口，使溶剂缓缓流出，同时继续倒入凝胶悬液，并且灌注时要求速度均匀，不能时断时续，否则将出现分层或断纹。待凝胶柱高度达到 18 cm 时，加 2 mol/L NaCl，将凝胶压实并使凝胶床表面平整。如果凝胶床表面不平整，可用细玻璃棒轻轻将凝胶床上部颗粒搅起，待其自然下沉，即可使表面平整。凝胶柱装好后，关闭层析柱出口。在整个灌注过程中，凝胶床表面上应始终保留约 1 cm 高的溶液，以免空气进入而形成气泡。

3. 加样和洗脱　将核黄素饱和水溶液和血红蛋白溶液按 1：1（体积比）混匀。打开层析柱出口，使缓冲液缓缓流出，当液面与凝胶床表面平齐时（液面切勿低于凝胶表面），关上出口。用滴管吸取待分离样品溶液约 0.5 mL，在接近凝胶床表面处沿层析柱内壁缓缓加入，注意勿将胶面冲动。打开层析柱出口，使样品溶液进入凝胶床。然后用滴管沿层析柱内壁加入高度为 3～5 cm 的 0.2 mol/L NaCl 洗脱液，接上洗脱瓶，使 0.2 mol/L NaCl 洗脱液保持每分钟 4～6 滴的速度缓缓流出。

4. 收集　随着层析的进行，凝胶床将出现两条明显的区带，血红蛋白区带在下，核黄素区带在上。当血红蛋白区带即将流出时，开始收集，每管收集 2.5～3.0 mL，直至流出液变为无色为止，以同样的方法收集核黄素区带。

5. 测定　用可见分光光度计在 540 nm 波长下，以 0.2 mol/L NaCl 调零，测定血红蛋白各管吸光度；在 450 nm 波长下，以同样方法测定核黄素各管的吸光度。

6. 结果处理　以收集管的管号为横坐标，其吸光度为纵坐标，在坐标纸上描点绘制出洗脱曲线，并且注明血红蛋白和核黄素的吸收峰。

六、注意事项

（1）凝胶床要均匀，不得有气泡或断纹，表面须平整。

（2）通过预实验摸索合适的加样量，以免分离不完全或现象不明显。

（3）凝胶的洗涤及保存。多次使用后凝胶颗粒逐渐沉积压紧，流速减慢，因此使用一段时间后应倒出来，清洗后重新装柱。凝胶暂时不使用时，可浸泡在溶液中，存放于4℃冰箱中。若室温保存，应加入 $0.2\,g/L$ 叠氮钠（NaN_3）溶液或 $0.1\,g/L$ 乙酸汞溶液等防腐剂，以防发霉。用时再以水洗去防腐剂即可。

七、思考题

1. 为什么凝胶层析可以测定蛋白质相对分子质量？
2. 要使凝胶床达到实验要求，需要注意哪些操作？

实验三十三　SDS-聚丙烯酰胺凝胶电泳分析稻米蛋白质组成

一、实验背景

水稻是全世界最重要的粮食作物之一，中国是水稻生产大国，稻米是我国居民的主要粮食之一。蛋白质是稻米中的第二大成分，稻米蛋白质的含量、种类和质量对稻米的营养和用途有重要影响，尤其对大米蒸煮食用品质具有很大的影响。通过电泳方法分析稻米蛋白质，有助于了解水稻特性，指导生产和加工。

二、实验目的

1. 学习 SDS-聚丙烯酰胺凝胶电泳测定蛋白质分子质量的原理和方法。
2. 掌握板状聚丙烯酰胺凝胶电泳的操作技术。

三、实验原理

天然蛋白质在电场中的迁移率主要取决于其所带电荷的多少、分子质量的大小及分子的形状等因素。在有阴离子去污剂十二烷基硫酸钠（SDS）存在时，蛋白质的迁移率则主要取决于其分子质量大小，而与其所带电荷的多少及形状无关，并且蛋白质的电泳迁移率与其分子质量的对数成线性关系。

SDS 能破坏蛋白质分子内与分子间氢键，破坏蛋白质的二级结构与三级结构。样品缓冲液中强还原剂巯基乙醇能使半胱氨酸之间的二硫键断裂。蛋白质分子与 SDS 按 1：1.4（质量比）的比例结合，蛋白质分子会变性，构象会发生变化，蛋白质-SDS 复合物是类似雪茄烟形状的长椭圆棒状（图 12-1），其结果如下：

（1）使蛋白质分子都带上了大量相同密度的负电荷，基本掩盖了不同种类蛋白质间原有的电荷差别。

（2）改变了蛋白质的原有构象，使所有蛋白质的形状都近似长椭圆柱形，这样 SDS-蛋白质复合物在凝胶电泳中的迁移率就不再受蛋白质原有电荷及其形状的影响，而只取决于椭圆柱的长度，即蛋白质分子质量的大小。

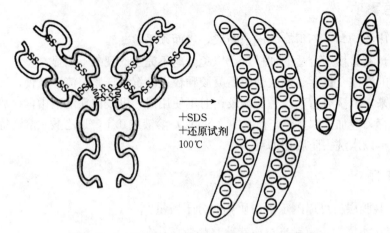

图 12-1　蛋白质经 SDS 和还原剂处理后的形状

用 SDS-聚丙烯酰胺凝胶电泳法测定某蛋白质的分子质量时，只要将该蛋白质与几种已知分子质量的标准蛋白质置于相同的条件下进行电泳，根据测得的迁移率即可通过标准曲线求得其分子质量。实验证明，对于分子质量为 12 000～20 0000 u 的蛋白质，用此法测得的分子质量与用其他测定方法相比，误差一般在±10%以内。此法具有重复性高、样品用量少、设备简单、操作方便等优点，现已成为测定蛋白质分子质量的常用方法。

用此法测定蛋白质分子质量时需注意以下几个问题：

（1）要使 SDS 与蛋白质充分按比例结合，必须将蛋白质的二硫键完全打开。因此，在用 SDS 处理蛋白质样品时，必须同时用还原剂巯基乙醇处理，使二硫键还原打开。当有多余的巯基乙醇存在时，巯基将不会再氧化为二硫键。此外，要保证蛋白质与 SDS 按比例结合，溶液中的 SDS 总量至少要比蛋白质的量高 3 倍，一般需高达 10 倍以上。

（2）实验中应该选择那些分子质量大小与待测蛋白质样品相近的标准蛋白质作标准曲线，并使待测蛋白质样品的分子质量恰好在标准蛋白质的范围内，而且标准蛋白质的相对迁移率最好在 0.2～0.8 范围内均匀分布。由于凝胶电泳中影响迁移率的因素较多，很难每次都将各项条件控制得完全一致，因此，每次测定样品必须同时绘制标准曲线，而不得利用其他电泳的标准曲线。

（3）不同浓度的聚丙烯酰胺凝胶适用于不同范围的蛋白质分子质量测定。如 15% 的凝胶适用于分子质量在 10 000～50 000 u 范围的蛋白质；10% 的凝胶适用于分子质量在 10 000～70 000 u 范围的蛋白质；5% 的凝胶适用于分子质量在 25 000～200 000 u 范围的蛋白质。使用时应根据待测蛋白质样品的分子质量范围，选择合适的凝胶浓度，以求获得好的结果。

（4）此法虽然适用于大多数蛋白质分子质量的测定，但对于一些带有较大辅基的蛋白（如某些糖蛋白）和结构蛋白（如胶原蛋白）等，因其电荷异常或构象异常，不能定量地与 SDS 相结合，或正常比例的 SDS 不能完全掩盖其原有电荷的影响，测定结果的偏差常较大。此外，由亚基（如血红蛋白）或由两条以上多肽链（如 α-胰凝乳蛋白酶）组成的蛋白质，在 SDS 的作用下将解离成亚基或单条多肽链，其电泳后测得的只是这些蛋白质的亚基或单条多肽链的分子质量，而不是整个蛋白质的分子质量。因此，这些"特殊"蛋白质的分子质量测定需用其他方法与本方法的结果互相参照。

本实验通过 SDS-聚丙烯酰胺凝胶电泳、染色、脱色得到蛋白质电泳条带图谱，分析电泳图谱的特异带，可以对稻米进行品种鉴别，并测定其蛋白质分子质量。

四、实验材料、仪器与试剂

1. 材料 稻米。

2. 仪器 垂直板状电泳槽、电泳仪、凝胶成像系统、微量进样器、移液器、烧杯、研钵、高速冷冻离心机等。

3. 试剂

（1）低相对分子质量标准蛋白质纯品组成及其相对分子质量见表 12-1。

表 12-1 低相对分子质量标准蛋白质纯品组成及其相对分子质量

蛋白质名称	相对分子质量
兔磷酸化酶 B	97 400
牛血清白蛋白	66 200
兔肌动蛋白	43 000
牛碳酸酐酶	31 000
胰蛋白酶抑制剂	20 100
鸡蛋清溶菌酶	14 400

使用方法：开封后溶于 $200\ \mu L$ 重蒸水中，分装于 20 个小管内，每小管 $10\ \mu L$，再于每小管内加入等体积 $2\times$ 样品缓冲液（$10\ \mu L$），置 $-20\ ℃$ 保存。使用前置室温融化后，放入沸水浴中加热 $3\sim5\ min$，然后上样。

$2\times$ 样品缓冲液：$0.5\ mol/L$ Tris-HCl（pH6.8）$2.0\ mL$、甘油（丙三醇）$2.0\ mL$、20%（质量体积分数）SDS $2.0\ mL$、0.1%（质量体积分数）溴酚蓝（BPB）$0.5\ mL$、β-巯基乙醇（β-ME）$1.0\ mL$、重蒸水 $2.5\ mL$。

（2）凝胶试剂。

① 30% 丙烯酰胺（质量体积分数）。将 $30\ g$ Acr、$0.8\ g$ Bis 溶于 $100\ mL$ 蒸馏水中，过滤。于 $4\ ℃$ 暗处贮存，1 个月内可使用。

② $1\ mol/L$ pH 8.8 Tris-HCl 缓冲液。将 Tris $121\ g$ 溶于蒸馏水中，用 $6\ mol/L$ HCl 调 pH 至 8.8，用蒸馏水定容至 $1\ 000\ mL$。

③ $1\ mol/L$ pH 6.8 Tris-HCl 缓冲液。将 Tris $121\ g$ 溶于蒸馏水中，用 $6\ mol/L$ HCl 调 pH 至 6.8，用蒸馏水定容至 $1\ 000\ mL$。

④ 10%（质量体积分数）十二烷基硫酸钠（SDS）。

⑤ 10%（质量体积分数）过硫酸铵（AP），临用前配制。

⑥ TEMED（N,N,N',N'-四甲基乙二胺）。

（3）样品稀释液。取 SDS $500\ mg$、β-巯基乙醇 $1\ mL$、甘油 $3\ mL$、溴酚蓝 $4\ mg$、$1\ mol/L$ Tris-HCl 缓冲液（pH 6.8）$2\ mL$，加蒸馏水溶解并定容至 $10\ mL$。此溶液可用来溶解标准蛋白质及待测蛋白质样品，样品若为固体，应稀释 1 倍使用；样品若为液体，则加入与样品等体积的原液混合即可。

（4）电极缓冲液（pH 8.3）。取 Tris 30.3 g、甘氨酸 144.2 g、SDS 10 g，溶于蒸馏水中并定容至 1 000 mL。使用时稀释 10 倍。

（5）染色液。取考马斯亮蓝 R - 250 1 g，加入 450 mL 甲醇和 100 mL 冰醋酸，加 450 mL 蒸馏水溶解后过滤使用。

（6）脱色液。将冰醋酸 70 mL、蒸馏水 730 mL、甲醇 200 mL 混合即得脱色液。

五、操作步骤

1. 准备垂直板状制胶模具及电泳槽 垂直板状电泳与垂直管状电泳相比，其优点在于：①表面积大，易于冷却控制温度；②电泳后易于取出凝胶；③能在同一凝胶板上，同一操作条件下同时比较多个样品；④可做双向电泳；⑤便于利用各种鉴定方法，尤其便于进行放射自显影。

2. 制备分离胶 从冰箱中取出制胶试剂，平衡至室温。按表 12 - 2 配制所需浓度的分离胶，本实验中分离胶的浓度为 12.5%，通常与 Marker 使用的推荐凝胶浓度一致，凝胶液总用量根据玻璃板的间隙体积而定。制备聚丙烯酰胺凝胶应先做胶液凝聚速度试验。

表 12 - 2　制备分离胶

试剂及操作	分离胶浓度				
	5%	7.5%	10%	12.5%	15%
30%丙烯酰胺贮液/mL	5.0	7.5	10	12.5	15
1 mol/L Tris - HCl 溶液（pH 8.8)/mL	11.2	11.2	11.2	11.2	11.2
蒸馏水/mL	13.7	11.2	8.7	6.2	3.7
操作	抽气				
10% SDS/mL	0.3	0.3	0.3	0.3	0.3
10% 过硫酸铵/mL	0.2	0.2	0.2	0.2	0.2
TEMED/mL	0.1	0.1	0.1	0.1	0.1

将上述胶液配好，混匀后，迅速注入两块玻璃板的间隙中，至胶液面离玻璃板凹槽 3.5 cm 左右。然后在胶面上轻铺 1 cm 高的水封，要求贴玻璃板内壁缓慢加入，勿扰乱胶面。垂直放置胶板于室温 20～30 min，待凝胶和水之间出现清晰的分界线时，即为凝聚完毕，吸去胶面上层的水。

3. 制备浓缩胶 无论使用何种浓度的分离胶，都使用同一种浓缩胶，其用量根据实际情况而定。浓缩胶的制备见表 12 - 3。

表 12 - 3　制备浓缩胶

试　剂	用　量
30%丙烯酰胺贮液	1.67 mL
1 mol/L Tris - HCl（pH 6.8）	1.25 mL
蒸馏水	7.03 mL

（续）

试　剂	用　量
10% SDS	0.10 mL
10%过硫酸铵	0.20 μL
TEMED	0.05 μL

混合上述溶液，用少量灌入玻璃板间隙中，冲洗分离胶胶面，然后倒出。把余下的胶液注入玻璃板间隙，使胶液面与玻璃板凹槽处平齐，然后插入样品梳，在室温放置 20～30 min，浓缩胶即可凝聚。凝聚后，慢慢取样品梳，应避免把上样孔弄破。在形成的上样孔中加入蒸馏水，冲洗未凝聚的丙烯酰胺，倒出孔中的蒸馏水后，再加入电极缓冲液。

将灌好胶的玻璃板垂直固定在电泳槽上，带凹槽的玻璃板朝内，与电泳槽紧贴在一起，形成一个贮液槽，向其中加入电极缓冲液，使其与上样孔中的缓冲液相接触。在电泳槽下端的贮液槽中也加入电极缓冲液。正负极电极缓冲液的液面基本平齐，但不可相通。

4. 待测蛋白质样品的制备　将稻米粉按每克加入 2 mL 电极缓冲液的比例，研磨成匀浆，12 000 r/min 高速冷冻离心 10 min，上清液为稻米蛋白质样品溶液，然后按每管 500 μL 上清液分装于 1.5 mL 的离心管中，添加样品缓冲液沸水浴处理后即可用于电泳点样。

样品缓冲液（上样缓冲液）中的溴酚蓝呈蓝色，作为指示剂，且溴酚蓝的相对分子质量比绝大部分蛋白质小，电泳时速度比蛋白质稍快，因此当溴酚蓝的条带接近电泳槽底部时，结束电泳。蔗糖与样品充分混合后，可以增大样品液的密度，使样品沉到上样孔底部，避免溢出，减少扩散。

制备好的标准液或待测蛋白质样品液未用完时，可放入 -20 ℃冰箱中保存，使用前应在沸水浴中加热 1 min，但同一样品重复处理的次数不宜过多。

5. 加样　点样体积根据样品溶液的浓度及凝胶上样孔的大小确定，一般用 10～100 μL。加样量过少不易检测出来，样品中至少应含有 0.25 μg 的蛋白质，染色后才能检测出来。如果每孔蛋白质含量达到 1 μg，则电泳后显色十分明显。在每块凝胶上选择一个较好的上样孔，加入低分子质量标准蛋白质（Marker）10 μL。在样品点样完成后再加入 Marker。

加样时，用微量进样器吸取已处理好的蛋白质样品，将进样器针头穿过上样孔上的缓冲液，缓慢将样品加在上样孔内，切勿注入凝胶里面，推时不宜用力过猛，以免样品扩散于缓冲液中。若使用一支微量进样器加样，则需在加入第一个样品后，洗净微量进样器再吸取第二个样品，以避免相互污染。

6. 电泳　连接电泳槽与电泳仪。打开电源开关，将电流调至 50～80 mA。保持电流强度不变，进行电泳，直至样品中溴酚蓝指示剂迁移至距下端 1 cm 时，停止电泳。将上下电泳槽中的电极缓冲液倒出，取下玻璃板，小心地将凝胶片从玻璃板中取出，并滑入白瓷盘或大培养皿内。用直尺测量分离胶的长度及分离胶上沿至溴酚蓝带中心的距离，或在溴酚蓝带的中心插入一段细铜丝，以标出溴酚蓝指示剂的位置。

7. 染色和脱色　将分离胶在染色液中浸泡 20～30 min，倒去染色液，用蒸馏水漂洗分离胶一次，然后加入脱色液，室温浸泡凝胶或 37 ℃加热使其脱色，更换几次脱色液，直至蛋白质区带清晰为止。

将脱色后的分离胶进行凝胶成像分析，测算蛋白质分子质量，拍照保存结果。或小心放在玻璃板上，用直尺测量脱色后分离胶的长度，以及各蛋白质谱带的迁移距离（即分离胶上沿至各蛋白质谱带中心的距离），也可测量由分离胶上沿至细铜丝的距离和至各蛋白质区带的距离，结合低分子质量标准蛋白质曲线测算蛋白质分子质量。还可以直接利用凝胶分析软件进行蛋白质分子质量测算。

六、实验结果

各蛋白质样品区带的相对迁移率按下列公式计算：

$$相对迁移率 = \frac{蛋白质迁移距离}{脱色后胶长} \times \frac{染色前胶长}{溴酚蓝移动距离}$$

插细铜丝方法的相对迁移率按下列公式计算：

$$相对迁移率 = \frac{蛋白质迁移距离}{溴酚蓝迁移距离}$$

以各标准蛋白质样品的迁移率为横坐标、蛋白质分子质量为纵坐标，在半对数坐标纸上作图，即可得一条标准曲线。也可以取蛋白质分子质量的对数值为纵坐标，用一般坐标纸作图。根据待测样品蛋白质的迁移率，从标准曲线上查出其分子质量。或者直接利用凝胶分析软件进行蛋白质分子质量测算。

七、注意事项

（1）Acr 和 Bis 均为神经毒剂，对皮肤有刺激作用，操作时应戴手套和口罩，在通风橱中操作。

（2）制胶前先做胶液凝聚速度试验，摸索出 TEMED 的合适使用量，再正式配胶灌胶，以防在灌胶时凝聚过快或过慢。

（3）短玻璃板朝内，内槽电极缓冲液要没过短玻璃板内的凝胶上样孔。

（4）微量进样器使用后应立即清洗干净，以防堵塞。

八、思考题

1. 为什么用聚丙烯酰胺凝胶电泳测定蛋白质分子质量时要使用 SDS？

2. 准确测定蛋白质分子质量需注意哪些问题？

3. 上样缓冲液中，溴酚蓝和蔗糖的作用分别是什么？

第十三章 分子生物学综合性实验

实验三十四 外源基因在大肠杆菌中的诱导表达及表达产物的检测

一、实验背景

基因工程又称 DNA 技术，是以分子遗传学为理论基础，以分子生物学和微生物学的现代方法为手段，将外源基因与载体 DNA 连接，在体外构建重组 DNA 分子，然后导入受体或宿主细胞，使外源基因在受体或宿主细胞中复制和表达，以改变生物原有的遗传特性，获得新品种，生产新产品。随着人们对原核和真核生物基因调控的了解，通过综合控制基因转录、翻译、蛋白质稳定性及向胞外分泌等诸多方面的因素，能够构建出多种具有不同特点的表达载体和工程菌株，以满足表达不同性质、不同要求的目的基因的需要。其中，原核表达系统具有表达质粒独立运转表达、基因重组速度快、成本低、表达产量高、生产工艺简单等优点，可用于生产有价值的蛋白质产品。

二、实验目的

1. 掌握外源基因在原核细胞中表达的特点和方法。
2. 掌握 SDS – PAGE 检测蛋白质的原理和技术。

三、实验原理

大肠杆菌是分子生物学研究中表达外源基因最常用的模式细胞之一。外源基因可通过原核表达载体转化大肠杆菌细胞。本实验选用 pET 表达载体系统，该表达系统是在大肠杆菌中克隆和表达重组蛋白的系统。根据目标基因特点，选择合适载体并构建重组质粒，然后转入相应的菌种中表达目的蛋白质。表达蛋白可用 SDS – PAGE 检测。

四、实验材料、仪器与试剂

1. 材料

（1）重组 *Taq* DNA 聚合酶基因及表达载体。插入重组 *Taq* DNA 聚合酶基因的 pET – 24a（＋）表达质粒，该质粒是能在大肠杆菌中高效表达的一种质粒载体。该质粒在克隆位点前有一个 T_7 启动子；在 T_7 启动子前有一个 $6×His$ – Tag coding 序列，是 T_7 的增强子；多克隆位点上有 8 个酶切位点，依次为 *Bam*H Ⅰ、*Eco*R Ⅰ、*Sac* Ⅰ、*Sal* Ⅰ、*Hind* Ⅲ、*Eag* Ⅰ、*Not* Ⅰ 和 *Xho* Ⅰ；载体上还有一个卡那霉素（Kan^+）的筛选标记。重组 *Taq* DNA 聚合酶基因通过 *Bam*H Ⅰ 和 *Xho* Ⅰ 双酶切，克隆在表达质粒 pET – 24a（＋）多克隆位点上。pET – 24a（＋）质粒图谱见图 13 – 1。

（2）大肠杆菌。选用 BL21（DE）₃ 菌株，即宿主菌 BL21 经噬菌体 λDE₃ 溶源化后，

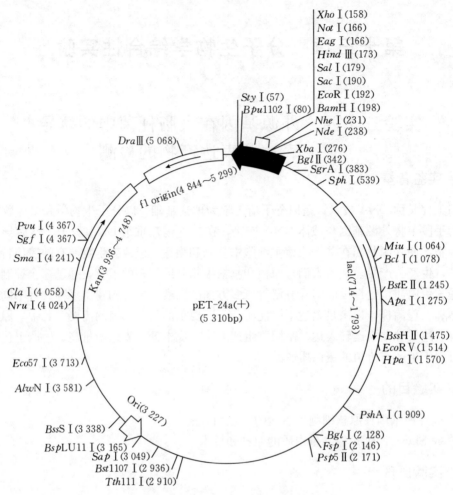

图 13-1 pET-24a（＋）质粒图谱

λDE₃ 的 lacUV₅ 强启动子及位于其下游的 T₇ RNA 聚合酶基因被整合到宿主菌的基因组 DNA 中。宿主菌在非代谢性乳糖类似物 IPTG 的诱导作用下能产生大量的 T₇ RNA 聚合酶，而 T₇ RNA 聚合酶能特异性地识别 pET-24a（＋）表达载体中的 T₇ 启动子序列，从而高效地表达目的重组蛋白。由于 IPTG 不会被宿主菌利用，因此向培养液中加入少量的 IPTG 就能对 lacUV5 强启动子产生持久的诱导作用。

2. 仪器 摇床、制冰机、离心机、水浴锅、高压锅、蛋白质电泳系统、电子天平、pH 计、量筒（10 mL、100 mL、500 mL、1 000 mL）、烧杯（50 mL、100 mL、500 mL、1 000 mL）、玻璃棒、微量移液器（1 000 μL、200 μL、20 μL）、1.5 mL 离心管、吸头（1 000 μL、200 μL）、100 mL 三角瓶、10 mL 试管等。

3. 试剂

（1）LB 液体培养基（pH 7.0）。内含胰蛋白胨 10 g/L、酵母提取物 5 g/L、NaCl 10 g/L。

（2）LB 固体培养基。LB 液体培养基中加琼脂至 15 g/L。

（3）10 mg/mL 卡那霉素（Kan）。

（4）2×蛋白质 SDS-PAGE 上样缓冲液。内含 100 mmol/L Tris-HCl（pH 6.8）、

200 mmol/L DTT（二硫苏糖醇）、4% SDS、0.2%溴酚蓝、20%甘油。

（5）100 mmol/L IPTG 无菌的水溶液，存放在−20 ℃。

（6）细胞裂解液。内含 20 mmol/L Tris‐HCl（pH 8.0）、5 mmol/L EDTA。

（7）缓冲液 A（0.1 mmol/L Tris‐HCl，pH 6.0）。

（8）缓冲液 B。内含 100 mmol/L KCl、50 mmol/L Tris‐HCl、0.2 mmol/L EDTA、2 mmol/L DTT，pH 7.6。

（9）CM‐Sepharose 阳离子交换树脂或 CM‐Sephadex C‐50 交换树脂。

（10）30%凝胶贮备液。内含 29%（质量体积分数）Acr、1%（质量体积分数）Bis。

（11）Tris‐甘氨酸电泳缓冲液（pH 8.3）。内含 25 mmol/L Tris、250 mmol/L 甘氨酸、10% SDS。

（12）固定液。甲醇∶水∶乙酸为 3∶1∶6（体积比）。

（13）脱色液。甲醇∶水∶冰醋酸为 4.5∶4.5∶1（体积比）。

（14）染色液。0.25 g 考马斯亮蓝 G‐250 溶解于 100 mL 脱色液中。

（15）标准蛋白溶液。牛血清蛋白溶液，浓度为 1 mg/mL。

（16）其他试剂。10%SDS、10%过硫酸铵（最好用时配制）、TEMED、1.5 mol/L pH 8.8 Tris‐HCl、1 mol/L pH 6.8 Tris‐HCl。

五、操作步骤

1. 转化与筛选

（1）以插入重组 *Taq* DNA 聚合酶基因的 pET‐24a（＋）表达质粒转化大肠杆菌菌株，具体方法见实验三十、三十一。

（2）在阴性 LB 固体培养基（不含卡那霉素）平板上加入 100 μL 转化菌液和 100 μL 未转化感受态细胞涂在平板上作对照；在含有卡那霉素的阳性 LB 固体培养基平板上加入 50～100 μL 转化菌液涂在平板上，37 ℃培养，然后挑单克隆分别接种于装有 4 mL 加有卡那霉素 LB 液体培养基的 15 mL 培养管中过夜培养，接种 2 mL 菌液到 20 mL 培养基中振荡培养作为种子，直至 600 nm 波长处的吸光度值 A_{600} 为 1.5～1.6 为止。

2. 诱导外源蛋白表达及提取

（1）按 1/500 的接种量将菌种接种于装有 200 mL（LB＋Kan⁺）培养液的三角瓶中，37 ℃于摇床上以 200 r/min 培养 8 h，至菌体对数生长中期（轻轻旋转菌液可以看到菌体形成的云雾）。

（2）菌体在生长至 A_{600} 值为 1.0 时，向培养液中加入 IPTG 至终浓度为 2 mmol/L，于 37 ℃诱导 8 h，*Taq* DNA 聚合酶可获得较高表达效率。

（3）取上述各种菌液 3 mL，4 000 r/min 离心 10 min 收集菌体。

（4）按 10 倍体积加入细胞裂解液。

（5）−70 ℃冷冻，然后 75 ℃融化，如此反复冻融 5 次。

（6）12 000 r/min 离心 20 min。

（7）取上清液，按 5 倍体积加入缓冲液 A。

（8）采用阳离子交换柱（采用 Tris 缓冲液，pH 为 7.0），用含有 1 mol/L 钾盐洗脱，收集洗脱液。

（9）用缓冲液 B 透析约 2 d。

3. 蛋白样品预处理　取样品 10 μL，加入等体积的 2×蛋白质 SDS - PAGE 上样缓冲液，沸水中放置 1 min。离心 15 s，然后放置在 −20 ℃待用。

4. 蛋白质电泳

（1）洗净电泳用玻璃板，晾干，按仪器使用说明装好，并用无水乙醇检查灌胶装置的 3 个边是否密封好。

（2）配制 12%分离胶 10 mL。在一小烧杯中加入 30%凝胶贮备液 4.0 mL、1.5 mmol/L pH 8.8 Tris - HCl 2.5 mL、10% SDS 0.1 mL、10%过硫酸铵 0.1 mL、TEMED 4 μL、双蒸水 3.3 mL，向一个方向缓和旋转液体（防止气泡产生），混匀。胶中 TEMED 的作用是催化过硫酸铵，使其形成游离氧基，这些游离氧基与丙烯酰胺接触，激活单体丙烯酰胺而形成单体长链，与此同时，由于交联剂 Bis 的存在，使长链与长链彼此交联形成凝胶。SDS 能打开蛋白的氢键、疏水键。

（3）缓和灌入分离胶，防止气泡的产生，用双蒸水封闭胶面。

（4）大约 20 min 后，待分离胶凝固，配制 5%浓缩胶 5 mL（取 30%凝胶贮备液 0.83 mL、1 mol/L pH 6.8 Tris - HCl 0.63 mL、10% SDS 0.05 mL、10%过硫酸铵 0.05 mL、TEMED 5 μL、双蒸水 3.44 mL，混匀）。

（5）吸净分离胶上的水，灌入浓缩胶，小心地插入样品梳，避免产生气泡。

（6）待胶凝固后，拔出样品梳，用 1×电泳缓冲液冲洗上样孔，上下槽加入 Tris -甘氨酸电泳缓冲液，检查是否渗漏缓冲液，并驱除凝胶底部的气泡。

（7）上样［包括大肠杆菌 BL21（DE）₃自身表达蛋白、上柱前的样品、上柱后没有被吸附的样品、洗脱收集的样品］，还有标准相对分子质量的蛋白质样品，作为估算未知蛋白分子大小的参照（标准蛋白质分子质量为 Low range，分子质量分别为 97.4 ku、66.2 ku、45 ku、31 ku、21.5 ku、14.4 ku）。

（8）开始电泳时每厘米凝胶的电压为 8 V，样品进胶后每厘米凝胶的电压增大到 15 V。

（9）指示剂电泳到分离胶底时，停止电泳，取下凝胶。

（10）凝胶在固定液中固定 30～60 min。

（11）用双蒸水洗凝胶 3 次，每次 15 min。

（12）用 20～50 mL 的染色液浸泡凝胶，放室温摇床上 1～2 h。

（13）换掉染色液并回收，用双蒸水冲洗 1 次。

（14）加入 20 mL 脱色液脱色，放在摇床上大约 1 h，重复 3 次。

（15）检测脱色后的凝胶中外源蛋白表达量及相对分子质量（外源蛋白的分子质量为 82 ku），实验结果见图 13 - 2。

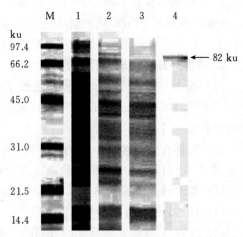

图 13 - 2　大肠杆菌异源表达 *Taq* DNA 聚合酶电泳结果

M. Marker　1. 大肠杆菌 BL21（DE）₃自身表达蛋白
2. 上柱前的样品　3. 上柱后没有被吸附的样品
4. 经洗脱收集的样品

5. 蛋白含量分析

(1) 牛血清蛋白标准曲线的绘制。取 6 支试管，编号为 1、2、3、4、5、6，按表 13-1 加入试剂。

表 13-1　标准蛋白溶液的制备

项　目	试管编号					
	1	2	3	4	5	6
1 mg/mL 标准蛋白液/mL	0	0.02	0.04	0.06	0.08	0.10
水/mL	0.01	0.08	0.06	0.04	0.02	0
G-250 染色液/mL	5.00	5.00	5.00	5.00	5.00	5.00
蛋白浓度/(mg/mL)	0	0.02	0.04	0.06	0.08	0.10

加毕，混匀，静置 2 min，以 1 号管作空白对照，测定各管在 595 nm 下的吸光度，以吸光度为纵坐标、蛋白浓度为横坐标，绘制标准曲线。

(2) 分别测定透析前和透析后蛋白质在 595 nm 下的吸光度，计算酶浓度。

六、注意事项

(1) 在进行感受态细胞转化时要注意的是感受态细胞最好是新制备的，因为保存一定时间的感受态细胞会使转化率降低。此外，DNA 的浓度也要注意，不能太高。

(2) 向细胞沉淀中加入 Lysis 缓冲液，用反复冻融的方法裂解菌体。这是一种复合使用的方法：Lysis 缓冲液中 EDTA 可以螯合维持外层膜结构的二价阳离子 Ca^{2+} 或 Mg^{2+}，使膜出现洞穴；冷冻使细胞膜疏水键结构破裂，从而增强细胞亲水性。另外，细胞内水结晶，导致细胞内外浓度发生改变，使细胞破裂。

(3) 经典方法分离纯化活性蛋白的工艺相当烦琐，多步骤、长时间的分离纯化不但直接提高了产品的成本，而且不利于酶的得率和活力。用阳离子交换柱可得到比较纯的酶，而且在 pH 为 7.5 时的分离效果是令人满意的。

(4) 用考马斯亮蓝 G-250 与蛋白质结合的原理，迅速、敏感地定量测定蛋白质的含量。染料与蛋白质结合后引起染料最大光吸收的改变，从 465 nm 变为 595 nm。蛋白质-染料复合物具有高的消光系数，因此大大提高了蛋白质测定的灵敏度，最低检出量为 1 μg。染料与蛋白质的结合是很迅速的过程，大约只需要 2 min，结合物的颜色在 1 h 内是稳定的。此方法干扰物少，研究表明：KCl、NaCl、$MgCl_2$、$(NH_4)_2SO_4$、乙醇等物质对此方法无干扰，而大量的去污剂如 TrionX-100、SDS 等会严重干扰测定，少量去污剂可通过适当的对照消除。

(5) 克隆的外源基因不能带有内含子。

(6) 外源基因与表达载体连接后，必须形成正确的开放阅读框。

(7) 在目的蛋白表达量很低的情况下，从活化菌体的生长状态、温度、表达时间上摸索最佳表达条件。若不理想，可更换菌株、载体或其他表达系统，通过反复调整条件，一般都能获得较好的结果。

(8) 提高表达蛋白的稳定性，防止其降解。例如采取表达 N 端融合蛋白（N 端由原核 DNA 编码，C 端由克隆的真核 DNA 的完整序列编码）、分泌蛋白（蛋白从细胞质跨过内膜进入周间质）或采用某种突变菌株，保护表达蛋白不被降解。

七、思考题

1. 一个真核基因要在原核细胞中表达会遇到哪些问题？
2. 如何防止表达蛋白在细胞内和分离纯化过程中蛋白酶的降解？
3. 如何提高表达效率？

植物 RNA 的提取与基因表达分析　　　　　根癌农杆菌介导的植物基因转化

附　　录

附录一　硫酸铵饱和度的量表

1. 调整硫酸铵溶液饱和度计算表（25℃）

硫酸铵初浓度（饱和度/%）	硫酸铵终浓度（饱和度/%）																
	10	20	25	30	33	35	40	45	50	55	60	65	70	75	80	90	100
	每升溶液加固体硫酸铵的质量/g																
0	56	114	144	176	196	209	243	277	313	351	390	430	472	516	561	662	767
10		57	86	118	137	150	183	216	251	288	326	365	406	449	494	592	694
20			29	59	78	91	123	155	189	225	262	300	340	382	424	520	619
25				30	49	61	93	125	158	193	230	267	307	348	390	485	583
30					19	30	62	94	127	162	198	235	273	314	356	449	546
33						12	43	74	107	142	177	214	252	292	333	426	522
35							31	63	94	129	164	200	238	278	319	411	506
40								31	63	97	132	168	205	245	285	375	469
45									32	65	99	134	171	210	250	339	431
50										33	66	101	137	176	214	302	392
55											33	67	103	141	179	264	353
60												34	69	105	143	227	314
65													34	70	107	190	275
70														35	72	153	237
75															36	115	198
80																77	157
90																	79

注：表中数值是指在 25℃下，硫酸铵溶液由初浓度调到终浓度时，每升溶液所加固体硫酸铵的质量（g）。

2. 调整硫酸铵溶液饱和度计算表（0 ℃）

	硫酸铵终浓度（饱和度/%）																
	20	25	30	35	40	45	50	55	60	65	70	75	80	85	90	95	100
	每 100 mL 溶液加固体硫酸铵的质量/g																
0	10.6	13.4	16.4	19.4	22.6	25.8	29.1	32.6	36.1	39.8	43.6	47.6	51.6	55.9	60.3	65.0	69.7
5	7.9	10.8	13.7	16.6	19.7	22.9	26.2	29.6	33.1	36.8	40.5	44.4	48.4	52.6	57.0	61.5	66.2
10	5.3	8.1	10.9	13.9	16.9	20.0	23.3	26.6	30.1	33.7	37.4	41.2	45.2	49.3	53.6	58.1	62.7
15	2.6	5.4	8.2	11.1	14.1	17.2	20.4	23.7	27.1	30.6	34.3	38.1	42.0	46.0	50.3	54.7	59.2
20	0	2.7	5.5	8.3	11.3	14.3	17.5	20.7	24.1	27.6	31.2	34.9	38.7	42.7	46.9	51.2	55.7
25		0	2.7	5.6	8.4	11.5	14.6	17.9	21.1	24.5	28.0	31.7	35.5	39.5	43.6	47.8	52.2
30			0	2.8	5.6	8.6	11.7	14.8	18.1	21.4	24.9	28.5	32.3	36.2	10.2	44.5	48.8
35				0	2.8	5.7	8.7	11.8	15.1	18.4	21.8	25.4	29.1	32.9	36.9	41.0	45.3
40					0	2.9	5.8	8.9	12.0	15.3	18.7	22.2	25.8	29.6	33.5	37.6	41.8
45						0	2.9	5.9	9.0	12.3	15.6	19.0	22.6	26.3	30.2	34.2	38.3
50							0	3.0	6.0	9.2	12.5	15.9	19.4	23.0	26.3	30.8	34.8
55								0	3.0	6.1	9.3	12.7	16.1	19.7	23.5	27.3	31.3
60									0	3.1	6.2	9.5	12.9	16.4	20.1	23.1	27.9
65										0	3.1	6.3	9.7	13.2	16.8	20.5	24.4
70											0	3.2	6.5	9.9	13.4	17.1	20.9
75												0	3.2	6.6	10.1	13.7	17.4
80													0	3.3	6.7	10.3	13.9
85														0	3.4	6.8	10.5
90															0	3.4	7.0
95																0	3.5
100																	0

硫酸铵初浓度（饱和度/%）

注：表中数值是指在 0 ℃下，硫酸铵溶液由初浓度调到终浓度时，每 100 mL 溶液所加固体硫酸铵的质量（g）。

附录二 蛋白质氨基酸的生物化学性质

中文名	英文名	三字符与单字符	分子式与相对分子质量	pKa $\alpha-COOH/\alpha-NH_2$ 侧链	pI 等电点	疏水性 Eisenberg 标度	在2000种蛋白质中出现的概率/%	水溶液呈味	重要的生化活性与功能	P_α	P_β
										在蛋白质构象中形成α螺旋和β折叠的能力	
丙氨酸	alanine	Ala A	$C_3H_7NO_2$ 89.09	2.34 9.69	6.01	0.62	9.0	甜	在体内通过丙氨酸转氨酶转化为丙酮酸而降解,在肌肉与肝之间的葡萄糖-丙氨酸循环中,作为氨的运输体;在哺乳动物体内代谢中是生糖氨基酸;非必需氨基酸	1.42 (强形成者)	0.83 (不敏感者)
精氨酸	arginine	Arg R	$C_6H_{14}N_4O_2$ 174.20	2.17 9.04 12.84	10.76	−2.53	4.7	苦	体内合成尿素的鸟氨酸循环中间体,也是体内肌酸合成的中间体,是生糖氨基酸;对幼年动物是必需氨基酸,对成年动物是非必需氨基酸	0.98 (不敏感者)	0.93 (不敏感者)
天冬酰胺	asparagine	Asn N	$C_4H_8N_2O_3$ 132.12	2.02 8.60	5.41	−0.78	4.4	苦	以游离方式出现于许多植物组织中,特别是避光生长的幼苗;哺乳动物体内的生糖氨基酸;非必需氨基酸	0.67 (中断者)	0.89 (不敏感者)
天冬氨酸	aspartic acid	Asp D	$C_4H_7NO_4$ 133.10	1.88 9.60 3.65	2.77	−0.90	5.5	苦	参与瓜氨酸到精氨酸的转化,参与嘌呤与嘧啶的合成;生糖氨基酸;非必需氨基酸	1.01 (弱形成者)	1.19 (中断者)

（续）

中文名	英文名	三字符与单字符	分子式与相对分子质量	pK_a α-COOH/α-NH$_2$ 侧链	pI 等电点	疏水性 Eisenberg 标度	在 2 000 种蛋白质中出现的概率/%	水溶液呈味	重要的生化活性与功能	在蛋白质构象中形成 α 螺旋和 β 折叠的能力 P_α	P_β
半胱氨酸	cysteine	Cys C	C$_3$H$_7$NO$_2$S 121.16	1.71 8.18 10.28	5.02	0.29	2.8	硫味	参与形成蛋白质链内和链同二硫键，是参与体内维持一定氧化还原状态的谷胱甘肽的主要组成氨基酸，在毛发等角蛋白中含量丰富，生糖氨基酸，非必需氨基酸	0.70 （中断者）	1.19 （形成者）
胱氨酸	cystine	Cys-Cys	C$_6$H$_{12}$N$_2$O$_4$S$_2$ 240.30		5.05				具有解毒作用，必需氨基酸		
谷氨酸	glutamic acid	Glu E	C$_5$H$_9$NO$_4$ 147.13	2.16 9.67 4.32	3.24	−0.74	6.2	鲜味	叶酸和谷胱甘肽的组成成分，在动物组织中易于发生脱氨基反应与酶促转氨氨基反应，生糖氨基酸，动物神经系统速质，非必需氨基酸	1.53 （强形成者）	0.34 （强中断者）
谷氨酰胺	glutamine	Gln Q	C$_5$H$_{10}$N$_2$O$_3$ 146.15	2.17 9.13	5.65	−0.85	3.9	苦	在动物和许多植物组织中以游离方式存在，人体内代谢产物苯乙酸以苯乙酰谷氨酰胺的方式排出体外，是体内代谢中氨基转移的中间载体，生糖氨基酸，非必需氨基酸	1.11 （形成者）	1.10 （形成者）

（续）

中文名	英文名	三字符与单字符	分子式与相对分子质量	pK_a $\alpha-COOH/\alpha-NH_2$ 侧链		pI 等电点	疏水性 Eisenberg 标度	在 2 000 种蛋白质中出现的概率/%	水溶液呈味	重要的生化活性与功能	在蛋白质构象中形成 α 螺旋和 β 折叠的能力	
											P_α	P_β
甘氨酸	glycine	Gly G	$C_2H_5NO_2$ 75.07	2.34	9.60	5.97	0.48	7.5	甜	体内代谢的苯甲酸以苯甲酰甘氨酸的方式从尿中排出；参与肌酸、卟啉、嘌呤的体内合成；生糖氨基酸；非必需氨基酸	0.57（强中断者）	0.75（中断者）
组氨酸	histidine	His H	$C_6H_9N_2O_2$ 155.16	1.85 6.00	9.17	7.59	−0.40	2.1	苦	在生物体内通过脱羧转化为组胺；动物肌肉中肌肽的组成部分；生糖氨基酸；必需氨基酸	1.00（弱形成者）	0.87（不敏感者）
亮氨酸	leucine	Leu L	$C_8H_{18}NO_2$ 131.18	2.36	9.60	5.98	1.06	7.5	苦	在细菌和植物体内由 α-酮戊二酸合成；体内氧化降解在肝外含有支链氨基酸酶的组织（如肌肉、肾、脑）中进行；生酮氨基酸；必需氨基酸	1.21（强形成者）	1.31（形成者）
异亮氨酸	isoleucine	Ile I	$C_8H_{13}NO_2$ 131.18	2.36	9.68	6.02	1.38	4.6	苦	在细菌和植物体内由 α-酮戊二酸合成；体内氧化降解在肝外含有支链氨基酸酶的组织（如肌肉、肾、脑）中进行；生糖氨基酸和生酮氨基酸；必需氨基酸	1.08（形成者）	1.60（强形成者）

（续）

中文名	英文名	三字符与单字符	分子式与相对分子质量	pKa α-COOH/α-NH₂ 侧链	pI 等电点	疏水性 Eisenberg 标度	在 2 000 种蛋白质中出现的概率/%	水溶液呈味	重要的生化活性与功能	在蛋白质构象中形成 α 螺旋和 β 折叠的能力 P_α	P_β
赖氨酸	lysine	Lys K	$C_8H_{14}N_2O_2$ 146.19	2.18 9.12 10.53	9.82	−1.5	7.0	平淡	一般出现在蛋白质空间结构表面，经常参与配体与受体的结合；哺乳动物体内生酮氨基酸；必需氨基酸	1.16 （形成者）	0.74 （形成者）
甲硫氨酸	methionine	Met M	$C_5H_{11}NO_2S$ 149.21	2.28 9.21	5.74	0.64	1.7	鲜味	为半胱氨酸的生物合成提供硫原子，代谢中活性甲基的载体；生糖氨基酸；非必需氨基酸	1.45 （强形成者）	1.05 （形成者）
苯丙氨酸	pheny-lalanine	Phe F	$C_9H_{11}NO_2$ 165.19	1.83 9.13	5.48	1.19	3.5	苦	在人体内可转化为酪氨酸；在植物乳动物体内参与形成生糖氨基酸；在哺乳动物体内生糖和生酮氨基酸；是必需氨基酸	1.13 （形成者）	1.38 （形成者）
脯氨酸	proline	Pro P	$C_5H_9NO_2$ 115.13	1.99 10.6	6.30	0.12	4.6	甜	唯一的亚氨基酸，体内由含氨酸环化后形成；哺乳动物体内非必需氨基酸	0.57 （强中断者）	0.55 （中断者）
丝氨酸	serine	Ser S	$C_3H_7NO_3$ 105.09	2.21 9.15	5.68	−0.18	7.1	甜	是很多多肽水解酶的活性中心残基，是很多多糖蛋白与磷蛋白的糖基与磷酸基结合部位，蚕丝中含量丰富；哺乳动物代谢中是糖酸的前体；生糖氨基酸；非必需氨基酸	0.77 （不敏感者）	0.75 （中断者）

（续）

中文名	英文名	三字符与单字符	分子式与相对分子质量	pK_a α-COOH/α-NH₂ 侧链	pI 等电点	疏水性 Eisenberg 标度	在2000种蛋白质中出现的概率/%	水溶液呈味	重要的生化活性与功能	在蛋白质构象中形成α螺旋和β折叠的能力 P_α	P_β
苏氨酸	threonine	Thr T	$C_4H_9NO_3$ 119.12	2.71　9.62	6.16	-0.05	6.0	甜	是某些含磷蛋白的磷酸化部位；在哺乳动物代谢中是生糖氨基酸；非必需氨基酸	0.83 （不敏感者）	1.19 （形成者）
色氨酸	tryptophan	Trp W	$C_{11}H_{12}N_2O_2$ 204.23	2.38　9.39	5.89	0.81	1.1	苦	是植物生长激素吲哚乙酸的前体；在哺乳动物体内生糖和生酮氨基酸；必需氨基酸	1.08 （形成者）	1.37 （形成者）
酪氨酸	tyrosine	Tyr Y	$C_9H_{11}NO_3$ 181.19	2.20　9.11 10.07	5.66	0.26	3.5	苦	是甲状腺素、肾上腺素、黑色素的前体，是某些含磷蛋白的磷酸化部位，在植物体内参与形成木质素；在哺乳动物体内是生糖和生酮氨基酸；非必需氨基酸	0.69 （中断者）	1.47 （强形成者）
缬氨酸	valine	Val V	$C_5H_{11}NO_2$ 117.15	2.32　9.62	5.96	1.08	6.9	苦	是哺乳动物体内异亮氨酸合成的前体之一；体内代谢中其碳骨架转化为琥珀酰CoA，生糖氨基酸；必需氨基酸	1.06 （形成者）	1.70 （强形成者）

附录三　常用缓冲液的配制

1. 氯化钾-盐酸缓冲液（0.2 mol/L）

25 mL 0.2 mol/L KCl＋x mL 0.2 mol/L HCl，加水稀释至 100 mL。

pH	x/mL	pH	x/mL	pH	x/mL
1.0	67.0	1.5	20.7	2.0	6.5
1.1	52.8	1.6	16.2	2.1	5.1
1.2	42.5	1.7	13.0	2.2	3.9
1.3	33.6	1.8	10.2		
1.4	26.6	1.9	8.1		

2. 甘氨酸-盐酸缓冲液（0.05 mol/L）

x mL 0.2 mol/L 甘氨酸＋y mL 0.2 mol/L HCl，加水稀释至 200 mL。

pH	x/mL	y/mL	pH	x/mL	y/mL
2.2	50	44.0	3.0	50	11.4
2.4	50	32.4	3.2	50	8.2
2.6	50	24.2	3.4	50	6.4
2.8	50	16.8	3.6	50	5.0

3. 磷酸氢二钠-柠檬酸缓冲液

pH	0.2 mol/L 磷酸氢二钠/mL	0.1 mol/L 柠檬酸/mL	pH	0.2 mol/L 磷酸氢二钠/mL	0.1 mol/L 柠檬酸/mL
2.2	0.40	19.60	5.2	10.72	9.28
2.4	1.24	18.76	5.4	11.15	8.85
2.6	2.18	17.82	5.6	11.60	8.40
2.8	3.17	16.83	5.8	12.09	7.91
3.0	4.11	15.89	6.0	12.63	7.37
3.2	4.94	15.06	6.2	13.22	6.78
3.4	5.70	14.30	6.4	13.85	6.15
3.6	6.44	13.56	6.6	14.55	5.45
3.8	7.10	12.90	6.8	15.45	4.55
4.0	7.71	12.29	7.0	16.47	3.53
4.2	8.28	11.72	7.2	17.39	2.61
4.4	8.82	11.18	7.4	18.17	1.83
4.6	9.35	10.65	7.6	18.73	1.27
4.8	9.86	10.14	7.8	19.15	0.85
5.0	10.30	9.70	8.0	19.45	0.55

4. 柠檬酸-柠檬酸钠缓冲液（0.1 mol/L）

pH	0.1 mol/L 柠檬酸/mL	0.1 mol/L 柠檬酸钠/mL	pH	0.1 mol/L 柠檬酸/mL	0.1 mol/L 柠檬酸钠/mL
3.0	18.6	1.4	5.0	8.2	11.8
3.2	17.2	2.8	5.2	7.3	12.7
3.4	16.0	4.0	5.4	6.4	13.6
3.6	14.9	5.1	5.6	5.5	14.5
3.8	14.0	6.0	5.8	4.7	15.3
4.0	13.1	6.9	6.0	3.8	16.2
4.2	12.3	7.7	6.2	2.8	17.2
4.4	11.4	8.6	6.4	2.0	18.0
4.6	10.3	9.7	6.6	1.4	18.6
4.8	9.2	10.8			

5. 乙酸-乙酸钠缓冲液（0.2 mol/L）

pH	0.2 mol/L NaAc/mL	0.2 mol/L HAc/mL	pH	0.2 mol/L NaAC/mL	0.2 mol/L HAC/mL
3.6	0.75	9.25	4.8	5.90	4.10
3.8	1.20	8.80	5.0	7.00	3.00
4.0	1.80	8.20	5.2	7.90	2.10
4.2	2.65	7.35	5.4	8.60	1.40
4.4	3.70	6.30	5.6	9.10	0.90
4.6	4.90	5.10	5.8	9.40	0.60

6. 磷酸盐缓冲液

（1）磷酸氢二钠-磷酸二氢钠缓冲液（0.2 mol/L）

pH	0.2 mol/L 磷酸氢二钠/mL	0.2 mol/L 磷酸二氢钠/mL	pH	0.2 mol/L 磷酸氢二钠/mL	0.2 mol/L 磷酸二氢钠/mL
5.8	8.0	92.0	7.0	61.0	39.0
5.9	10.0	90.0	7.1	67.0	33.0
6.0	12.3	87.7	7.2	72.0	28.0
6.1	15.0	85.0	7.3	77.0	23.0
6.2	18.5	81.5	7.4	81.0	19.0
6.3	22.5	77.5	7.5	84.0	16.0
6.4	26.5	73.5	7.6	87.0	13.0
6.5	31.5	68.5	7.7	89.5	10.5
6.6	37.5	62.5	7.8	91.5	8.5
6.7	43.5	56.5	7.9	93.0	7.0
6.8	49.0	51.0	8.0	94.7	5.3
6.9	55.0	45.0			

（2）磷酸氢二钠-磷酸二氢钾缓冲液（1/15 mol/L）

pH	1/15 mol/L 磷酸氢二钠/mL	1/15 mol/L 磷酸二氢钾/mL	pH	1/15 mol/L 磷酸氢二钠/mL	1/15 mol/L 磷酸二氢钾/mL
4.92	0.10	9.90	7.17	7.00	3.00
5.29	0.50	9.50	7.38	8.00	2.00
5.91	1.00	9.00	7.73	9.00	1.00
6.24	2.00	8.00	8.04	9.50	0.50
6.47	3.00	7.00	8.34	9.75	0.25
6.64	4.00	6.00	8.67	9.90	0.10
6.81	5.00	5.00	9.18	10.00	0.00
6.98	6.00	4.00			

7. 巴比妥-盐酸缓冲液（18 ℃）

pH	0.04 mol/L 巴比妥溶液/mL	0.2 mol/L 盐酸/mL	pH	0.04 mol/L 巴比妥溶液/mL	0.2 mol/L 盐酸/mL
6.8	100	18.40	8.4	100	5.21
7.0	100	17.80	8.6	100	3.82
7.2	100	16.70	8.8	100	2.52
7.4	100	15.30	9.0	100	1.65
7.6	100	13.40	9.2	100	1.13
7.8	100	11.47	9.4	100	0.70
8.0	100	9.39	9.6	100	0.35
8.2	100	7.21			

8. Tris-盐酸缓冲液（0.05 mol/L，25 ℃）

50 mL 0.1 mol/L 三羟甲基氨基甲烷（Tris）溶液与 x mL 0.1 mol/L HCl 溶液混匀后，加水稀释至 100 mL。Tris 溶液可从空气中吸收 CO_2，使用时注意盖紧瓶盖。

pH	x/mL	pH	x/mL
7.1	45.7	8.1	26.2
7.2	44.7	8.2	22.9
7.3	43.4	8.3	19.9
7.4	42.0	8.4	17.2
7.5	40.3	8.5	14.7
7.6	38.5	8.6	12.4
7.7	36.6	8.7	10.3
7.8	34.5	8.8	8.5
7.9	32.0	8.9	7.0
8.0	29.2	9.0	5.7

9. 甘氨酸-氢氧化钠缓冲液（0.05 mol/L）

x mL 0.2 mol/L 甘氨酸溶液与 y mL 0.2 mol/L NaOH 溶液混匀后，加水稀释至 200 mL。

pH	x/mL	y/mL	pH	x/mL	y/mL
8.6	50	4.0	9.6	50	22.4
8.8	50	6.0	9.8	50	27.2
9.0	50	8.8	10.0	50	32.0
9.2	50	12.0	10.4	50	38.6
9.4	50	16.0	10.6	50	45.5

10. 碳酸氢钠-氢氧化钠缓冲液

50 mL 0.05 mol/L $NaHCO_3$ 溶液与 x mL 0.1 mol/L NaOH 溶液混匀后，加水稀释至 100 mL。

pH	x/mL	pH	x/mL	pH	x/mL
9.6	5.0	10.1	12.2	10.6	19.1
9.7	6.2	10.2	13.8	10.7	20.2
9.8	7.6	10.3	15.2	10.8	21.2
9.9	9.1	10.4	16.5	10.9	22.0
10.0	10.7	10.5	17.8	11.0	22.7

11. 磷酸氢二钠-氢氧化钠缓冲液

50 mL 0.05 mol/L Na_2HPO_4 溶液与 x mL 0.1 mol/L NaOH 溶液混匀后，加水稀释至 100 mL。

pH	x/mL	pH	x/mL	pH	x/mL
12.0	6.0	12.4	16.2	12.8	41.2
12.1	8.0	12.5	20.4	12.9	53.0
12.2	10.2	12.6	25.6	13.0	66.0
12.3	12.8	12.7	32.2		

附录四　常用贮液和缓冲液的配制

1. 常用贮液

（1）1 mol/L 二硫苏糖醇（DTT）。将二硫苏糖醇 5 g 溶于 32.4 mL 水中，混匀后分装成小份，于 −20 ℃ 贮存，溶液无须灭菌。

（2）10 mg/mL 牛血清蛋白（BSA）。将 BSA（无 DNase）100 mg 溶于 9.5 mL 水中。为减少蛋白变性，需将 BSA 加入水中，而不是将水加入 BSA 中，盖好盖子轻轻摇动，直到 BSA 完全溶解为止，不要涡旋混匀，避免涡旋时蛋白质变性产生泡沫。加水定容至 10 mL 后，分装成小份，于 −20 ℃ 贮存。

（3）0.5 mol/L EDTA。取 Na$_2$EDTA·2H$_2$O 186.1 g、NaOH 20 g，加水溶解后定容至 1 L。

（4）1 mol/L Tris-HCl（pH 8.0）。取 Tris 碱 6.06 g、水 40 mL、浓 HCl 约 2.1 mL，混匀后调节 pH 至 8.0，定容至 50 mL。

（5）1 mol/L HEPES。取 HEPES 23.8 g，用水溶解并定容至 100 mL，用 NaOH 调节 pH 至 6.8~8.2。

（6）25 mg/mL 异丙基-β-D-硫代半乳糖苷（IPTG）。取 IPTG 250 mg、水 10 mL，混匀后分装成小份，于 −20 ℃ 贮存，溶液一般无须灭菌。

（7）100 mmol/L 苯甲基磺酰氟（PMSF）。取 PMSF 174 mg，用异丙醇定容至 10 mL，溶解后分装成小份，铝箔封包后于 −20 ℃ 贮存，溶液无须灭菌。

（8）20 mg/mL 蛋白酶 K。将 200 mg 的蛋白酶 K 加入 9.5 mL 水中，轻轻摇动，直至蛋白酶 K 完全溶解。不要涡旋混合。加水定容至 10 mL，然后分装成小份贮存于 −20 ℃。

（9）10 mg/mL RNase（无 DNase）。取胰蛋白 RNase 10 mg，用 1 mL 10 mmol/L NaAc（pH 5.0），溶解后于水浴中煮沸 15 min，使 DNase 失活，用 1 mol/L Tris-HCl 调节 pH 至 7.5 后，于 −20 ℃ 贮存，溶液无须灭菌。

（10）10% 十二烷基硫酸钠（SDS）。称取 SDS 100 g，缓慢转移至含有 0.9 L 水的烧杯中，用磁力搅拌器搅拌至完全溶解，溶解后分装成小份，铝箔封包后于 −20 ℃ 贮存，溶液无须灭菌。

（11）0.1% 焦碳酸二乙酯（DEPC）处理水。取 DEPC 100 μL、水 100 mL，混匀后于 37 ℃ 水浴过夜后，在 1.013×10^5 Pa 的条件下高压处理 20 min，使残余的 DEPC 失活。DEPC 加入水中不会立即溶解，而是形成小的球状液滴，需彻底搅拌直至液滴消失。DEPC 对眼睛和气道黏膜有强刺激，吸入的毒性较强，需在通风的条件下操作。保存方法：分装成小份并密封后于 −20 ℃ 贮存，避免二次污染。

2. 电泳缓冲液、凝胶上样液

（1）50×Tris-乙酸（TAE）缓冲液。取 Tris 碱 242.0 g、0.5 mol/L EDTA pH 8.0 200 mL，加 600 mL 双蒸水充分搅拌溶解，加入 HAc 57.1 mL，加蒸馏水定容至 1 L，室温保存。使用时将其稀释成 1×TAE 即为工作电泳缓冲液。

（2）10×Tris-硼酸（TBE）缓冲液。取 Tris 碱 54.0 g、0.5 mol/L EDTA（pH 8.0）20 mL、H$_3$BO$_3$ 27.5 g，混匀，加蒸馏水定容至 1 L，室温保存。使用时稀释成 0.5×TBE 即为工作电泳缓冲液。

（3）10×Tris-磷酸（TPE）缓冲液。取 Tris 碱 10.0 g、0.5 mol/L EDTA（pH 8.0）40 mL、H$_3$PO$_4$ 15.5 mL，加蒸馏水定容至 1 L，室温保存。使用时稀释成 1×TPE 即为工作电泳缓冲液。

（4）TE 缓冲液。取 1 mol/L Tri-HCl 1 mL、0.5 mol/L EDTA 200 μL、水 98.8 mL，混匀。

TE 缓冲液呈弱碱性，对 DNA 的碱基有保护作用，用于悬浮和贮存 DNA。

（5）STE 缓冲液。取 1 mol/L Tris‑HCl 1 mL、0.5 mol/L EDTA 200 μL、NaCl 585 mg，用水定容至 100 mL。

（6）20×SSC 缓冲液。取 0.3 mol/L 二水柠檬酸三钠 88.2 g、3 mol/L NaCl 175.3 g、水 900 mL，用 10 mol/L NaOH 调节 pH 至 7.0，混匀后定容至 1 L。

参 考 文 献

白玲，霍群，2008.基础生物化学实验.2版.上海：复旦大学出版社.

比斯瓦根 H，2018.生物实验室系列：酶学实验手册.2版.刘晓晴，译.北京：化学工业出版社.

蔡望伟，黄东爱，周代锋，2015.生物化学与分子生物学实验.武汉：华中科技大学出版社.

陈惠，2014.基础生物化学.北京：中国农业出版社.

陈钧辉，李俊，张太平，2008.生物化学实验.北京：科学出版社.

陈钧辉，张冬梅，2015.普通生物化学.5版.北京：高等教育出版社.

陈培榕，李景虹，邓勃，2012.现代仪器分析实验与技术.2版.北京：清华大学出版社.

陈蔚青，2014.基因工程实验.杭州：浙江大学出版社.

陈雅蕙，2005.生物化学实验原理和方法.2版.北京：北京大学出版社.

陈毓荃，2018.生物化学实验方法和技术.北京：科学出版社.

付爱玲，2017.生物化学与分子生物学实验教程.北京：科学出版社.

龚朝辉，2012.生物化学与分子生物学实验指导.杭州：浙江大学出版社.

苟琳，单志，2015.生物化学实验.2版.成都：西南交通大学出版社.

郭蔼光，范三红，2018.基础生物化学.3版.北京：高等教育出版社.

何承伟，梁念慈，2000.反义核酸技术研究进展.中国药理学会通讯，17（3）：46.

何华纲，朱姗颖，2011.分子生物学与基因工程实验教程.北京：中国轻工业出版社.

侯新东，2016.生物化学与分子生物学实验教程.武汉：中国地质大学出版社.

黄大明，秦钢年，2011.专业实验课综合性实验的创新设计与教学实践.实验室研究与探索，6（30）：
　247-250.

黄德娟，徐晓辉，2007.生物化学实验教程.上海：华东理工大学出版社.

黄建华，袁道强，陈世峰，2009.生物化学实验.北京：化学工业出版社.

黄留玉，2011.PCR最新技术原理、方法及应用.北京：化学工业出版社.

贾弘禔，冯作化，2010.生物化学与分子生物学.2版.北京：人民卫生出版社.

蒋立科，罗曼，2007.生物化学实验设计与实践.北京：高等教育出版社.

居乃琥，2011.酶工程手册.北京：中国轻工业出版社.

李关荣，李天俊，冯建成，2011.生物化学实验教程.北京：中国农业大学出版社.

李金明，2016.实时荧光PCR技术.2版.北京：科学出版社.

李俊，陈钧辉.2014.生物化学实验.5版.北京：科学出版社.

梁国栋，2001.最新分子生物学实验技术.北京：科学出版社.

梁宋平，2003.生物化学与分子生物学实验教程.北京：高等教育出版社.

刘国花，胡凯，2019.生物化学实验指导.北京：北京师范大学出版社.

刘士平，龚美珍，2014.生物化学实验.武汉：华中科技大学出版社.

刘志伟，韩春艳，2015.生物工程综合性与设计性实验.北京：科学出版社.

卢向阳，2011.分子生物学.2版.北京：中国农业出版社.

罗贵民，2016.酶工程.3版.北京：化学工业出版社.

马文丽，2011.分子生物学实验手册.北京：人民军医出版社.

马文丽，李凌，2011. 生物化学与分子生物学实验指导. 北京：人民军医出版社.

马文丽，郑文岭，2007. 核酸分子杂交技术. 2 版. 北京：化学工业出版社.

倪灿荣，马大烈，戴益民，2010. 原位杂交探针的种类和标记方法. 北京：化学工业出版社.

聂永心，2014. 现代生物仪器分析. 北京：化学工业出版社.

钱民章，2016. 生物化学. 2 版. 北京：科学出版社.

萨姆布鲁克 J，拉塞尔 D W，2002. 分子克隆实验指南. 3 版. 黄培堂，等译. 北京：科学出版社.

邵兴国，狄晓明，2008. 略论综合性、设计性实验的内涵及特点. 高校实验室工作研究（4）：68-70.

盛小禹，1999. 基因工程实验技术教程. 上海：复旦大学出版社.

史锋，2004. 生物化学实验. 杭州：浙江大学出版社.

宋方洲，何风田，2008. 生物化学实验与分子生物学实验. 北京：科学出版社.

田云，王征，2020. 生物化学. 北京：中国农业出版社.

汪少芸，2014. 蛋白质纯化与分析技术. 北京：中国轻工业出版社.

王冬梅，吕淑霞，2010. 生物化学. 北京：科学出版社.

王凌燕，杨晓运，2003. 反义 DNA 技术研究进展及其在动物学研究中的应用. 中国比较医学杂志，13（1）：58-61.

王廷华，刘进，2013. 分子杂交理论与技术. 3 版. 北京：科学出版社.

王秀奇，秦淑媛，高田慧，等，2004. 基础生物化学实验. 北京：高等教育出版社.

魏群，2009. 基础生物化学实验. 3 版. 北京：高等教育出版社.

向正华，刘厚奇，2001. 核酸探针与原位杂交技术. 上海：第二军医大学出版社.

熊丽，丁书茂，郑永良，2011. 生物化学实验教程. 武汉：华中师范大学出版社.

杨建雄，2009. 生物化学与分子生物学实验技术教程. 2 版. 北京：科学出版社.

杨荣武，2012. 生物化学原理. 2 版. 北京：高等教育出版社.

杨志敏，2015. 生物化学. 3 版. 北京：高等教育出版社.

杨志敏，2015. 生物化学实验. 北京：高等教育出版社.

叶棋浓，2015. 现代分子生物学技术与实验技巧. 北京：化学工业出版社.

由德林，2011. 酶工程原理. 北京：科学出版社.

余瑞元，袁明秀，陈丽蓉，等，2012. 生物化学实验原理与方法. 2 版. 北京：北京大学出版社.

袁道强，黄建华，2006. 生物化学实验和技术. 北京：中国轻工业出版社.

张丽萍，杨建雄，2015. 生物化学简明教程. 5 版. 北京：高等教育出版社.

张龙翔，张庭芳，李令媛，1987. 生化实验方法与技术. 北京：高等教育出版社.

张惟材，朱力，王玉飞，2013. 生物实验室系列：实时荧光定量 PCR. 北京：化学工业出版社.

张兴丽，王永敏，2017. 生物化学实验指导. 北京：中国轻工业出版社.

张艳贞，宣劲松，2013. 蛋白质科学：理论、技术与应用. 北京：北京大学出版社.

赵永芳，2002. 生物化学技术原理及应用. 3 版. 北京：中国轻工业出版社.

周先碗，胡晓倩，2003. 生物化学仪器分析与实验技术. 北京：化学工业出版社.

周先碗，胡晓倩，2011. 基础生物化学实验. 北京：高等教育出版社.

朱鹏飞，陈集，2016. 仪器分析教程. 北京：化学工业出版社.

朱圣庚，徐长法，2017. 生物化学. 4 版. 北京：高等教育出版社.

朱玉贤，李毅，郑晓峰，等，2013. 现代分子生物学. 4 版. 北京：高等教育出版社.

DAVID L N, MICHAEL M C, 2005. Lehninger 生物化学原理. 3 版. 周海梦，昌增益，江凡，等译. 北京：高等教育出版社.

MULLIS K B, 1987. Specific synthesis of DNA *in vitro* via a polymerase catalyzed chain reaction. Methods Enzymol, 155：335-350.

参考文献

MULLIS K B, 1990. The unusual origin of the polymerase chain reaction. Sci Am, 262 (4): 56 – 61, 64 – 65.

SAIKI R K, GELFAND D H, STOFFEL S, 1988. Primer – directed enzymatic amplification of DNA with a thermostable DNA polymerase. Science, 239 (4839): 487 – 491.

SCHMIDT G W, DELANEY S K, 2010. Stable internal reference genes for normalization of real – time RT – PCR in tobacco (*Nicotiana tabacum*) during development and abiotic stress. Mol Genet Genomics, 283 (3): 233 – 241.